『미래형자동차 현장인력양성』 교육교재

배터리/모듈부품 진단 및 유지보수

한승철 · 류경진

책 머리에…

국내외 자동차 시장은 CO_2 규제 강화 등으로 점차 내연기관 출시를 축소하고 전기 에너지를 동력으로 하는 미래형 자동차로 변화하고 있다.

전기자동차로 전환하면서 새로운 에너지원인 전기자동차 배터리 시장이 매우 크게 성장하고 있다. 글로벌시장에서 국내기업의 배터리가 많은 자동차 제작사에 장착되고 있다.

현재 리튬이온 폴리머 배터리가 대세를 이루고 있으며, 안전도를 높인 전고체 배터리의 개발도 활발하게 진행되고 있다.

전기자동차는 고전압배터리에 의한 구동력으로 운행된다. 그러므로 높은 전압(360V~700V)이 요구되며, 이로 인한 감전 위험에 노출될 수 있고, 특히 배터리 화재로 인한 인명사고 및 운전자의 안전도 매우 위험하기 때문에 반드시 전문가의 취급이 요구된다.

따라서 전기자동차 고전압배터리에 대한 최소한의 기준을 마련하고, 전기자동차 전문정비를 위한 교육 및 전문자격제도가 요구되는 상황이다.

하지만 전기자동차의 보급 속도에 비해 전기자동차에 대한 교육과 전기자동차 전문 정비인력의 수요가 따라가지 못하는 것이 현실이다. 이에 따라 전기자동차 전문 인력양성에 많은 지원이 요구되고 있다.

이 교육교재는 늘어나는 전기자동차의 보급에 맞춰 전기자동차의 고전압배터리의 정비 및 검사와 고전압배터리의 전주기를 학습하고 폐배터리의 재활용 및 재사용에 대한 내용을 매뉴얼로 집필한 것이다.

이 책을 통해 전기자동차 고전압배터리를 취급하는 모든 이에게 전기자동차 배터리에 대한 이해와 업무능력을 향상시켜 실질적인 작업 안전에 커다란 도움이 되었으면 한다.

지은이

Contents

제1장 안전 작업 개요

1. 기본안전 개념 ······ 8
2. 해외 안전 동향 ······ 12
3. 고전압 안전 주의 사항 ······ 17
4. 안전 작업 프로세스 ······ 20
5. 위험 관리 ······ 24
6. 개인 보호 장비 ······ 27

제2장 전기자동차 기술

1. 플러그인 하이브리드 자동차 시스템 ······ 32
2. 전기자동차 고전압 장치 ······ 45
3. 고전압 안전 시스템 ······ 58

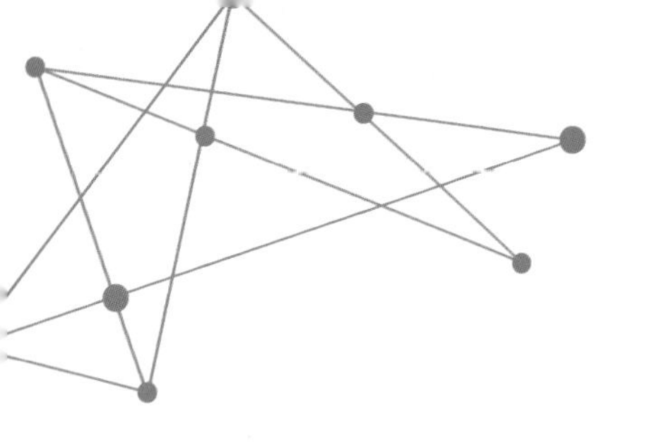

제3장 고전압 배터리 시스템

1. 배터리 개요 ··· 68
2. 배터리 종류 ··· 71
3. 배터리 개발역사 및 특징 ··· 73
4. 고전압 배터리의 구성 및 종류 ··· 81
5. 고전압 배터리 관리 요소 ··· 130
6. 배터리 팩 어셈블리 점검 ··· 154
7. 배터리 검사 ··· 176

제4장 전기자동차 충전 시스템

1. 충전시스템의 개요 ··· 182
2. 고전압 배터리 충전기준 ··· 183
3. 고전압 배터리 충전기 종류 ··· 187
4. 고전압 배터리 무선 충전시스템 ··· 193

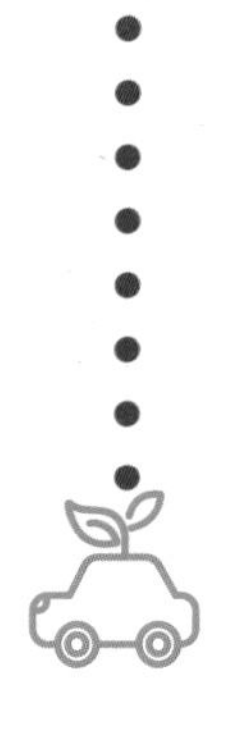

제1장

안전 작업 개요

1. 기본안전 개념
2. 해외 안전 동향
3. 고전압 안전 주의 사항
4. 안전 작업 프로세스
5. 위험 관리
6. 개인보호장비

제1장

안전 작업 개요

01 기본안전 개념

1. 개요

모든 자동차 시스템의 점검, 정비, 검사, 해체작업 시 안전 작업이 중요한 것은 당연한 사항이며, 또한 고전압 시스템이 장착된 전기자동차에서의 안전은 더욱 중요한 사항으로 취급되어야 한다. 따라서 이러한 차량을 다루고자 하는 사람들은 기본적으로 다음의 2가지 규칙하에서 작업을 수행하여야 한다.

- 상식적인 선에서 작업을 수행하라.
- 잘 모르는 작업이 있으면 도움을 요청하라.

다음의 내용들을 통하여 이러한 전기 및 전기 시스템에 대해 작업을 할 때 발생 가능한 위험 요소에 대하여 자세히 알아보고 이를 잘 관리하는 방법에 대하여 알아본다.

전기자동차 검사, 정비, 폐차 처리 작업 시에는 반드시 고전압 시스템 등 특정 사항에 대해 먼저 위험이 제거되어야 한다. 일부 제거되지 않은 고전압 전기부품이 있으면 전기에너지의 특성과 배터리 내부에 내재한 위험으로 인해 심각한 부상 등을 유발할 수 있으므로 반드시 유의 사항을 참고하고 작업에 임해야 하며 또한, 배터리가 파손, 훼손 등의 원인으로 전해질 등이 유출되면 화학적 특성에 의한 환경오염, 부상 등을 유발할 수 있으므로 취급에 특히 주의해야 한다.

안전 유의 사항은 차량 제작사의 긴급조치 가이드와 안전 지침서를 기반으로 작성하여 공통사항에 관한 내용을 기재하였지만, 상세 개별모델의 경우 작업 시 해당 차종의 정비 또는 관리 지침서를 참조하고 제작사에 문의하여 작업을 진행하기를 권장한다.

2. 일반적인 주의 사항

1) 모든 EV 부품은 전기적 특성이 있으므로 제조업체가 정한 절차와 국내 법규에 따라 점검, 정비 및 해체할 수 있다.
2) 전기자동차는 안전한 점검, 정비, 회수, 해체를 위해서는 법으로 정한 보관시설과 장비를 구축한 업체에만 점검, 정비, 회수, 해체, 보관을 할 수 있으며, 해당 전 공정의 투입 작업자의 경우 법령으로 정한 관련 기관에서 수행하는 전기자동차 안전교육을 최소 8시간 이상 이수해야 한다.
3) 전기자동차 점검, 정비, 해체 및 재활용업 대표자는 EV 부품을 취급하는 직원에게 전기자동차에 대한 정보 및 주의 사항을 숙지할 수 있도록 정기적이고 지속적인 교육을 시행하여야 한다.
4) 전기자동차 고전압 배터리에는 고전압 전기가 포함되어 있는데, 해당 전압은 자동차 종류 및 제조업체에 따라 다르며 완전히 충전된 고전압 배터리의 전압은 최대 수백 볼트까지 될 수 있으므로 관련 작업할 때 전기작업 안전 수칙을 지켜야 한다.
5) 고전압 배터리 외에 하나 이상의 12V 자동차 배터리가 있을 수 있으며, 또는 없기도 하며, 이 배터리는 동력 발생용 고전압 회로를 제어하는 저전압 전기 장치에 전기를 공급하는 배터리이다.

3. 작업 전 중요 점검 사항

(1) 전원이 꺼져 있다고 가정하여 작업 금지

고전압 시스템은 불능화 후에도 최대 10분 동안 동력을 유지 가능하며 고전압 시스템 정지 방법은 제조업체마다 다를 수가 있으니 제작사의 지침서를 활용한다, 또한 EV가 조용하다고 해서 전원이 꺼져 있다고 가정해서는 절대 안 된다.

(2) 개인보호장구 착용

개인 보호 장비 없이 절대로 오렌지색 고전압 전원 케이블이나 고압 부품을 만지거나 자르거나 탈·부착 및 분해하는 행위 절대 금지

(3) 전기차 배터리에 물리적 충격 방지

고전압 배터리에 손상을 일으킬 수 있는 충격을 주면 안 된다. 충격에 따라 고전압 배터리의 내부 단락으로 인한 폭발 및 화재가 발생할 수 있다. 또한 전해액은 가연성 또는 독성이 있을 수 있으며 인간의 건강과 안전에 해로울 수 있다.

(4) 금속성 물질 절대 착용 금지

고전압 배터리 작업 시 금속성 물질(시계, 반지, 팔찌, 목걸이 등)을 몸에 지니고 작업할 때 고전압 계통의 단락으로 인한 사고 발생의 위험에 노출될 수 있으므로 금속물질을 착용하고 작업을 해서는 안 된다. 또한 전기자동차에 있는 일부 부품에서는 강한 자기장을 가지는 부품이 사용되는바, 심박 조율기와 같은 전자 의료 장비를 착용하고 있는 사람은 절대로 EV의 점검, 정비 해체작업을 해서는 안 된다.

(5) 전기자동차 배터리 고온 노출, 충격 등 절대 금지

EV 고전압 배터리에 열을 가하거나 근처에서 불꽃을 일으키거나 장시간 햇빛에 방치하는 등 고온에 노출 시키지 않아야 한다. EV 고전압 배터리는 무거우므로 조작 중 기계적인 지지가 있어야 한다. 리튬 이온 배터리를 잘못 사용하거나 손상이 있으면 고온이 발생하거나 화재 또는 폭발이 발생하거나 가스가 분출될 위험이 있다.

4. 작업 중 주의사항

1) 항상 규정된 절연 장갑을 착용하고 작업을 수행하여야 한다.
2) 고전압 시스템에 관계된 서비스 작업을 수행할 경우에는 항상 절연된 장비를 사용하도록 하여야 한다. 이는 불시에 발생할 수 있는 단락으로 인한 사고를 미연에 예방할 수 있다.

5. 작업 후 주의사항

1) 모든 터미널과 커넥터 등이 적절한 토크로 체결되어 있는지 확인한다.
2) 모든 고전압 케이블과 커넥터 등에 외관적인 결함 요소가 있는지 확인하고 차체와 닿아 있는 부분이 없는 지 확인한다.
3) 고전압 터미널이나 부품에서 준수하여야 할 절연저항 특성이 유지되고 있는지 최대한 모든 부위에서 점검하도록 한다.

6. 기타 주의 사항

1) 배터리에서 뿌려지거나 발생하는 스프레이, 가스 또는 에어로졸을 들이마시면 안 된다.
2) 피부 및 눈으로 배터리 내용물 등의 접촉을 금지해야 한다.
3) 적절한 방호복, 장갑 및 눈/얼굴 보호장치를 반드시 착용하여야 한다.
4) 사고가 발생하거나 몸에 이상 신호가 있으면 즉시 의사에게 진료를 받아야 한다.
5) 환기가 잘되는 장소에서만 EV 자동차 시스템을 분리 및 해체하여야 한다.
6) 주변 환경에 배터리 내용물이 방출되지 않도록 주의 조치해야 한다.
7) 차량 제조업체에서 제공한 추가 설명서를 항상 참조하며 작업한다.
8) 배터리 내부물질을 삼켰을 때 의식이 있으면 입을 물로 씻어내고 즉시 의사에게 진료 받아야 한다.

7. 전기적 위험

1) 작업하는 부위의 활전부 간 전압이 30V AC 또는 60V DC 이상이고, 3mA AC 또는 12mA DC 이상일 때 전기적 위험이 있다고 이야기할 수 있다.
2) 전기사고를 당하게 되면 사고 후 의식 상실, 발작, 실어증, 시각장애, 두통, 이명, 마비, 기억력 장애 등 다양한 외상 후 스트레스 장애를 겪을 수 있다.
3) 눈에 보이는 화상이 없다고 하더라도 장기간의 근육통과 불편함, 피로감, 두통, 말초 신경 전도 및 감각 장애, 부적절한 균형과 조정장애 등을 겪을 수 있다.

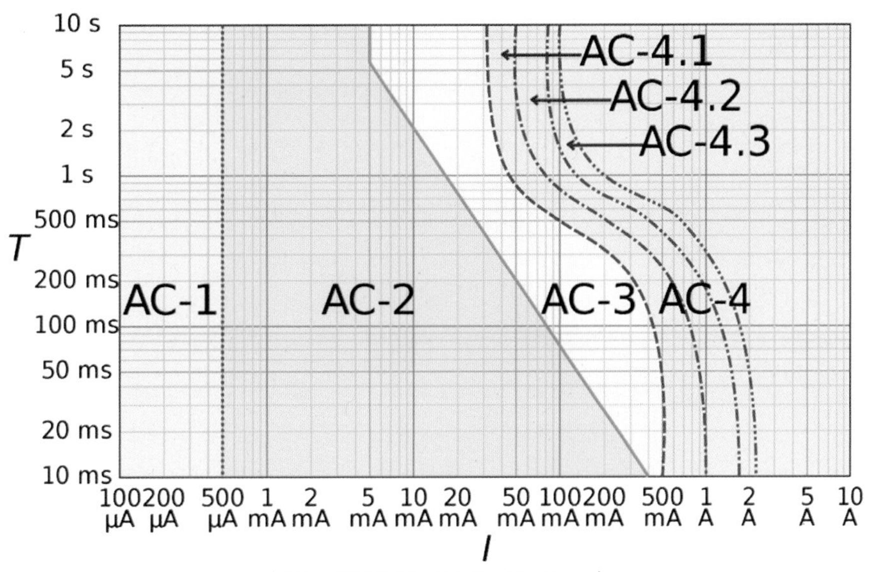

(출처: 위키피디아, AC Electric Shock)

8. 전기사고의 양상

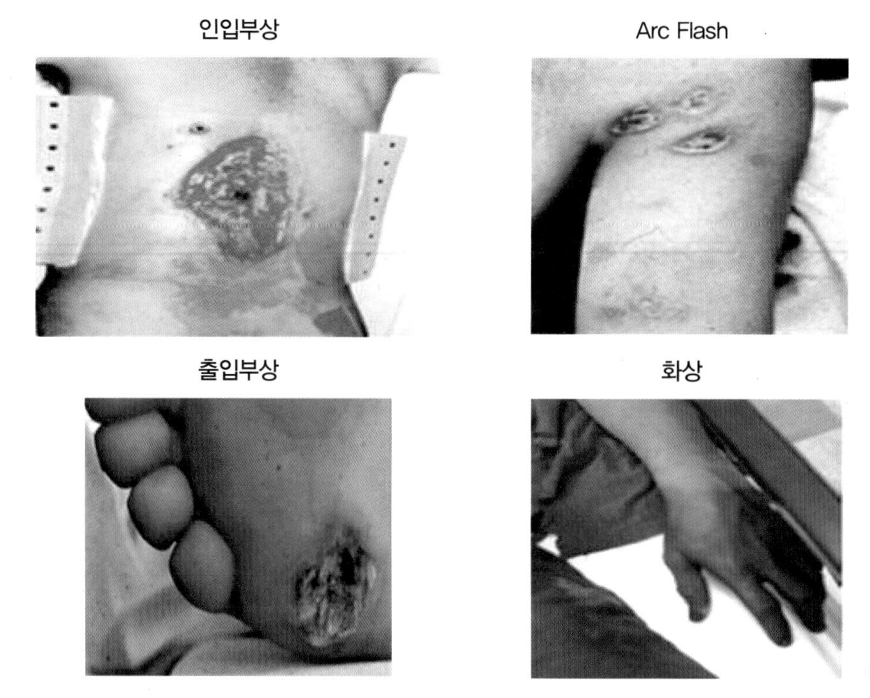

(출처: Electrical Hazard Awareness for non-electrical worker)

1) 전기사고로 인한 신체적 영향의 후유증은 매우 다양한 형태로 나타날 수 있으며, 이러한 사고의 특징은 다시 원상으로 회복되기가 어렵거나 불가능하게 된다는 것이다.
2) 그러므로 고전압 위험이 있는 시스템에서의 작업은 항상 전기적 위험을 발생시키지 않도록 주의하는 것이 중요하다.

02 해외 안전 동향

1. 주요 동향

(1) 독일 사례 (이경섭 저, 고전압 자동차와 CAN-OBD) 참조

독일 및 유럽연합은 고전압 자동차에 대한 안전교육을 의무규정으로 정하고 이 과정을 마친 사람에게 EuP 인증서를 수여하게 되어 있다. EuP는 독일어로 Elektroutschnisch unterwiesene Person (Electrically trained person), 즉 '전기기술을 교육(훈련)받은 사람'이라는 뜻이다.

독일 표준 (DIN VDE 0105-199)에 의하면 EuP를 "자신에게 주어진 업무에 대하여, 그리고 잘못된 일 처리로 인해 생길 수 있는 위험에 대하여, 또한 보호 장치나 보호 조치가 필요한 경우에 대해서 전기기술 전문가로부터 교육을 받은 사람"으로 명시하고 있다. EuP는 전기 장비나 전기 장치를 안전하게 다룰 수 있는 안전교육을 받은 사람, 혹은 고전압 안전 차단기술 교육을 받은 사람이라는 뜻이나 전문 전기기술자를 의미하는 것은 아니다.

독일의 고전압 자동차의 안전 정비 교육에 대한 법적 규정의 근거는 전기 시스템이나 장비에 대한 사고 예방 규정인 DGUV 규정 3 (이전의 독일 법 규정은 BGV A3 #3 (1)) 즉 "전기 시스템 및 전자 장비가 있는 모든 사업장은 전기기술자 규정 또는 전기기술 규정에 따라 전기기술 전문가의 관리나 감독 아래에서만 건설, 유지, 보수, 수정될 수 있고 또 전기기술 전문가의 감독 아래에서만 사용되어야 한다"라는 규정이다. 독일의 이와 관련된 규칙은 2002년 공장 안전 조례(BetrSocjV)의 기술 안전 규칙(TRBS)에 포함되었다.

고전압 자동차의 전기는 직류 400V 이상의 고전압으로써 감전되는 순간 치명적인 타격을 피하기 어렵다. 따라서 고전압 전력 장비를 사용하는 공장이나 사업장의 안전 규칙 (독일 직업 조합 규정 BGI 85686)에 따라 EuP 교육이 전기자동차, 하이브리드자동차, 수소전기자동차 등 고전압 자동차 정비 과정에 필수 과정으로 포함되었다.

이전에 EuP 과정을 이수하지 못한 자동차 관련 기술자나 정비사들이나 정비 마이스터들은 재교육을 통해 EuP 자격증을 취득해야 한다. 재교육을 이수하지 않으면 고전압 자동차의 기술검사나 정비를 할 수 없다. 단 EuP 자격증 소지자의 감독하에서는 기술정비나 점검할 수 있다. EuP 교육은 자동차협회의 자동차 마이스터학교와 전기 직능협회 아카데미 등 EU 정부나 독일 연방 정부의 위탁을 받은 기술 관련 교육기관에서 실시한다.

Stage 3	For example
Live work on the HV system and work in the proximity of exposed live parts	- Troubleshooting, - Replacing parts live.

Stage 2	For example
- Disconnection - Electrical work in the non-live state	- Isolation, - Safeguarding against reconnection, - Verification of the non-live state, - Replacement of HV components, - Withdrawal of the plug + replacement of components (e. g. DC/DC converter, electric air-conditioning).

Stage 1	For example
Non-electrical work	- Test driver, - Bodywork repairs, - Oil change, wheel change.

❖ 개발 및 양산 과정에서 필요한 교육과정

Identification of need for training for non-live work prior to SoP

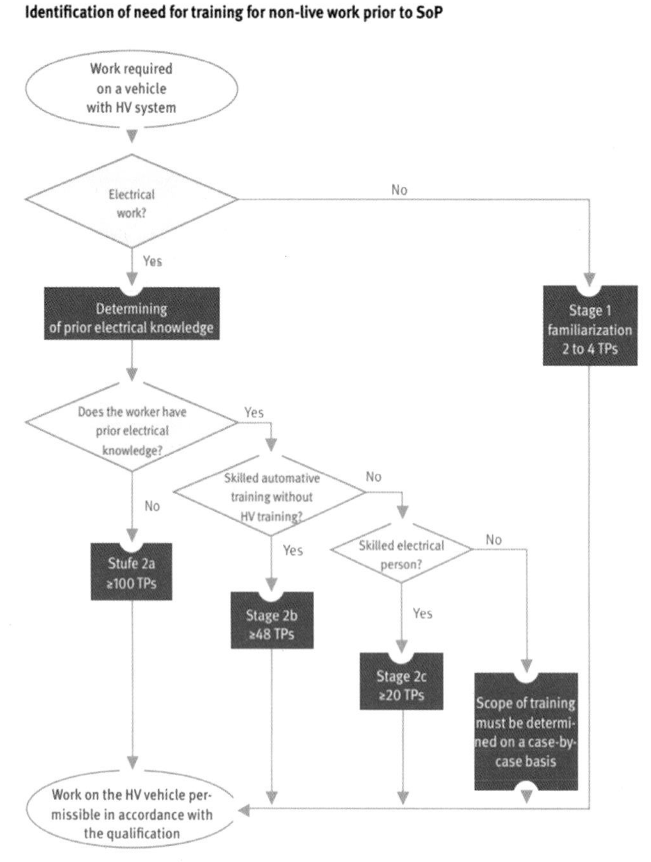

❖ 전기차 레벨 별 교육 시간 설정 플로우 차트 사례

(2) 영국 사례 (Electric & Hybrid Vehicles, Tom Denton 및 Lucas Nulle)

IMI는 영국자동차공업협회(Institute of the Motor Industry)의 약자로서 1920년도에 설립되었으며 자동차 분야의 기술 표준 제정 및 선도 기술 연구, 관련 교육 프로그램 도입 및 시행 등을 주관하는 국가 기관이다. IMI에서는 자동차 관련 유관 분야의 작업 안전에 관한 기술에 대응하기 위하여 IMI TechSafe TM 이란 제도를 운용하고 있으며 이는 복잡한 자동차의 기술에 대응하여 안전하게 작업을 하기 위함이다.

이 제도는 영국 내에서 사용하기 위하여 고안된 것이지만 현재는 국제적으로 통용이 되고 있다. 이러한 제도에 등록하기 위해서는 기술자는 반드시 다음과 같은 특별한 과정을 이수를 완료해야 한다. (ex : 전기차와 하이브리드 차량에 대한 Level 1/2/3/4) 이를 위해서는 IMI Professional에 등록하여야 하고 현 자격을 유지하기 위하여 매년 특별한 과정을 이수하여야 한다.

영국 내에서는 고전압 차량을 다루기 위한 작업 규정이 1989년부터 시행이 되었으며, 총 7가지의 관련된 규정들을 포함하고 있으며, 아래 있는 예들이 그 중에 주요한 내용이다.

1) 규정 3 (1) (a)는 다음과 같이 명시하고 있습니다. "(a) 모든 고용주와 자영업자의 의무는 통제되는 문제와 관련하여 본 규정의 조항을 준수해야 합니다. 3 (2) (b)는 직원의 의무를 반복합니다."
2) 규정 16은 다음과 같이 명시하고 있습니다. "어떤 사람도 그러한 지식이나 경험을 보유하고 있지 않거나 가능한 감독 수준에 있지 않은 한 위험이나 적절한 경우 부상을 방지하기 위해 기술적 지식이나 경험이 필요한 작업 활동에 참여해서는 안 됩니다. 작업의 성격을 고려하는 것이 적절합니다."
3) 규정 29는 다음과 같이 명시되어 있습니다. "모든 사람이 합당한 모든 조처를 했고 그 위반 행위를 피하고자 모든 실사를 수행했음을 증명할 수 있습니다."
4) EV의 경우 이는 고전압으로 작업하는 모든 사람이 숙달되어야 한다는 요구사항을 완전히 충족할 것입니다. (Electricity at Work Regulations 1989). ADAS 및 기타 영역도 비슷한 방식으로 다룹니다. 기술 안전은 기술자 안전을 의미합니다.
5) 레벨 1: 전기차/하이브리드 차량에 대한 인식과 이해에 대한 자격
6) 레벨 2.1: 응급상황 조치자(소방/구조/견인 외)에 대한 전기차/하이브리드 차량에 대한 위험 관리에 대한 자격
7) 레벨 2.2: 전기차/하이브리드 차량에 대한 정기적인 점검 및 유지보수 업무에 대한 자격
8) 레벨 3: 전기차/하이브리드 차량의 시스템 수리와 교체에 대한 자격
9) 레벨 4: 전기차/하이브리드 차량의 진단, 시험 및 부품 수리에 대한 자격

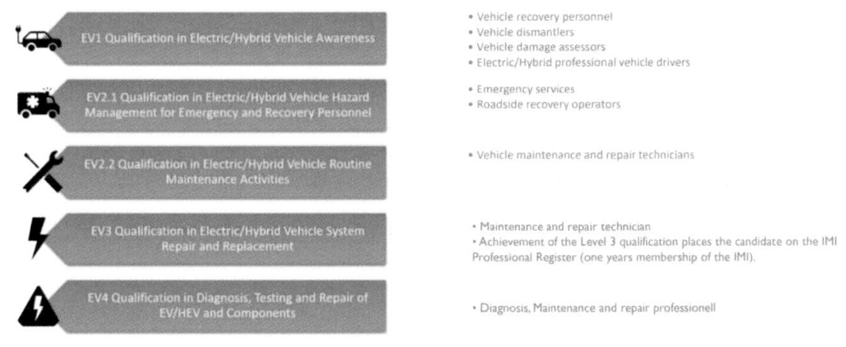

❖ IMI 전기차/하이브리드 자격 과정 예, LUCAS NULLE 카달로그

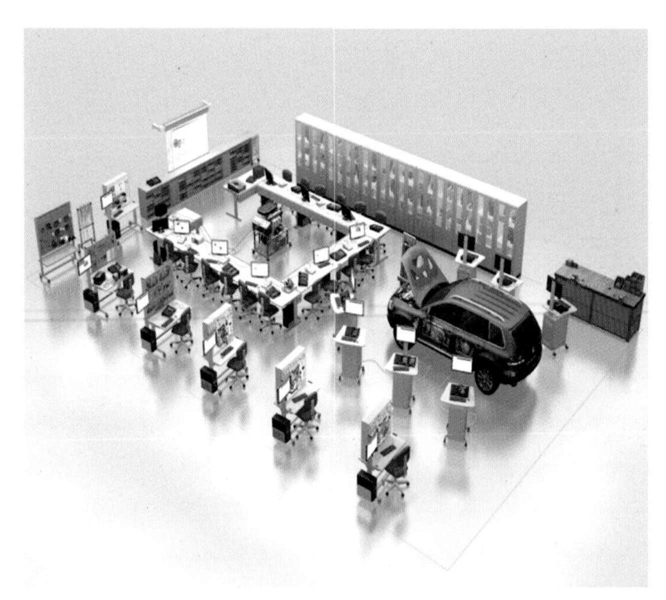

❖ 영국 IMI 교육 프로그램 기반 전기차 교육 훈련 시설 사례

(3) 미국 사례

미국의 경우에는 각 주별로 전기차에 대한 교육 프로그램을 수행하는 기관들이 있으며 OSHA(직업안전건강관리청)의 각종 규정 및 NFPA(전미 화재협회)의 전기적 화재 대응 규정(NFPA 70E)에 의하여 이러한 시스템을 다루는 방법들에 대한 조치 사항을 규정하고 있다.

Electric Vehicle Workforce Education & First-Responder Training Programs

Produced by ASG Renaissance
Available at http://www.afdc.energy.gov/afdc/vehicles/electric_maintenance.html
Revised 12/1/2010

Program Location(s)	Training Type	Coordinating Organization	Program Name
National	First Response Training	National Fire Protection Association	Electric Vehicle Safety Training
Michigan	Technical Training	Michigan Technological University	Interdisciplinary Program for Education and Outreach in Transportation Electrification
Michigan	Technical Training	University of Michigan Transportation Research Institute	Design and Control of Hybrid Vehicles
Colorado & Georgia	Both	Colorado State Univsersity	Advanced Electric Drive Vehicle Education Program: CSU Ventures
Michigan	Both	Wayne State University	Electric Drive Vehicle Engineering
Michigan	Technical Training	Michigan State Univserity	Wave Disc Engine; College of Mechanical Engineering
Virginia	Technical Training	L. Sargeant Reynolds Community College	Automotive Technology
San Francisco	Technical Training	City College of San Francisco	Automotive Technology
Roll-Out Cities	First Response Training	Chevrolet & OnStar	First Responder Training Program
National	First Response Training	National Emergency Number Association	Technical Development Conference
National	Both	West Virginia University	The National Alternative Fuels Training Consortium
Indiana	Both	Indiana Advanced Electric Vehicle Training & Education Consortium	Indiana Advanced Electric Vehicle Training & Education Consortium
California	Technical Training	Nissan North America	Livermore Training Center
Missouri	Both	Missouri University of Science & Technology	Missouri Center for Advance Power Systems Research
Oregon	Technical Training	Portland State University	The Oregon Transportation Research & Education Consortium
Michigan	Both	Macomb Community College	Center for Alternative Vehicles
Florida	Technical Training	Brevard Community College	Alternative Fuels and Electric Vehicle Technologies College Credit Course
Michigan	Technical Training	University of Michigan Automotive Research Center	Advanced and Hybrid Power Trains
California	Technical Training	University of California Davis	Plug-In Hyrbid Electric Vehicle Research Center
New York	Technical Training	Onandaga Community College	Automotive Technology Degree Program
California	Technical Training	Rio Hondo College	Automotive Technology Program
Alabama	Technical Training	Lawson State Community College	Alabama Center for Automotive Excellence: T-Ten
California	Both	Yuba College	NCCC Regional Automotive Technician and Hybrid Technology Project
Connecticut	Technical Training	Gateway Community College	Automotive Service Education Program
Illinois	Technical Training	Morton College	Automotive Technology
Indiana	Technical Training	Ivy Tech Community College	Automotive Technology
Maryland	Both	The Community College of Baltimore County	Automotive Technology
Massachusetts	Both	MassBay Community College	The Automotive Technology Center
Michigan	Technical Training	Lansing Community College	Automotive Technology
Nevada	Technical Training	College of Southern Nevada	Automotive Technologies
Ohio	Technical Training	University of Northwestern Ohio	Automotive Technology
Ohio	Technical Training	Ohio Technical College	Automotive Technology
Texas	Technical Training	Tarrant County College	Automotive Technology
Texas	Technical Training	Tyler Junior College	Automotive Technology
Utah	Both	Utah Valley University	Utah Fire & Rescue Academy
Virginia	Technical Training	James Madison University	Alternative Fuels Program
Virginia	Technical Training	Northern Virginia Community College	Automotive Technology
Washington	Technical Training	Shoreline Community College	Professional Automotive Training Center
Washington	Technical Training	Wenatchee Valley	Automotive Education Department
Louisiana	Technical Training	University of New Orleans	Global-E
California	Technical Training	Evergreen Valley College	Automotive Technology
California	Technical Training	SAE International	SAE 2011 Hybrid Vehicle Technology Symposium
Michigan	Technical Training	Automotive Research and Design	5-Day Hybrid Training Course
Oklahoma	Technical Training	Mid-Del Technology Center	Electric Vehicle Center
Ohio	Technical Training	Bowling Green State University	Electric Vehicle Institute
North Carolina	Technical Training	North Carolina State University	Electrical & Computer Engineering
Michigan	Technical Training	University of Detroit Mercy	Advanced Electric Vehicles Graduate Certificate
California	Technical Training	Long Beach City College	Advanced Transportation Technology Center
National	Technical Training	Underwriters Laboratory	Electric Vehicle Infrastructure
South Carolina	Technical Training	Clemson University	College of Engineering and Science
California	Technical Training	California Institute for Nanotechnology	Certified Electric Vehicles Technician

❖ 북미 전기차 교육 및 소방/구조대원 교육 프로그램 사례

(4) 기타국가

이 외 자체적인 체계 및 교육 프로그램이 없는 곳에서는 기존 유럽/미국의 제도를 받아들여서 내재화하는 등 다양한 방법으로 점차 고전압에 대한 안전 준수 부분에서의 심각성을 느끼고 차츰 이러한 교육 및 자격 범위를 확대해 나아가는 중이다.

❖ 국내 강사진과 시행한 태국 최초 고전압 안전교육 1Day Class 사례

03 고전압 안전 주의 사항

1. 개요

전기차에 적용된 AC, DC 전압은 모두 사람의 목숨에 관계될 수 있는 치명적인 위험을 지니고 있으며 이는 앞으로도 당분간 계속 지속될 것이다.

이러한 작업을 수행하기 위해서는 지정된 모든 절차와 규정을 준수하면서 작업하는 것이 중요하며 익히 익숙한 12V와 24V 시스템을 상회하는 모든 전기적인 회로에 대해서는 먼저 접근하지 않는 것이 사고를 사전에 방지하는 방법의 하나다.

(1) 위험의 종류 및 조치 사항

1) 전기적 쇼크 1

전기차에 적용되는 전압은 인체에 상해를 줄 수 있을 만한 위험이 존재한다는 것을 사전에 숙지한다.

2) 전기적 쇼크 2

기존 내연기관의 경우에는 이그니션 스위치 같은 경우 일반적으로 4만 V 정도의 전기적 쇼크를 발생할 수 있는 전압을 생성할 수 있다고 알려졌으며 이 때문에 엔진 구동 시 이 회로를 점검 때에는 절연된 특수한 장비를 사용하여야 하고 시동을 끌 때도 역기전력에 의해 수백 V의 전압이 발생하기 때문에 주의를 하여야 한다.

주로 많이 사용하는 파워툴의 경우에도 접지 라인과 연결을 하는 경우를 권장하는 경우를 많이 볼 수 있으며 하이브리드나 전기 차량을 작업할 경우는 고전압 시스템에 대한 충분한 교육이 사전에 필요하다.

3) 단락 회로

테스트할 때 단락으로 인한 손상을 방지하려면 인라인 퓨즈가 있는 점프 리드를 사용하여야 하고 단락 위험이 있는 경우 배터리를 분리하여야 한다. (먼저 접지선을 뽑고 마지막으로 다시 연결). 차량 배터리에서 매우 높은 전류가 흐르면 차량뿐 아니라 작업자도 화상의 위험에 노출될 수 있다.

4) 화재

차량에서 작업할 때는 절대 담배를 피우는 행위는 하지 않도록 한다. 연료 및 전해액 등의 누출은 즉시 주의해야 하며, 화재의 삼각형을 항상 기억하고 열-연료-산소의 결합이 이루어지지 않도록 주의한다.

5) 피부 손상

좋은 차단 크림 또는 라텍스 장갑을 사용하고 피부와 옷을 정기적으로 세척/세탁하여야 한다.

2. 고전압 주의 사항

(1) 고전압의 정의

저전압, 고전압에 대한 정의는 각각의 전기계통을 사용하는 분야 및 국가별로 상이하게 규정을 하고 있으며 내연기관에 대하여 IEC에서 규정하고 있는 바는 다음과 같다. (rms; Root mean square; 제곱근)

전기차의 경우는 UN 문서에서는 다음과 같이 규정하고 있다. (Addendum 99: Regulation No. 100 Revision 2, section 2.17)

내연기관 전압 레벨	AC	DC	위험
고전압	〉1000 Vrms	〉1500V	전기 아크
저전압	50~1000 Vrms	120~150V	전기 쇼크
초저전압	〈 50 Vrms	〈 120V	저 위험군

(2) 고전압 취급 주의 사항

① 360Vdc 이상의 고전압을 사용하므로 주의 사항을 반드시 지켜야 한다. 주의 사항을 준수하지 않으면 심각한 누전, 감전 등의 사고로 이어질 수 있다.

② 고 전압계 전선 및 커넥터는 오렌지색으로 되어 있다.

③ 고 전압계 부품에는 고전압 경고 라벨이 부착되어 있다.

④ 고전압 보호 장비 착용 없이 절대 고전압 부품, 케이블, 커넥터 등을 만져서는 안 된다.

(3) 회로와 전도체

전기가 흐르기 위해서는 회로는 완전하게 구성이 되어야 하고 폐회로를 형성하여야 한다. 만일에 회로가 구성되지 않으면 이것은 열린 회로로 간주한다. 인체의 몸과 같은 전도체가 열린 회로와 접촉하면 이는 회로를 폐회로로 만들 수 있다. (전기가 흐를 수 있다.) 대지, 물, 콘크리트, 그리고 사람의 몸과 같은 물질은 모두 전기에 대한 전도체이다.

(4) 전기 접촉 사고의 양상

- 전기적 쇼크 : 인체의 몸을 관통하여 흐를 만한 충분한 전류를 흘릴 수 있을 전압원에 직접적으로 접촉 하였을 때
- 감전사 : 전기 접촉으로 인하여 심장이나 뇌 기능이 정지되어 사망에 이르는 상태
- 아크 플래쉬 부상 : 방사열, 아크 플래쉬, 비산 용융 금속 소자 등으로 인한 화상
- 낙상 : 전기적 충격이나 아크에 놀라서 몸을 비키거나 뒤로 피하다가 넘어지거나 하는 2차 사고

(5) 전기적 작업 안전 사항

- 인가되지 않은 작업자는 전기와 관련된 장비를 다룰 수 없다.
- 전기를 다루는 작업은 명기된 허가증이나 관리부서의 허가를 득한 이후에 시행이 가능하다.
- 전기와 관련된 회로와 전도체들은 전기의 파워 소스가 제거되기 전까지는 활전 상태라고 간주하고 주의하여야 한다.
- 전류의 흐름을 테스트 하는 작업도 전기 작업에 속한다.

3. 고 전압계 부품

고전압 배터리, 파워 릴레이, 모터, 파워 케이블, EPCU, BMS, 완속 충전기 (OBC), 고전압 정션 블록 메인 릴레이, 프리차지 릴레이, 배터리 전류/온도 센서, 안전 플러그, 메인 퓨즈, 버스 - 바, 충전 터미널 등이 있다.

04 안전 작업 프로세스

1. 안전 작업 시스템

(1) 고전압 위험 차량 표시

주의
(고전압 위험 차량)

❖ 고전압 주의 표지

❖ 살차 적용 고전압 주의 표지 사례

(2) 절연 장갑 착용, 절연 공구 사용, 금속성 물질 제거, 고전압 차단

- 단자 간 전압 30V 이하 확인

(3) 사고, 화재 시 안전 플러그 OFF, 절연 장갑, 보호안경, 안전복 착용, 액체 접촉 시 붕소액으로 중화 후 흐르는 물에 세척, 화재 발생 시 ABC 소화기 사용.

(4) 고전압 절연저항 확인 및 서비스 데이터확인, 절연저항 점검 2㏁ 이상

2. 안전 작업 프로세스

(1) 작업준비 (격리)

출처 : https://youtu.be/fbWg48eW_ls

(2) 개인 보호구 착용

출처 : https://youtu.be/fbWg48eW_ls

출처 : https://youtu.be/fbWg48eW_ls

(3) 고전압 전원 차단

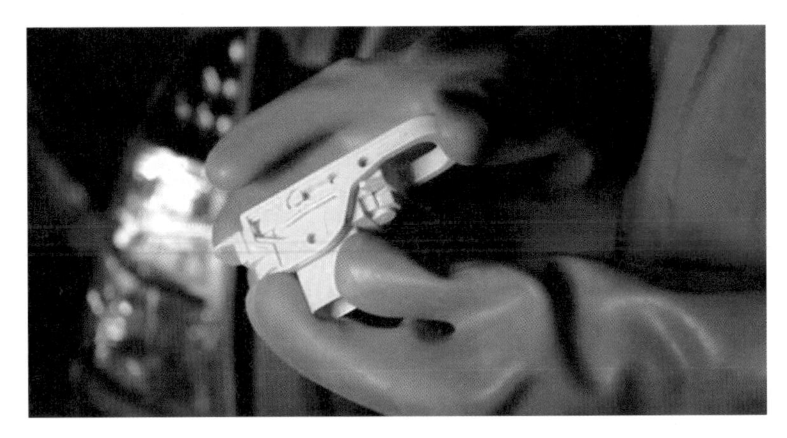

출처 : https://youtu.be/fbWg48eW_ls

(4) 비활선 점검

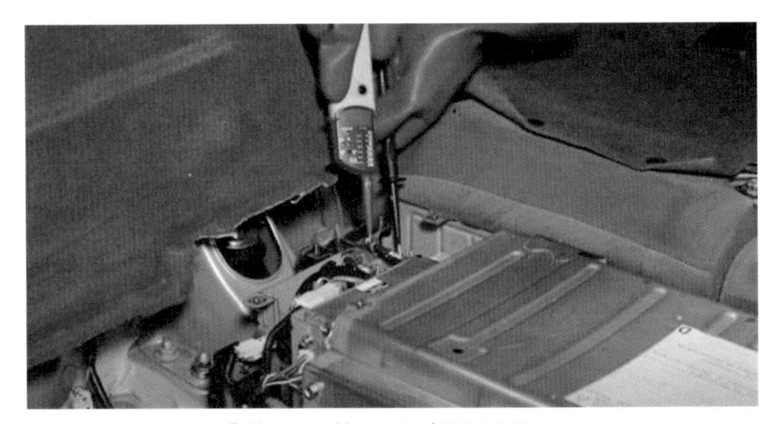

출처 : https://youtu.be/fbWg48eW_ls

(5) 절연저항 측정

출처 : https://youtu.be/fbWg48eW_ls

3. 절연저항 파괴 시 감전 주의

(1) 절연저항 300㏀ 이하 시 BMS에서 메인 릴레이 차단.

(2) 고전압 배터리 전원 +, - 한 단자가 차체에 접촉한 상태로 인체가 차체 접촉 시

(가) 인체가 차체에만 접촉하였을 때 전류는 흐르지 않음.

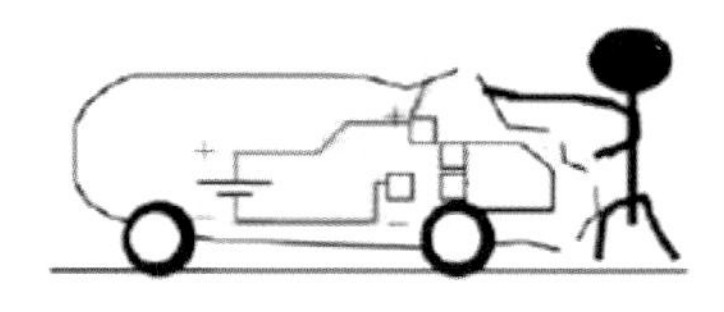

고전압 + 단자 차체 단락

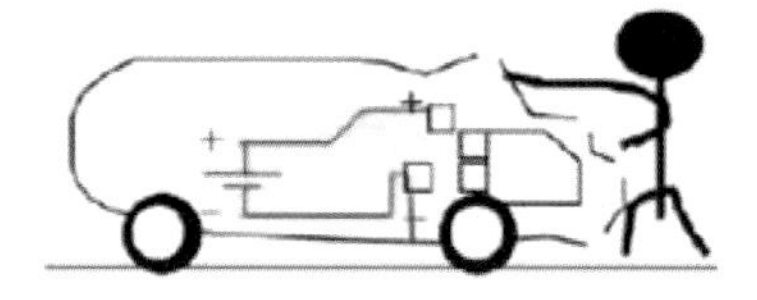

고전압 – 단자 차체 단락

(나) 인체가 차체와 고전압 단자에 동시 접촉 시 500mA 이상 차체와 인체로 통전으로 감전 위험.

(다) 500mA : 심장마비, 호흡 정지 및 화상 또는 다른 세포의 손상과 같은 병리 생리학적인 영향을 일으킬 수 있음.

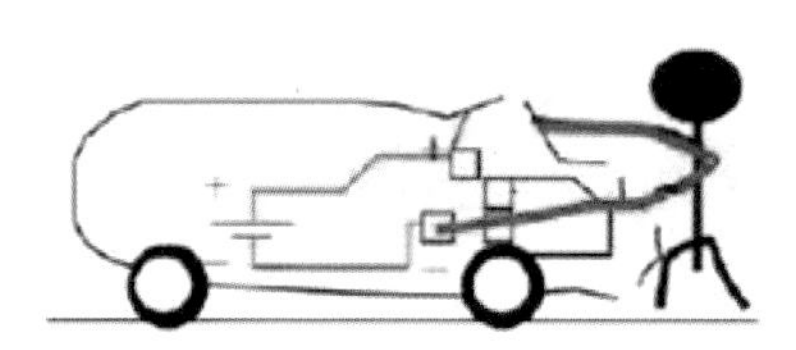

❖ 고전압 + 단자 차체 단락 및 인체접촉

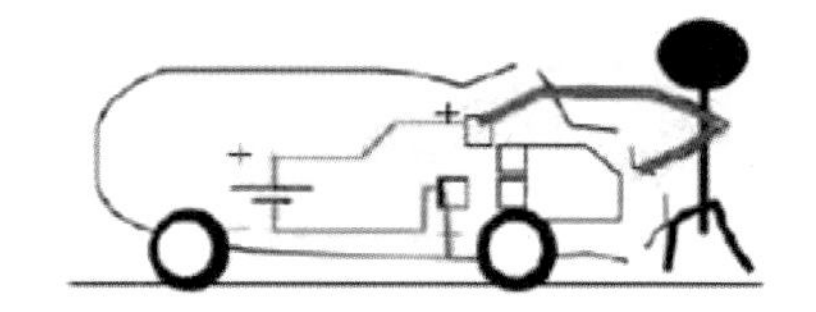

❖ 고전압 – 단자 차체 단락 및 인체접촉

(3) 고전압 단자가 동시에 차체에 접촉 시 2,000~3,000A 차체 통전으로 인한 퓨즈 차단.

4. 고전압 배터리 충전 시 주의 사항

1. 젖은 손으로 충전기를 조작하지 않는다.
2. 차량 충전 구에 충전커넥터를 정확히 연결 및 Locking 상태를 반드시 확인한다.
3. 충전 중에 충전커넥터를 임의로 제거하지 않는다.
4. 충전케이블 피복 손상, 충전커넥터 파손 등 안전상태를 주기적으로 점검한다.
5. 우천 시 또는 정리 정돈 시 충전장치에 수분이 유입되지 않도록 주의한다.
6. 충전 전 안전 점검, 충전 후 주변 정리 정돈을 시행한다.

05 위험 관리

위험 요소를 관리하고 통제하기 위해서는 차량과 부품에 대한 식별을 할 줄 알아야 하며 다음 장부터 자세히 소개되는 고전압 시스템 자체에 대해서도 이해를 해야 할 필요가 있다.

(1) 위험관리

가) 기술적 관리: 위험이 내포된 장비를 사용하여 작업을 시행하면서 상해를 입을 수 있는 작업자들을 보호하기 위한 설계적, 기술적인 관리방안

나) 조직적 관리: 기술적 관리로 조치가 미흡할 경우, 배치가 완전히 이루어지지 않았을 경우나 시험 계측을 하기 어려운 경우 등에 대해서는 조직적이고 체계적인 관리 시스템에 의한 관리방안이 마련되어야 한다. (예: 개인보호장비를 착용할 것)

다) 계층적 관리

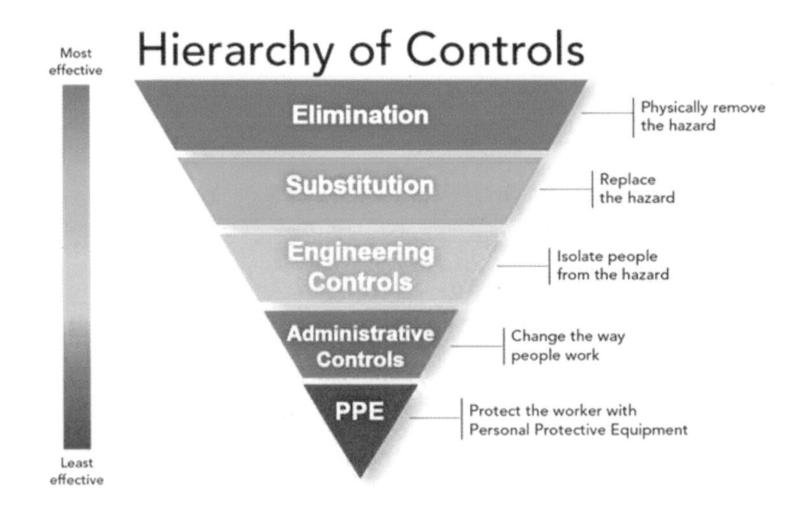

- 물리적으로 위험을 제거한다,
- 위험요소를 다른 것으로 대체하거나 하여 위험도를 감소시킨다.
- 기술적 관리 방안이나 설계적인 지원을 통하여 작업자를 위험 요소로부터 분리한다.
- 조직적 관리를 통하여 작업자가 업무를 하는 방식을 변경한다. (예 : 개인보호장비 착용)

(2) 초기평가

전기안전 관리 책임자는 초기 육안 검사를 시행하여 여타의 위험요소가 존재하는 지에 대한 자체적인 평가를 실시하여야 하고 개인보호장비를 착용하여야 한다. 이후에 자신과

타인에게 야기될 수 있는 전기차 작업으로부터의 위험성에 대하여 안전을 보장할 수 있는지를 각 단계별로 평가를 수행한다. 예를 들어 전기차와 연관된 작업 중에 발생할 수 있는 위험과 관계된 역할들은 다음과 같다.

1) 작업장 상주자	2) 작업 구경꾼
3) 복구 책임자	4) 소방/구급 책임자

만일 차량이 심각한 손상을 입었거나 화재가 발생했다고 한다면, 아래와 같은 현상을 수반할 수 있다.

1) 전기적 쇼크	2) 연소	3) 아크 플래쉬
4) 아크 블라스트	5) 화재	6) 폭발
7) 유독 화학물질	8) 가스와 매연	

(3) 화재위험

전기차와 그 내부의 주요한 부품들은 각기 다른 제조사로부터 각기 다른 기본적인 다른 디자인 컨셉을 가지고 만들어지므로 제조사 및 이를 다루는 사람들이 안전하게 작업을 하기 위해서는 어떤 조치가 필요할지 규정하는 것은 매우 중요한 일이다. 개인적인 예방 조치를 취해야 할 명백한 필요성뿐만 아니라 EV 고전압 시스템을 다룰 때 잘못된 유지보수 작업은 차량, 다른 사람 및 재산에 피해를 줄 수 있다. EV에서 작업할 때는 날개 덮개, 바닥 매트 등과 같은 정상적인 보호장치를 사용해야 하며 고전압 배터리를 제외하고 폐기물 처리는 ICE 차량과 다르지 않게 취급하면 된다.

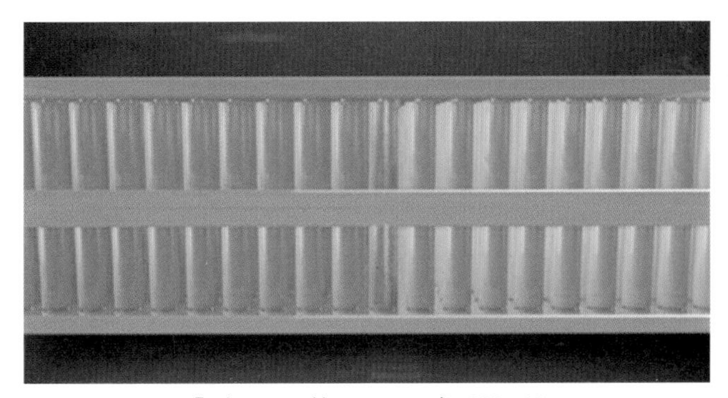

출처 : https://vimeo.com/348231769

높은 배터리 스택 / 모듈에서 오류가 발생하면 열 폭주가 발생할 수 있다. 열 폭주란 온도가 상승하면 온도가 더 상승하여 종종 파괴적인 결과를 초래하는 방식으로 조건이 변경되는 상황을 말한다.

출처 : https://vimeo.com/348231769

EV 고전압 배터리에서 화재가 발생하거나 배터리에 화재가 발생할 수 있다. 현재 주행 중인 대부분의 EV 배터리는 리튬 이온이지만 NiMH 배터리도 일부 사용을 하고 있다. 배터리에 화재가 난 전기차를 처리하기 위한 전술에 관한 다양한 지침이 있으며 일반적인 견해는 물 또는 기타 표준물질의 사용이 소방대원에게 역으로 전기적 위험을 나타내지는 않는다고 밝혀져 있다.

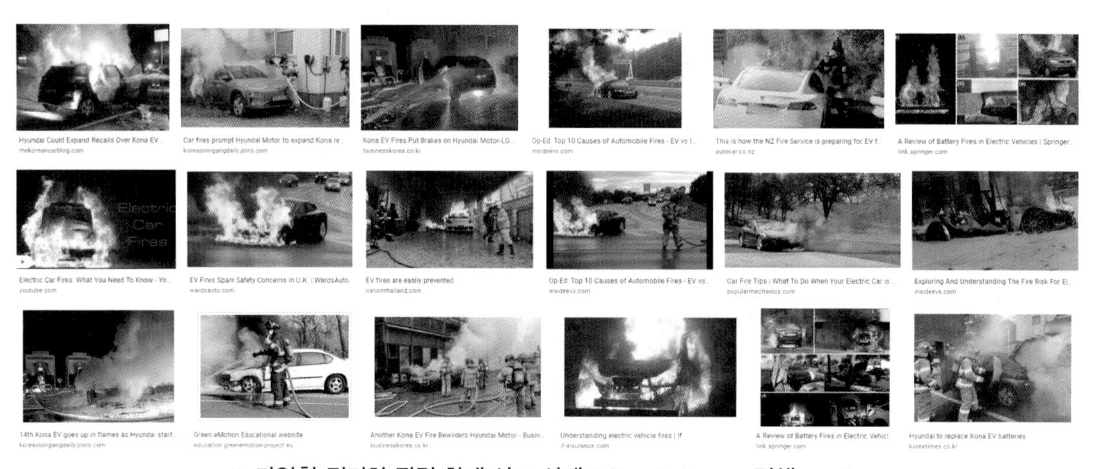

❖ 다양한 전기차 관련 화재 사고 사례 : Google Image 검색, ev fire

고전압 배터리에 불이 붙으면 지속해서 매우 많은 양의 물이 필요하다. Li-ion 고전압 배터리가 화재에 연루되었을 때 소화 후 재 점화될 가능성이 있으므로 열 화상을 사용하여 배터리를 모니터링 해야 할 필요가 있다. 생명이나 재산에 즉각적인 위협이 없는 경우 배터리 화재를 다 타도록 방치하는 것도 또한 고려해야 한다.

EV 화재에 대한 또 다른 고려 사항은 고전압으로 인한 전기적 충격 등을 방지하기 위한 자동 내장 시스템이 손상될 수 있다는 것이다. 예를 들어, 고전압 시스템의 상시 개방 릴레이는 열로 인해 손상을 입을 경우 닫힌 위치에서 융착되는 현상이 나타날 수 있다.

❖ 소방/구조대원용 친환경차 사고조치 교육 교재 및 제작사 긴급 조치 가이드 예시

06 개인 보호 장비

기본적인 기존의 작업을 할 때 수행하던 장비 이외에, 고전압 시스템을 다루기 위해서는 아래와 같은 추가의 장비들이 필요하다.

품 목	용 도	보호장비	비교
절연 공구	고전압 부품이나 배터리 탈거	1,000V / 300A 사양 충족(고전압 방호)	
안전모	작업 시 머리 보호	KS 기준 7,000 v 이하 사용범위 배터리 부딪힘, 낙하, 감전 시 부상 방지용	
안면보호구	고전압 회로 작업 시 전기스파크로 인한 얼굴 보호	작업 시 전해액, 파편 비산 시 부상 방지용	
절연화	감전 방지	14,000v 미만 작업 시 사용 절연화, 강화 밑창으로 못 찔림 등 방지	
절연장갑	고전압 장치 및 고전압 배터리 탈거 작업	1,000 v (0class) 전압 작업 시 사용 장갑, 배터리나 케이블 작업 시 필수 착용 후 작업	
방염복	작업 중 화재 발생시 신체 방호	높은 열 차단성, 방호성, 내약품성의 아라미드섬유 사용(탄화 온도 500도 이상) 전기절연성 및 내열성(260도 대기 중 1,000시간)	
화학복	고전압 배터리 전해질 누출 시 신체 보호	배터리 누출 확인 시 신체 보호를 위해 착용	

방진 마스크	호흡기 보호	배터리 누출 확인 시 호흡기 보호를 위해 착용	
보안경	고전압 배터리 점검 및 차량 점검 시	배터리 비산물 유입 방지	
검전기	잔류 전원 확인	전류 누출 여부 탐지 (검전기:AC80~AC1,000V 저압용) 테스터 : AC/DC 60V~1,000V)	

1. 비 전도체 재질로 구성된 작업복 (Anti-Arc 작업복) (주) 난연복 아님
2. 전기로부터 보호가 가능한 장갑 (절연장갑)
3. 보호가 가능한 신발류 (절연화/절연덧신)
4. 눈 보호 고글 (필요할 경우)

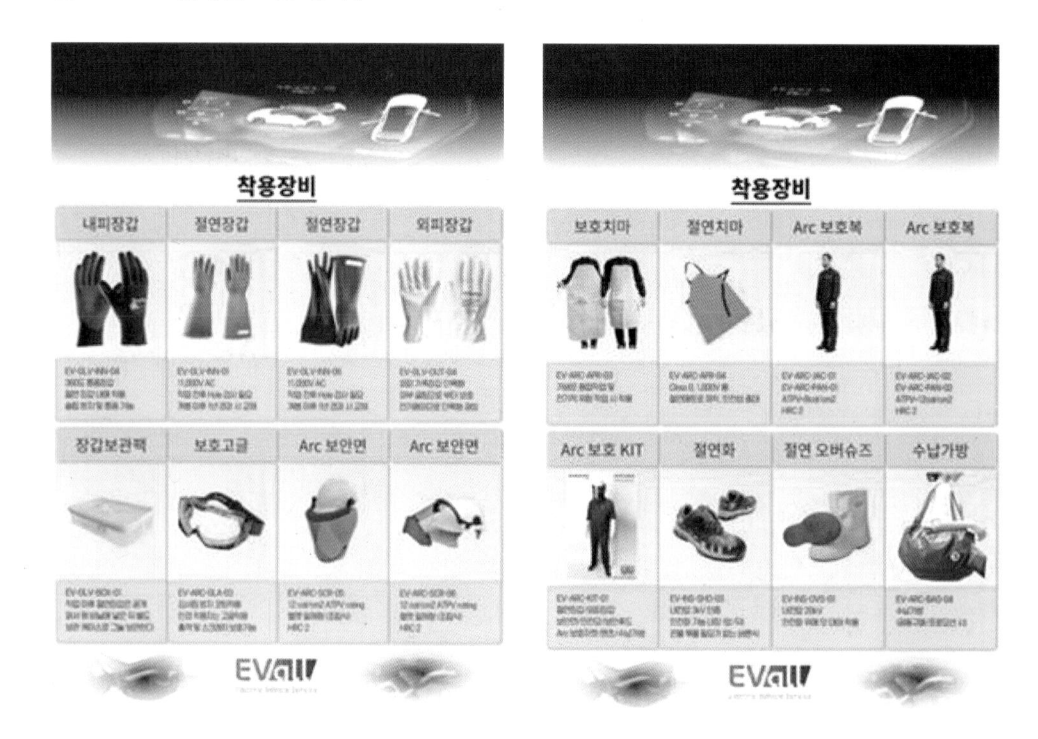

PPE는 전기차와 관련된 작업을 수행할 때는 필수적인 장비이다.

절연 장갑은 사용하는 전기작업의 범위에 따라서 다음과 같이 구분할 수 있다.

1) Class 00: 최대 사용전압 500V AC/ 750V DC, 시험전압 2,500V AC/ 10,000V DC
2) Class 0: 최대 사용전압 1,000V AC/ 1,500 DC, 시험전압 5,000V AC/ 20,000V DC
3) Class 1: 최대 사용전압 7,500V AC/ 11,250V DC, 시험전압 10,000V AC/ 40,000V DC

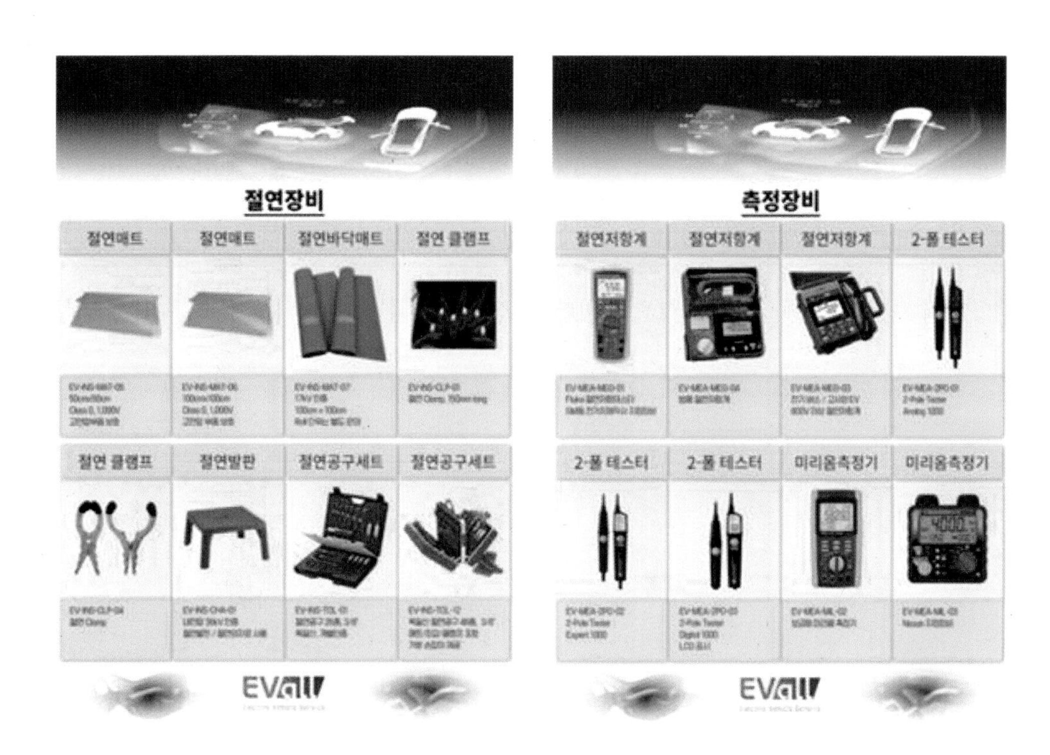

일부 차종은 Class 00도 사용이 가능하지만 현재 전기차에 적용되는 배터리 전압이 지속적으로 증가하는 추세에 있으므로 Class 0를 보편적으로 착용하는 것을 기준으로 한다. 절연장갑은 사용 전 장비에 이상이 있는지 (구멍, 찢김, 헤짐) 반드시 확인을 하여야 하며 이를 위해 보통 공기 테스트를 시행하여 장갑의 이상 유무를 확인한다.

8. 보호 장비 관리 수칙

(1) 개인보호장비(PPE)

임명된 안전관리자는 작업을 시작하기 전에 작업 투입자의 개인보호장비(PPE) 항목을 점검하고 사용할 것. 손상된 PPE 품목은 사용 금지

(2) 검사 항목(#붙임. 개인보호장구 정기 점검 체크리스트)

가) 절연 장갑은 긁힘, 구멍 및 찢김이 있는지 검사(육안 검사 및 공기 누설 테스트)한다.

나) 절연 화에 구멍, 손상, 금속 조각, 마모 상태 검사한다.

다) 절연 고무 시트는 찢어진 곳이 있는지 검사(육안 검사)한다.

제2장

전기자동차 기술

1. 플러그인 하이브리드 자동차 시스템
2. 전기자동차 고전압 장치
3. 고전압 안전 시스템

제2장

전기자동차 기술

01 플러그인 하이브리드 자동차 시스템

1. 개요

가정용 전기나 외부 전기 콘센트에 플러그를 꽂아 충전한 전기로 주행하다가 충전한 전기가 모두 소모되면 가솔린 엔진으로 움직이는, 내연기관 엔진과 배터리의 전기 동력을 동시에 이용하는 자동차로, 하이브리드자동차에 전기자동차의 개념이 결합된 방식이다, PHEV는 HEV의 배터리 용량을 보다 더 확대해 EV 모드로 운행 가능한 영역을 넓혀 실제 44km(인증기준)까지도 배터리와 전기모터만을 가지고 운행할 수 있는 장점이 있다. 이러한 이유로 인해 CO_2 배출 없이 시내 주행이 가능하고, 고속도로에서는 엔진을 통한 주행으로 교체가 가능하므로 HEV의 장점과 EV의 장점을 모두 갖춘 친환경 자동차라고 볼 수 있다.

2. PHEV 구성

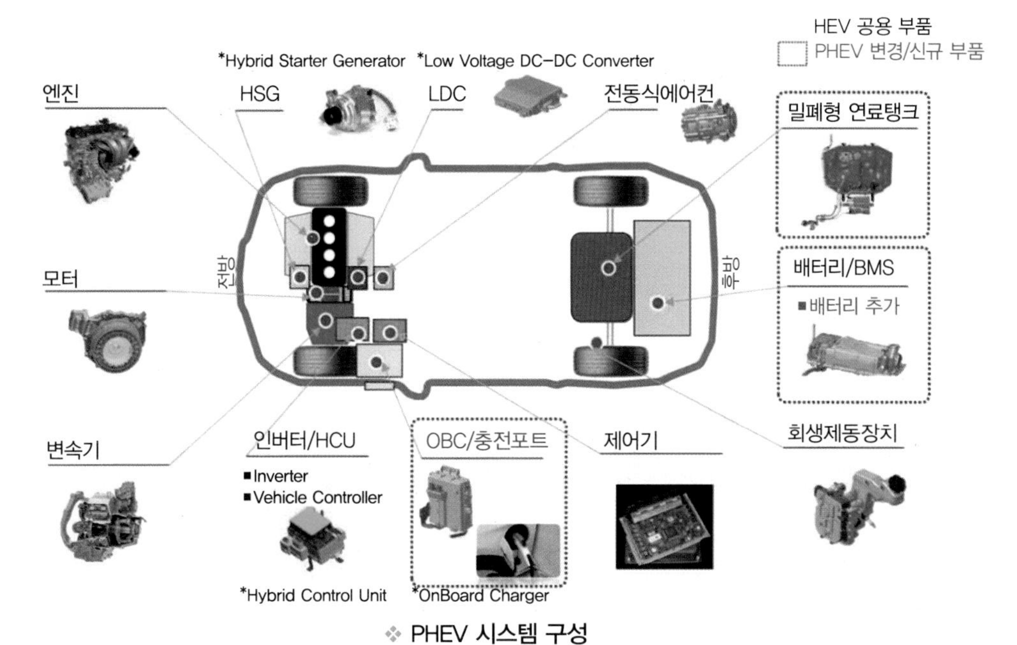

❖ **PHEV 시스템 구성**

출처 : 현대자동차, [플러그인 하이브리드 자동차] PHEV 신차교육교재

3. 고전압 배터리 비교

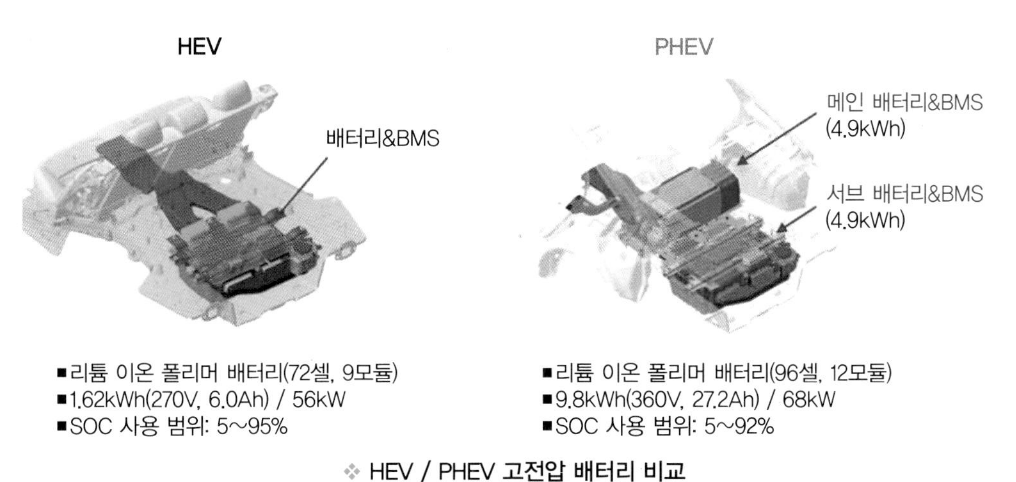

HEV	PHEV
■리튬 이온 폴리머 배터리(72셀, 9모듈)	■리튬 이온 폴리머 배터리(96셀, 12모듈)
■1.62kWh(270V, 6.0Ah) / 56kW	■9.8kWh(360V, 27.2Ah) / 68kW
■SOC 사용 범위: 5~95%	■SOC 사용 범위: 5~92%

❖ **HEV / PHEV 고전압 배터리 비교**

출처 : 현대자동차, [플러그인 하이브리드 자동차] PHEV 신차교육교재

4. PHEV 고전압 배터리 구성품 특징

(1) 배터리 모듈

1) 패키지 최적화를 위한 2팩 분리형 탑재
   - 리어 시트 후방 (Main), 타이어웰 (Sub)
2) 360V급 리튬 이온 폴리머 배터리
3) 최대출력 : 방전 56kW (시스템 요구출력)
4) 정격에너지 : 8.6 kWh

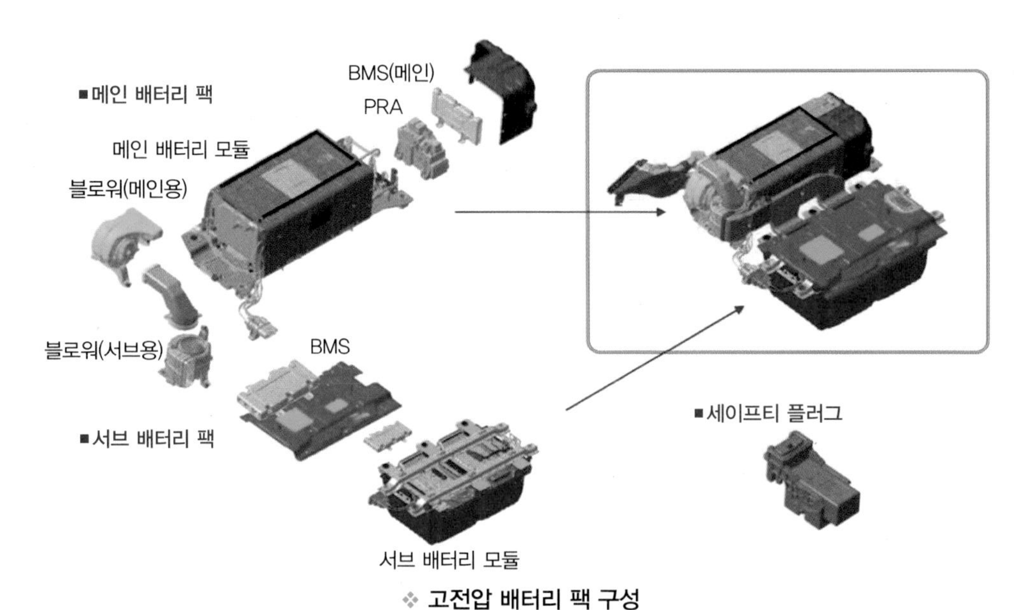

❖ **고전압 배터리 팩 구성**

출처 : 현대자동차, [플러그인 하이브리드 자동차] PHEV 신차교육교재

(2) BMS

1) 배터리 시스템 모니터링

- HW : Master, Slave 구조 적용
- SW : 배터리 열화 예측 기능 적용

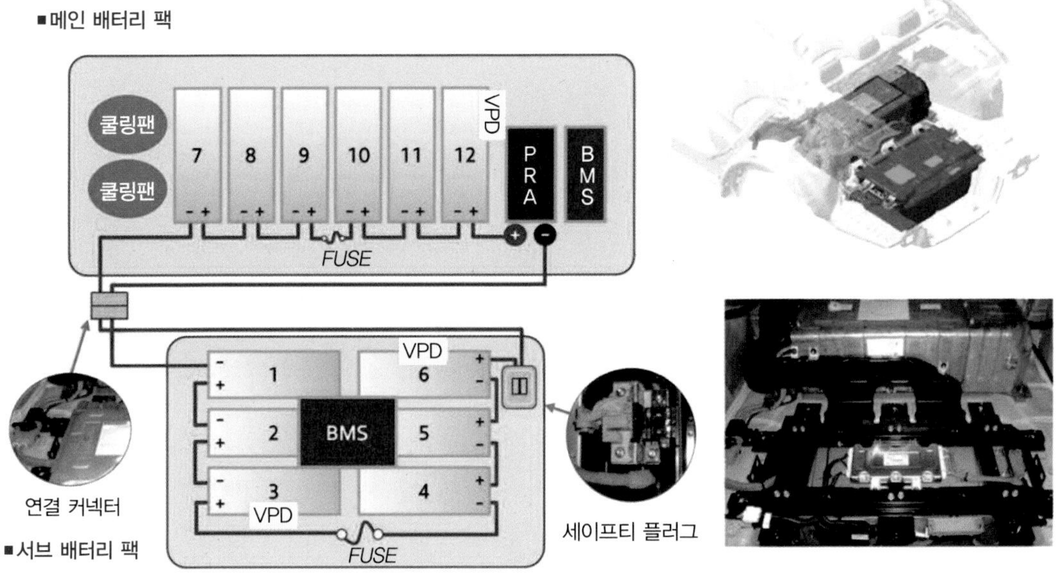

❖ PHEV 고전압 배터리 구성품

출처 : 현대자동차, [플러그인 하이브리드 자동차] PHEV 신차교육교재

(3) 냉각 시스템

(가) 개요

고전압 배터리는 메인과 서브로 나뉘어 있고 배터리 상단에 냉각핀을 추가 설치하여 냉각 효과를 향상시켰다. BMS는 HCU에서 Ready 신호를 수신한 후 배터리 온도가 상승할 경우 블로어 릴레이를 구동하고 PWM 신호를 통해 팬 속도를 제어한다. 또한 Feed Back 라인을 통해 팬의 상태를 판단하여 고장 진단을 수행한다.

고전압 배터리는 팬 제어를 통해 평균 30℃ 이하를 유지하며, 배터리 온도가 32℃를 초과하면 동작을 시작한다. 도장작업 시 70℃에서 약 30분 (80℃에서 약 20분) 방치 가능하며, 장기간 노출 시 배터리의 퇴화가 진행될 수 있으므로 주의해야 한다.

(나) 주요 기능

1) 배터리 팩 분리 냉각 : 메인 / 서브 각각 블로워 적용

2) 냉각팬 및 냉각 덕트 : 냉각 소음 및 전자파 개선

3) H-CAN

가) 팬이 구동되지 않을 경우 모터 불량인지, 외부 커넥터(전원 접지 등) 접촉 불량인지 판단하기 위해 적용(고장진단목적)

나) 속도제어(PWM) 라인과 동일한 모터 속도 신호 출력(둘 중 하나가 정상일 경우 냉각 팬 정상 동작)

4) 속도제어

가) BMS에서 블로워 모터로 팬 속도 신호 전송

나) 팬 속도제어(5V / PWM 신호 출력하여 듀티(-) 제어)

다) 1단(500RPM, 20% Duty)~9단(3850RPM, 90% Duty) 총 9단계 속도제어

5) Feed Back

가) 블로워 모터에서 BMS로 팬 속도 Feed Back

나) 팬 속도 Feed Back(5V / Hz로 출력)

다) 1단(15Hz) ~ 9단(130Hz) 총 9단계 속도 Feed Back

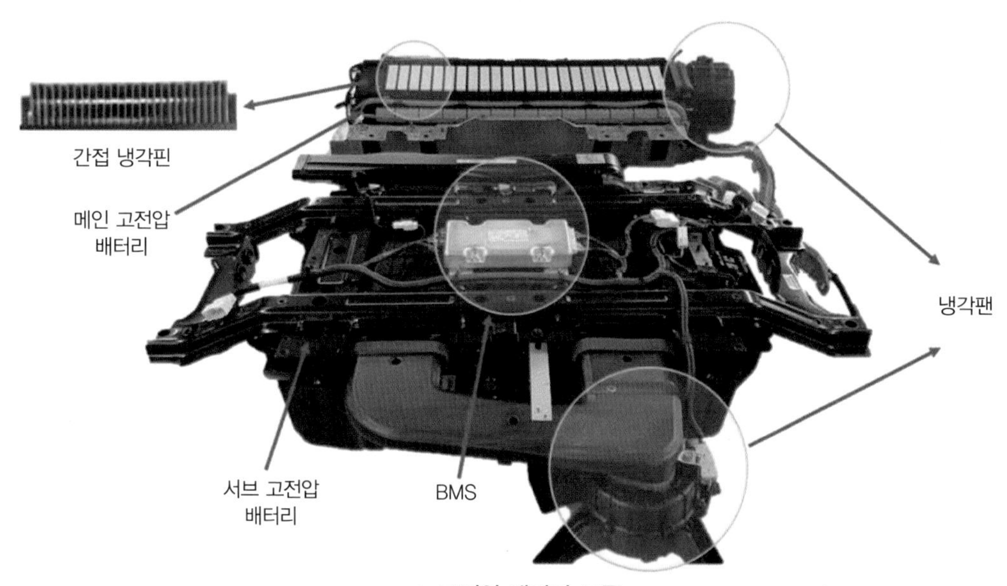

❖ **고전압 배터리 모듈**
출처 : 현대자동차, [플러그인 하이브리드 자동차] PHEV 신차교육교재

(4) PRA

(가) PRA 작동

1) Ready 브레이크 페달을 밟은 상태로 시동 버튼을 누르면 HCU는 고전압 시스템 진단 후 이상이 없을 경우 Ready 상태로 진입한다.
2) BMS는 HCU 신호에 의해 12V 전원을 해당 릴레이로 인가하여 구동하고 고전압 배터리 전원을 HPCU에 장착된 고전압 정션 블럭을 통해 인버터로 출력하여 고전압 장치가 구동 준비 상태가 될 수 있도록 고전압을 공급한다.

(나) 릴레이 작동순서

1) HCU로부터 릴레이 구동 신호 입력
2) 프리차지 릴레이 구동
3) 메인 릴레이(-) 구동(인버터 내부 콘덴서 충전 및 돌입 전류 감소)
4) 메인 릴레이(+) 구동(정상적인 고전압 공급)
5) 프리차지 릴레이 차단
6) 고전압 시스템에 안정적인 고전압 공급(360V)

(다) 고전압 메인 릴레이 전압 : 정격 360V / 100A

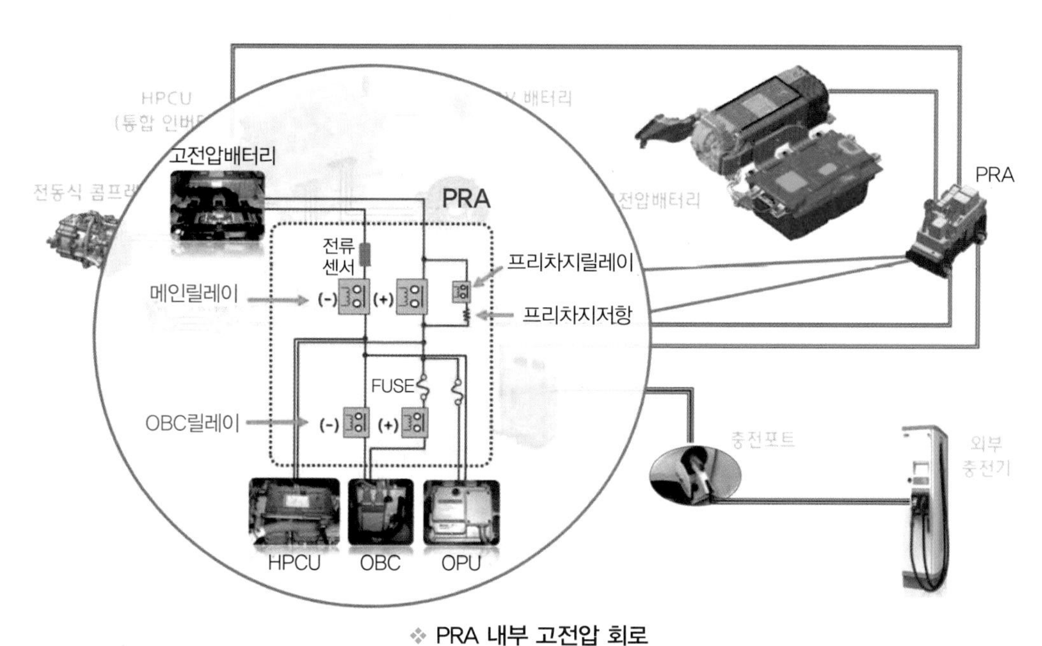

❖ PRA 내부 고전압 회로
출처 : 현대자동차, [플러그인 하이브리드 자동차] PHEV 신차교육교재

(라) PRA 구성도

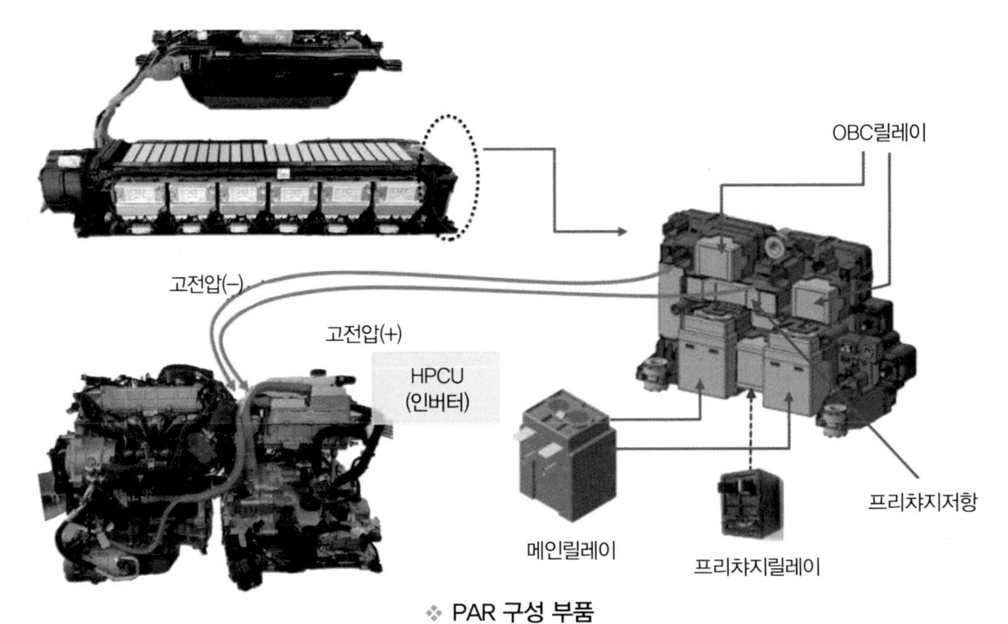

❖ PAR 구성 부품
출처 : 현대자동차, [플러그인 하이브리드 자동차] PHEV 신차교육교재

(마) PRA 구성품 역할

1) 메인 릴레이(+, -)

고전압 배터리에서 공급되는 전원을 인버터(고전압 장치)에 공급 또는 차단 (+) 릴레이에서 출력된 전원은 (-) 릴레이를 통해 고전압 배터리로 접지

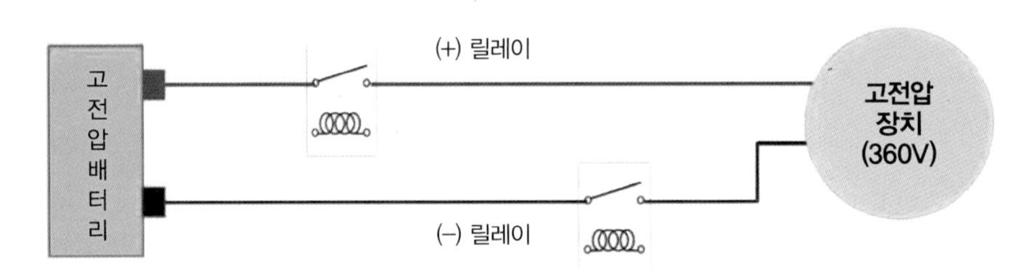

❖ 메인 릴레이 등가회로
출처 : 현대자동차, [플러그인 하이브리드 자동차] PHEV 신차교육교재

2) 프리차지 릴레이, 저항

고전압 릴레이 및 고전압 커패시터 보호(초기 충전 회로) 메인 릴레이 구동 전, 먼저 구동되어 고전압을 프리차지 저항을 통해 인버터로 공급하여 급격한 고전압 입력에 따른 돌입전류를 방지한다. 프리차지 릴레이는 (+) 전원만 릴레이를 통해 공급하며, 공급된 전원은 (-) 메인 릴레이를 통해 고전압 배터리로 접지된다.

3) 전류센서

고전압 배터리를 통해 입·출력 공급되는 전류량 검출

(바) 고전압 릴레이 점검

고전압 릴레이는 일반 릴레이와 동일한 방법으로 점검한다. 릴레이 코일 단은 BMS가 인가하는 저전압 (12V)을 통해 구동되며, 릴레이가 구동되면 접점을 통해 고전압 (360V)이 HPCU 측면의 고전압 정션 블록으로 인가된다.

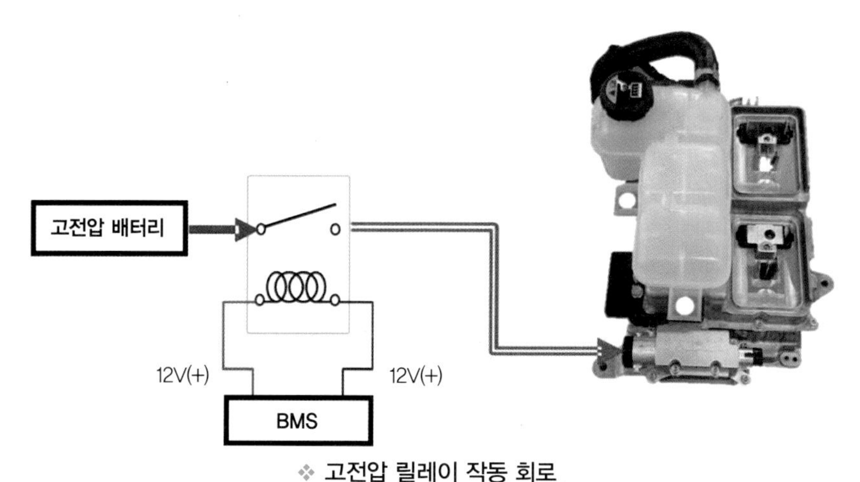

❖ 고전압 릴레이 작동 회로
출처 : 현대자동차, [플러그인 하이브리드 자동차] PHEV 신차교육교재

- 메인 릴레이 코일 저항 : 약 27Ω (기준값 26.2±10%)
- 프리차지 릴레이 코일 저항 : 105Ω (기준값 103±10%)
- 프리차지 저항 : 40Ω (기준값 40Ω)

  일반 릴레이, 저항 측정 방법과 동일한 방법으로 측정

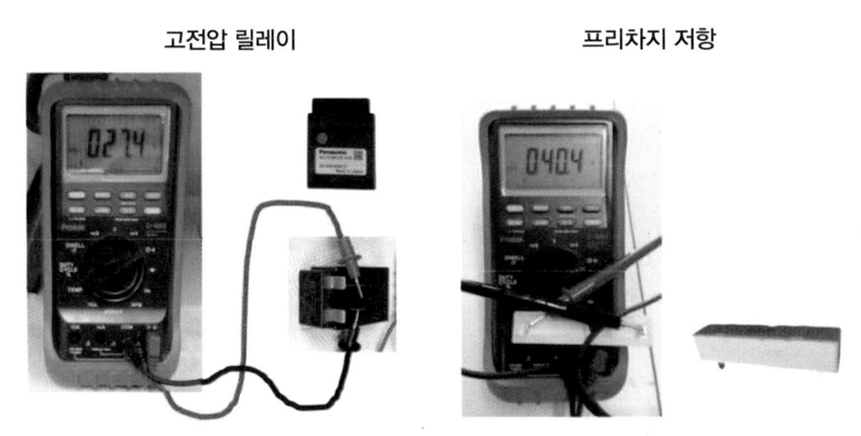

출처 : 현대자동차, [플러그인 하이브리드 자동차] PHEV 신차교육교재

4. 고전압 입·출력 요소

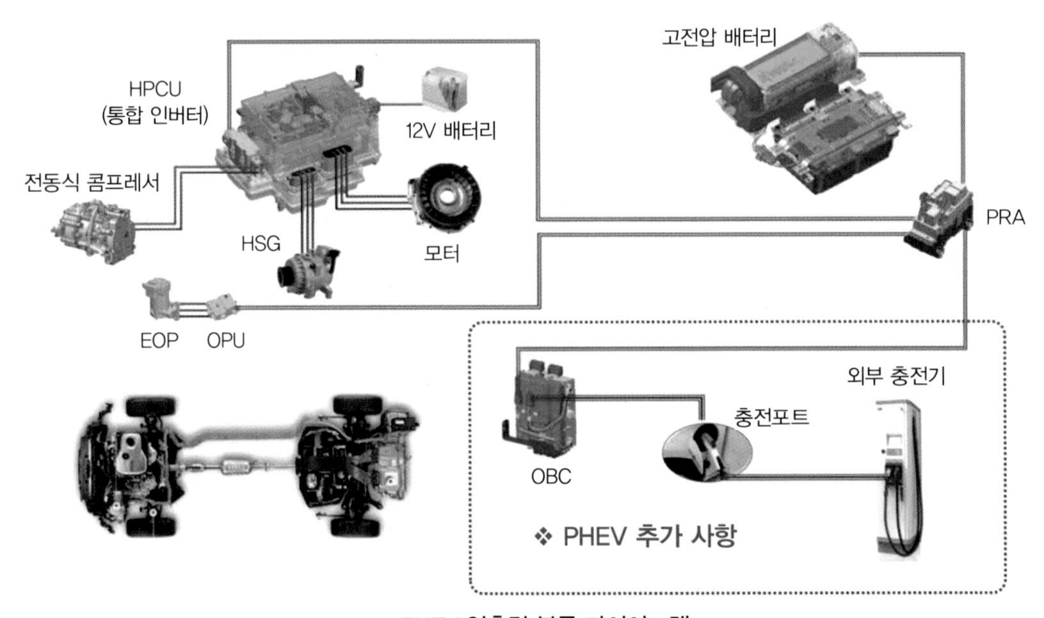

❖ PHEV 입출력 블록 다이어그램

출처 : 현대자동차, [플러그인 하이브리드 자동차] PHEV 신차교육교재

5. 주요 기능

(1) 과충전 방지 스위치 (VPD : Voltage Protect Device)

1) 고전압 배터리가 과충전되면 배터리 팩이 부풀어 오를 수 있는데 이렇게 부풀어 오르는 것을 감지하기 위한 스위치를 VPD라고 한다.
2) **장착 위치** : 메인 배터리 PRA 측면 1EA, 서브 배터리 측면 2EA
3) **구성** : 스위치 & 릴레이
4) **감지 방법** : 배터리 과충전 때문에 배터리 팩이 부풀어 오를 경우 접지 라인 단선에 의해 PRA 차단

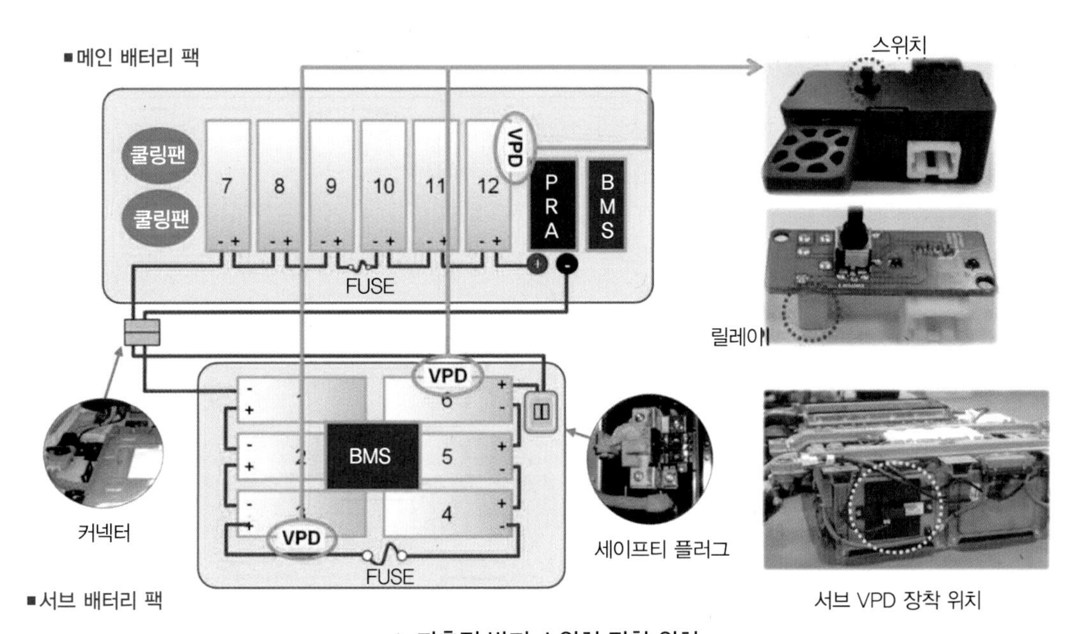

❖ **과충전 방지 스위치 장착 위치**
출처 : 현대자동차, [플러그인 하이브리드 자동차] PHEV 신차교육교재

(2) VPD 회로 및 작동

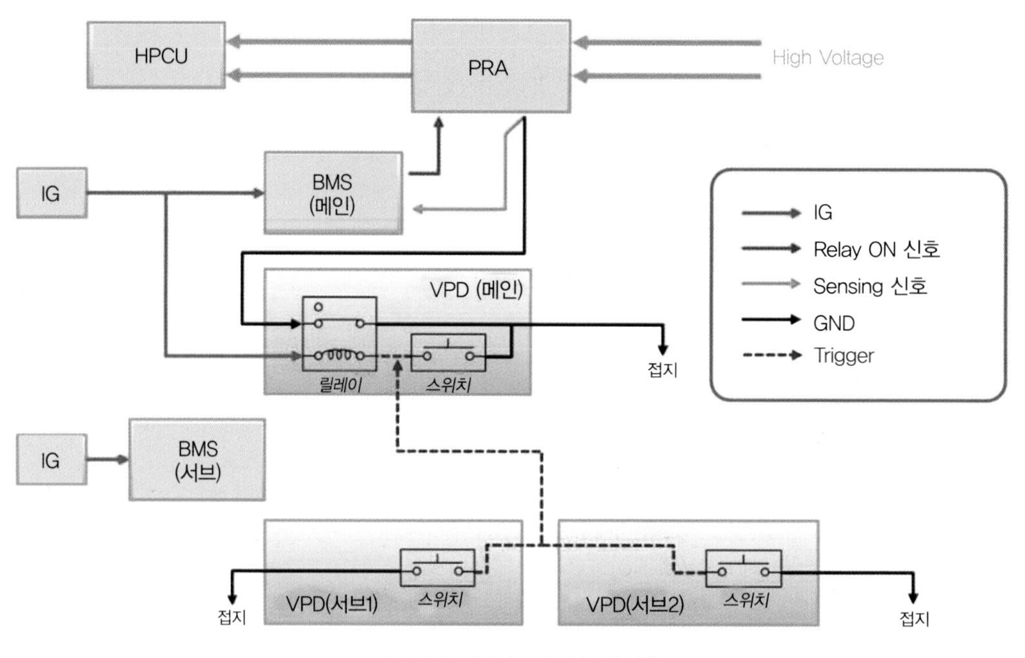

❖ VPD 회로 블록 다이어그램
출처 : 현대자동차, [플러그인 하이브리드 자동차] PHEV 신차교육교재

VPD 작동

- VPD 릴레이 : Normal close 타입
- VPD 스위치 : Normal open 타입
- 3개의 VPD 중 어느 하나라도 배터리의 부풀어 오름을 감지하게 되면 스위치를 누르게 된다.
- VPD 스위치가 눌러지면 메인 VPD 내부의 릴레이 접점이 이동해 PRA 접지 측 라인이 OPEN 상태가 된다.
- 이때 BMS(Main)에서 이 신호를 감지해 DTC와 경고등을 띄운다.

6. 안전 플러그

(1) 개요

안전 플러그는 수동으로 고전압 배터리 연결 회로를 단선시켜 차량에 공급되는 고전압 전원을 차단한다.

(2) 위치 및 역할

고전압 배터리 4개 모듈은 직렬로 연결되어 하나의 배터리 팩을 구성한다. 안전 플러그는 12번과 13번 모듈 사이(SUB 배터리)에 적용되어 차량 정비 시 플러그를 탈거하여 배터리 고전압 회로를 차단할 수 있다.

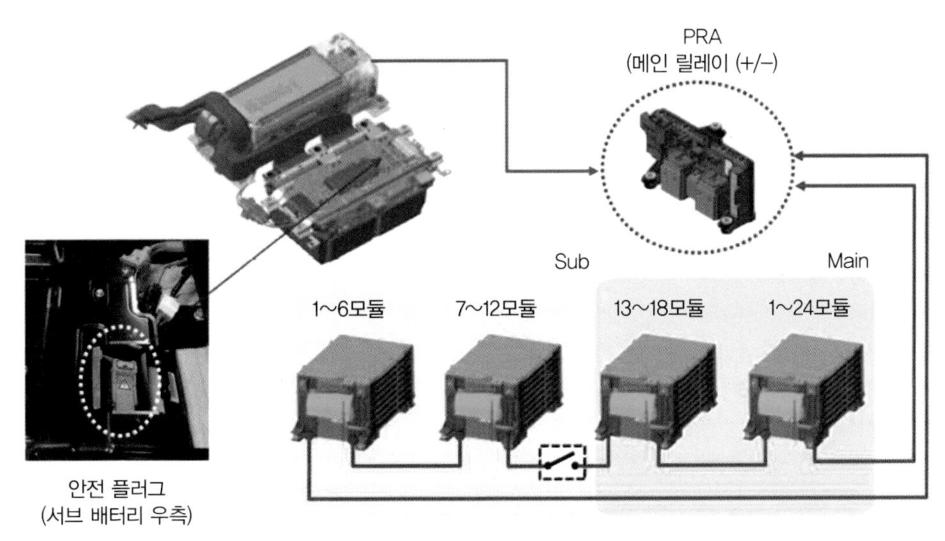

❖ **안전 플러그 위치**
출처 : 현대자동차, [플러그인 하이브리드 자동차] PHEV 신차교육교재

(3) 전기자동차 정비 시 작업순서

1) IGN 전원을 Off 한다.
2) 절연 장갑을 착용한 상태에서 트렁크에 위치한 저전압 배터리 접지를 탈거한다.
3) 안전 플러그를 탈거한 후 약 10분 이상 대기한다(인버터 내부에 충전된 고전압 방전시간).
4) 고전압 직류 라인(PRA 또는 HPCU 고전압 정션박스 등)을 측정하여 0V인지 확인한다.
5) 안전에 주의하여 차량을 점검한다.

7. 고전압 인터록 회로

(1) 인터록 개요

인터록 장치는 고전압을 사용하는 제어기 커넥터에 적용되어 있어, 정상적인 커넥터 체결상태를 감지한다. HEV, PHEV, EV 차량에는 여러 개의 인터록 장치가 적용된다. 고전압 케이블의 체결상태를 확인하기 위해 각 제어기가 감지하며 전압변화를 감지하녀, 고선압 커넥터 체결/해제 시 함께 체결된다.

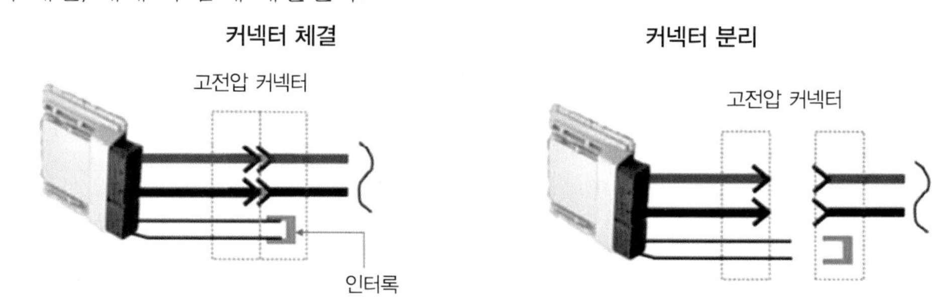

❖ **인터록 커넥터**
출처 : 현대자동차, [플러그인 하이브리드 자동차] PHEV 신차교육교재

(2) 기능

1) 제어기는 인터록 단자에 12V(DATC 기준) Pull-Up 전원 및 접지를 인가
2) 커넥터가 체결되면 두 배선이 단락되어 특정 전압값을 출력되며, 제어기는 정상으로 커넥터가 체결 되었다고 판단한다.
3) 커넥터 탈거 시 Pull- Up(12V) 전원이 유지되므로, 커넥터 미 체결로 판단.
4) 주행 중 인터록 탈거 시 현재 주행 상태는 유지하나, 정차 시 PRA를 Off 시켜 고전압을 차단한다.
5) 정차 중 인터록 탈거 시 즉시 PRA를 Off하여 고전압을 차단한다.

(3) 인터록 회로 구성 상세위치

HPCU 고전압 배터리 연결부(HCU)

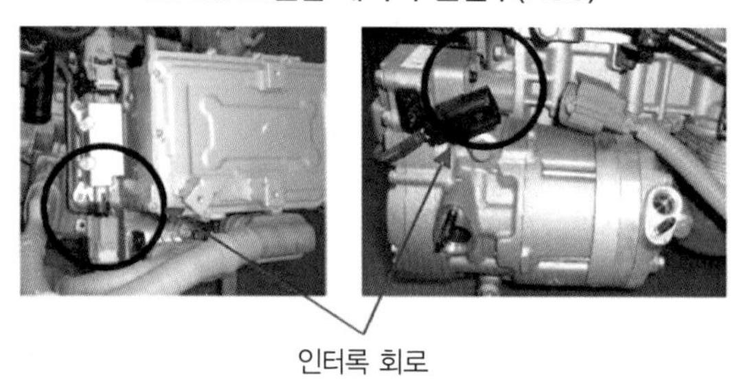

OBC DC 컨텍터 입구

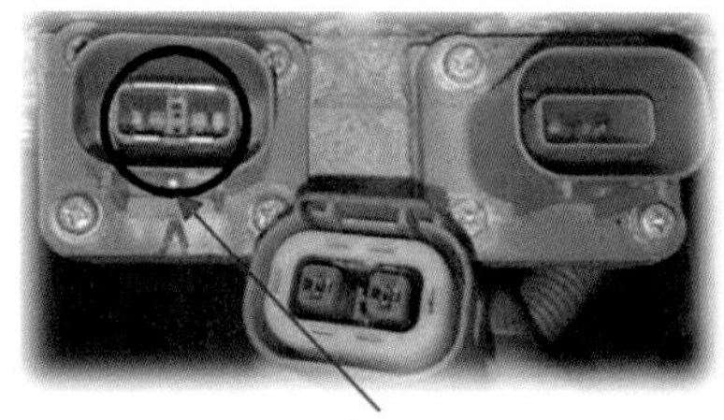

HPCU 고전압 배터리 연결부(HCU)

배터리 연결부 & 안전 플러그

인터록 회로 인터록 회로

출처 : 현대자동차, [플러그인 하이브리드 자동차] PHEV 신차교육교재

02 전기자동차 고전압 장치

1. 고전압 배터리

(1) 고전압 배터리 구성

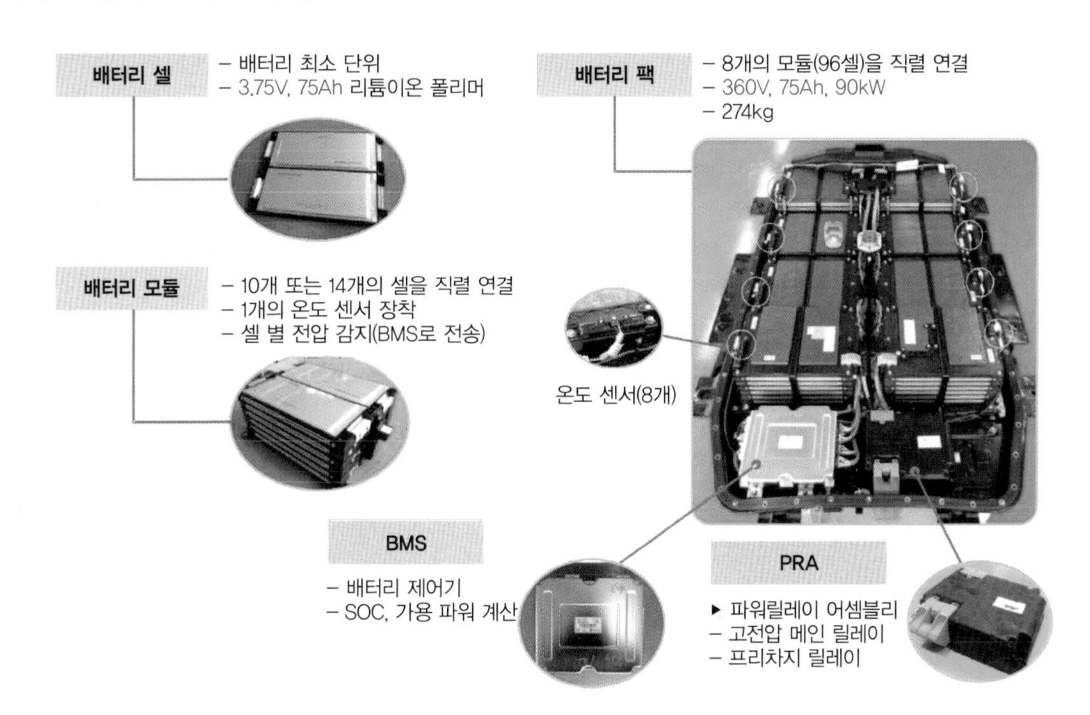

❖ 고전압 배터리 구성

출처 : 기아자동차, [쏘울 전기자동차] EV 신차교육교재

(2) 고전압 배터리 구성품

구분	설명
배터리 셀	전기적 에너지를 화학적 에너지로 변환하여 저장하거나 화학적 에너지를 전기적 에너지로 변환하는 고전압 배터리 최소 구성단위
배터리 모듈	10개 또는 14개의 셀을 직렬 연결한 배터리 단위
배터리 팩	8개의 모듈을 연결한 고전압 배터리 전체
BMS	Battery Management System 배터리 상태를 측정(전압/전류/온도)하여 배터리 상태를 판단, 관리하는 제어기 VCU와 CAN을 통해 메시지를 주고받으며 배터리 상태에 따른 차량 협조 제어를 수행
PRA	Power Relay Assembly, 배터리 시스템의 전원을 단속하는 장치
안전 플러그	배터리팩의 고전압 회로를 수동적으로 차단하는 장치

(가) PRA

(1) PRA 고전압 회로

고전압 회로를 연결하기 위한 고전압 전용 릴레이와 프리차지 릴레이, 고전압 연결용 버스-바 전류 센서 등을 모아 놓은 부품을 PRA(파워 릴레이 어셈블리)라고 한다. PRA 내부의 고전압 릴레이를 메인 릴레이라고 부르며 이 메인 릴레이가 붙어야만 고전압 회로가 정션 블록에 공급되는데, 메인 릴레이는 Ready 상태에서 BMS에 의해 단계적으로 제어된다.

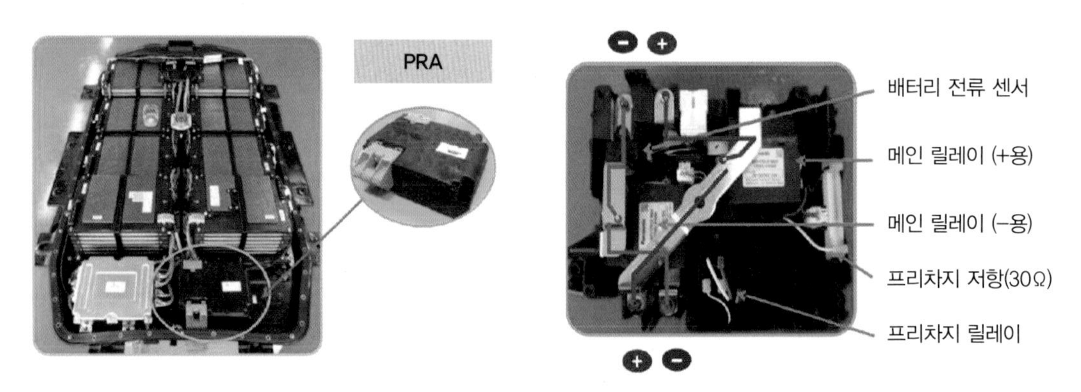

❖ **파워 릴레이 어셈블리**
출처 : 기아자동차, [쏘울 전기자동차] EV 신차교육교재

(2) PRA 제어

Ready시 고전압 +, - 회로를 고전압 정션 블록에 공급하기 위해 BMS에서 메인 릴레이를 작동시키는데, 이때 고전압을 곧바로 정션 블록에 공급하게 되면 돌입 전류로 인해 인버터가 손상될 수 있다.

이를 방지하기 위해서 프리차지 릴레이와 저항을 통해 정션 블록 내에 있는 커패시터를 우선 충전한 다음 고전압이 공급되도록 한다.

메인 릴레이(−)ON	프리차지 릴레이 ON	커패시터 충전(80%)	메인 릴레이(+) ON	프리차지 릴레이 OFF

❖ Ready 작동 흐름도

돌입 전류란 변압기, 전동기, 콘덴서 등의 회로 개폐기를 투입한 경우 순식간에 증가되고 바로 정상 상태로 되돌아가는 과도전류를 말한다.

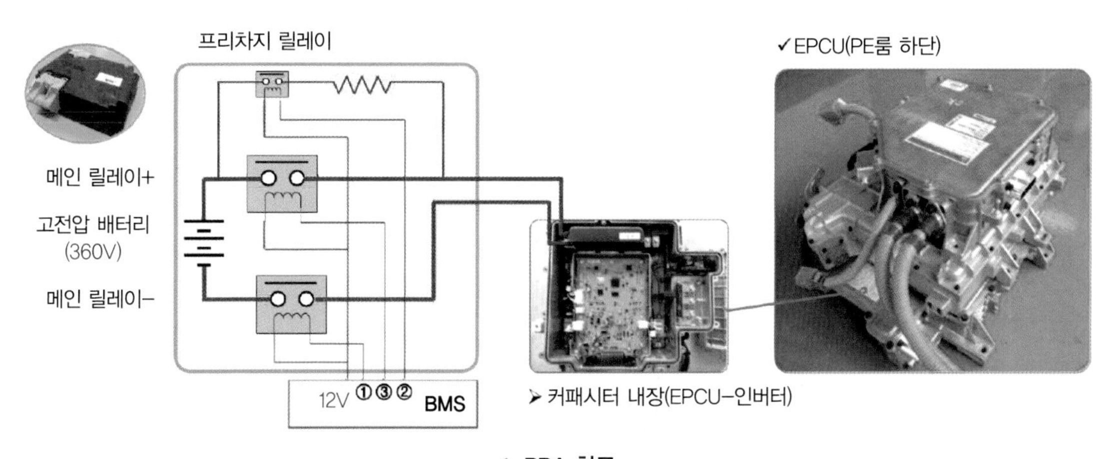

❖ PRA 회로

출처 : 기아자동차, [쏘울 전기자동차] EV 신차교육교재

(나) BMS 시스템

(1) 개요

고전압 배터리는 전기차의 주행 및 각종 제어에 있어서 가장 중요한 동력원이기 때문에 배터리의 에너지 상태를 파악하고 이에 따른 적절한 에너지 분배를 하기 위한 별도의 제어 시스템이 필요하다.

BMS는 차량에서 사용하는 고전압에 대한 가용 파워를 VCU(차량 통합 제어기)와 인버터로 전송해 주고 현재 배터리의 상태를 SOC로 계산해 알려주는 기능을 한다. 또한 고전압 배터리의 각 셀당 전압편차를 보정 하기 위한 셀밸런싱 기능과 배터리 온도에 따라 냉각팬을 구동하는 기능이 있다.

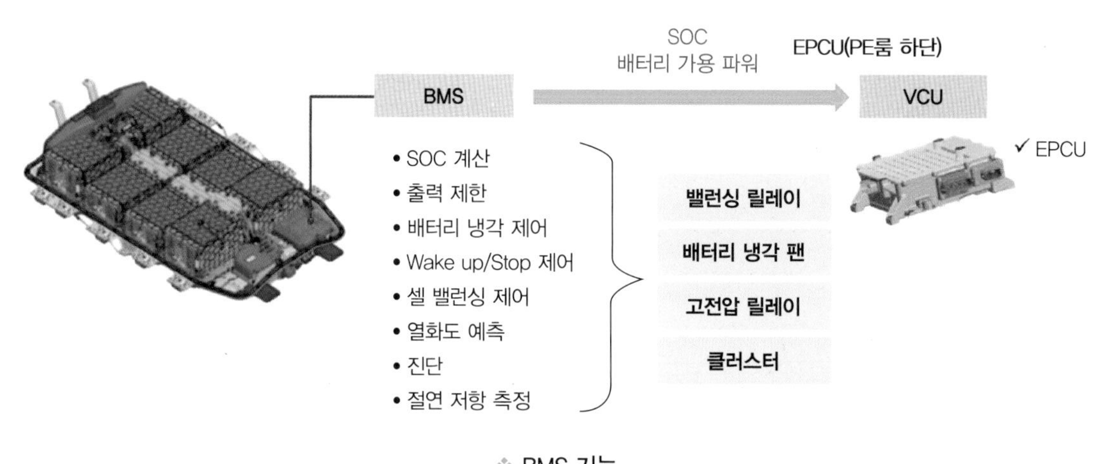

❖ BMS 기능
출처 : 기아자동차, [쏘울 전기자동차] EV 신차교육교재

(2) BMS 구조

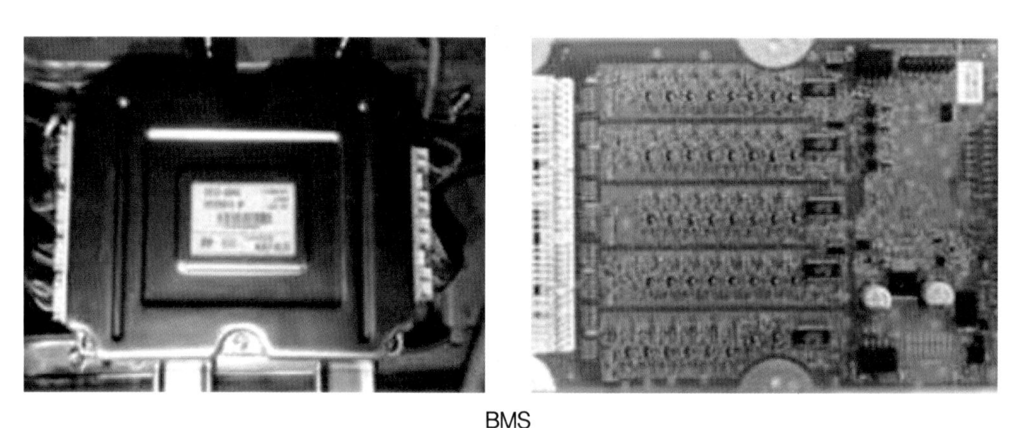

BMS
출처 : 현대자동차, [플러그인 하이브리드 자동차] PHEV 신차교육교재

(2) BMS 제어 시스템

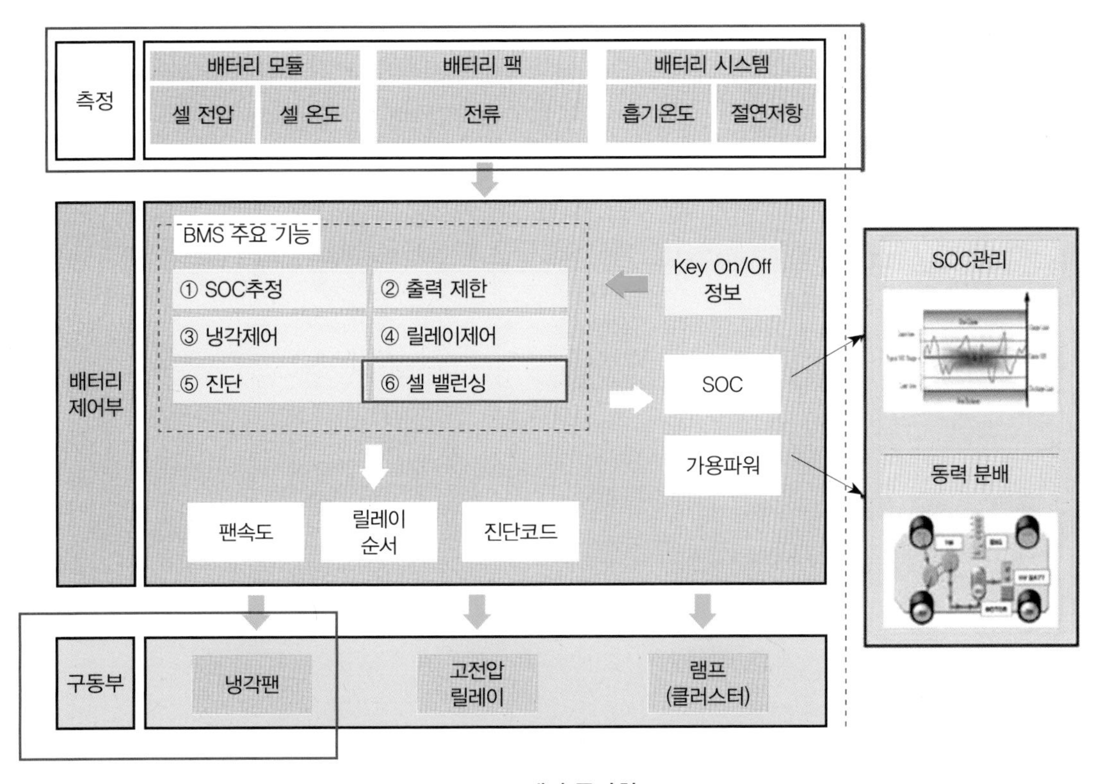

❖ BMS 제어 등가회로
출처 : 현대자동차, [플러그인 하이브리드 자동차] PHEV 신차교육교재

1) 리튬이온 폴리머 배터리 셀 밸런싱

리튬이온 폴리머 배터리는 과전압이 발생할 경우 셀 성능이 급격히 저하되는 특성이 있다. 또한 총 96개의 셀을 모아서 고전압 배터리를 구성하고 있기 때문에 각 셀이 지니고 있는 잔류 전하량이 다르게 되면 종전 전압 또한 편차가 생겨 일부 셀이 다른 셀보다 먼저 최대 전압에 이르는 현상이 발생하기도 한다. 이로 인해 셀의 균형이 깨지고 셀 충전 및 용량 불일치로 인해 주행거리에 대한 신뢰도가 낮아지게 된다.

이러한 현상을 막기 위해 BMS에서는 셀 밸런싱 기능을 수행하는데, BMS 내부에 96개의 밸런싱 릴레이를 두어 해당 셀과 연결된 저항을 이용해 에너지를 열로 소산 시키는 방법을 이용한다(패시브 방식이라고 함). 총 96개의 셀 가운데 가장 낮은 셀 전압에 맞추어 다른 셀의 방전을 유도함으로써 셀의 균형을 맞추게 된다. 셀 간 전압 차가 최대 1.0V 이내가 되도록 제어하며 1.5V 이상이 되면 DTC가 출력되고 경고등이 점등된다.

- BMS 내부에 96개의 밸런싱 릴레이를 두어 해당 셀과 연결된 저항을 이용해 에너지를 열로 소산
- 가장 낮은 셀 전압에 맞추어 다른 셀의 방전을 유도함으로써 셀의 균형을 맞춤
- 셀 간 전압 차가 최대 1.0V 이내가 되도록 제어한다.

2) SOC 균형 제어

전기차의 실제 운행 중에는 배터리 상태가 매우 불규칙하게 변동된다. 이를 적정한 범위 내에서 제어하고 과충전과 과방전을 막기 위한 제어를 SOC 균형 제어라고 한다. BMS는 배터리 SOC 값을 산출하여 95% 이상에서는 충전을 제한하고, 5% 미만에서는 방전을 제한하도록 VCU에 요청한다. VCU는 고전압 배터리가 최적의 효율을 낼 수가 있는 영역 내에서 SOC를 유지하도록 각종 파워를 제어한다.

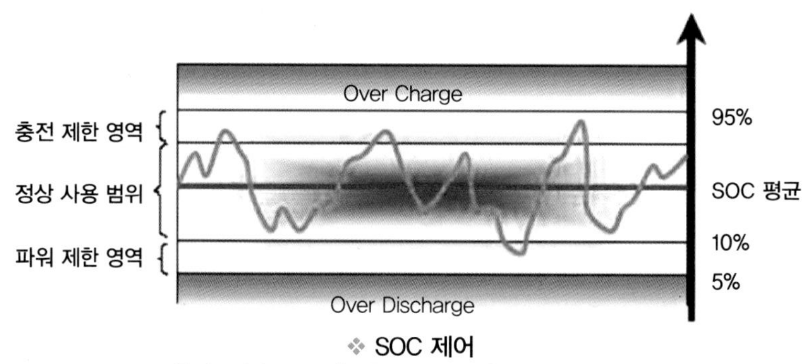

❖ SOC 제어

출처 : 기아자동차, [쏘울 전기자동차] EV 신차교육교재

3) EV 출력 제어

전기차는 배터리를 얼마나 아껴 쓰느냐에 따라 주행가능 거리가 달라지기 때문에, 현재 배터리 상태에 따라 출력을 적절히 제어하는 것은 매우 중요한 일이다. 전기차의 출력은 배터리의 가용할 수 있는 출력 범위 내에서 결정되는데, 이 범위를 결정하고 VCU로 보내주는 역할을 BMS에서 실시하는 것이다. VCU 또한 요구되는 파워를 BMS로 보내는데 이렇듯 양 제어기 간 상호 균형을 맞춰서 전기차의 최종 출력이 결정되는 것이다.

4) 충·방전 출력 제한

전기자동차의 고전압 배터리는 온도에 따라 성능이 달라진다. 가장 효율적인 온도 구간은 20℃~45℃ 이내이며 이를 위해 냉각, 온도 상승 시스템이 필요하게 된다. 또한 온도에 따라 배터리의 특성이 달라지기 때문에 저온 구간에서는 충·방전 출력을 제한해야 하는데 저온에서 방전을 무리하게 할 경우 배터리의 성능이 급격하게 떨어지게 되고 또한 지나친 충전을 할 경우에도 리튬금속의 석출 현상이 일어날 수 있기 때문에 충전과 방전에 대한 한계선을 두어 이 범위 이내에서만 가용할 수 있는 파워를 허락하는 것이다.

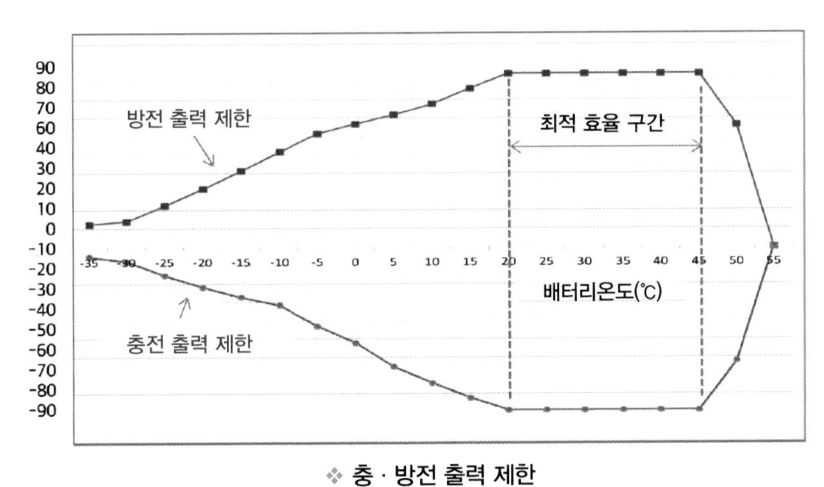

❖ **충 · 방전 출력 제한**

출처 : 기아자동차, [쏘울 전기자동차] EV 신차교육교재

5) 고전압 배터리 냉각

고전압 배터리 팩의 온도는 통상 30℃ 이하로 유지된다. 이를 위해서 온도가 높을 경우 냉각팬을 구동해 냉각을 시키게 되는데, 좌측 그림에서처럼 냉각팬은 차량 후면에 위치해 있으며 냉각 통로는 앞자리 시트 하부를 통해서 배터리를 거쳐 아웃렛 덕트로 배출되는 구조로 되어 있다. 냉각팬은 총 9단으로 제어되며 BMS에 의해 배터리 온도에 따른 속도제어를 실시한다.

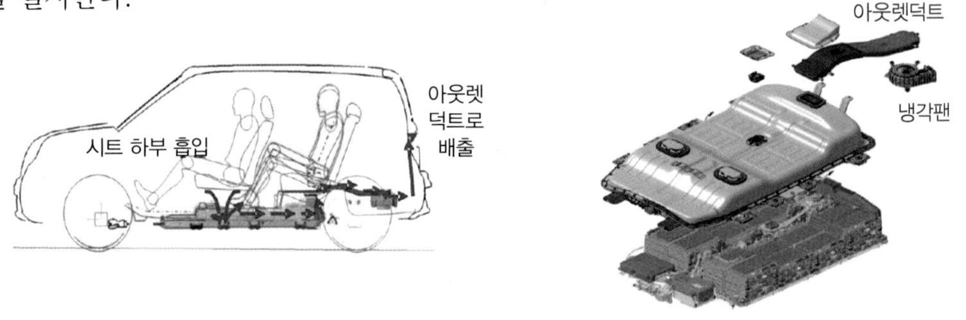

❖ **고전압 배터리 냉각 시스템**

출처 : 기아자동차, [쏘울 전기자동차] EV 신차교육교재

6) 고전압 안전 플러그

고전압 배터리 또는 고전압 관련 부품 취급 시에는 반드시 안전 플러그를 탈거한 후 작업에 임해야 한다. 또한 안전 플러그 제거 후라도 인버터 내부의 커패시터(콘덴서)에 충전되어있는 고전압을 방전시키기 위해 5 ~ 10분 가량 대기해야 한다. 또한 고전압 배터리 좌·우측 모듈을 분리하여 고전압 전원공급의 흐름을 완전 차단한다.

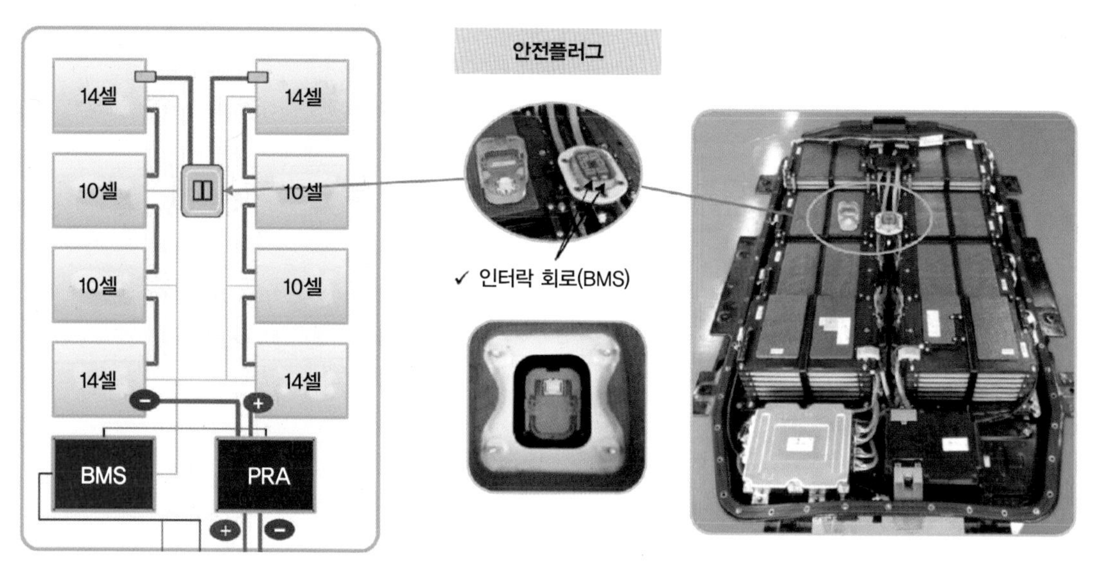

❖ 고전압 안전 플러그 등가회로
출처 : 기아자동차, [쏘울 전기자동차] EV 신차교육교재

2. 고전압 회로

(1) **급속 충전** : 급속 충전기에서 직접 고전압 정션 블록으로 전원 공급 고전압 배터리 충전 200A 충전용 릴레이는 통신을 통해 충전기에서 BMS로 신호 입력

(2) **완속 충전** : 외부 완속 충전기에서 차량 내 완속 충전기인 OBC를 거쳐 DC로 변환 후 고전압 정션 블록으로 공급

(3) **모터 구동/충전** : 고전압 배터리팩 → 고전압 정션 블록 → EPCU(MCU/인버터) → 구동 모터

(4) **전동식 컴프레서 및 PTC 히터** : 고전압 정션 블록에서 고전압 분배 (FATC에서 제어)

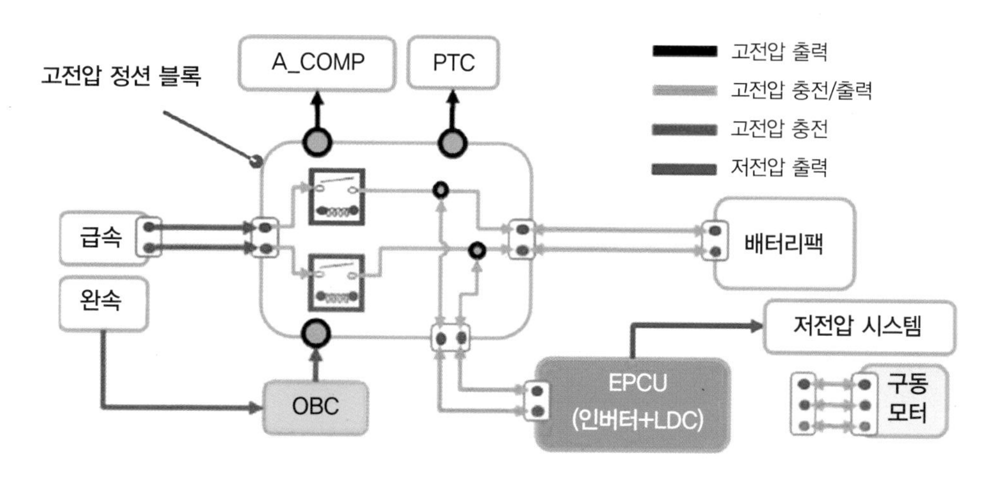

❖ **고전압 회로**
출처 : 기아자동차, [쏘울 전기자동차] EV 신차교육교재

3. 고전압 정션 블록

PE 룸 내에는 고전압 정션 블록과 완속 충전기, EPCU가 3개의 층을 이루어 놓여져 있다. 고전압 정션 블록은 고전압 배터리의 에너지를 고전압 부품으로 각각 분배해 주고, 또한 급속 및 완속 충전기를 통한 입력 전원을 고전압 배터리로 보내주는 역할을 한다. 고전압 정션 블록 내부에는 충전용 200A 릴레이 모듈과 고용량 FUSE 모듈이 있다.

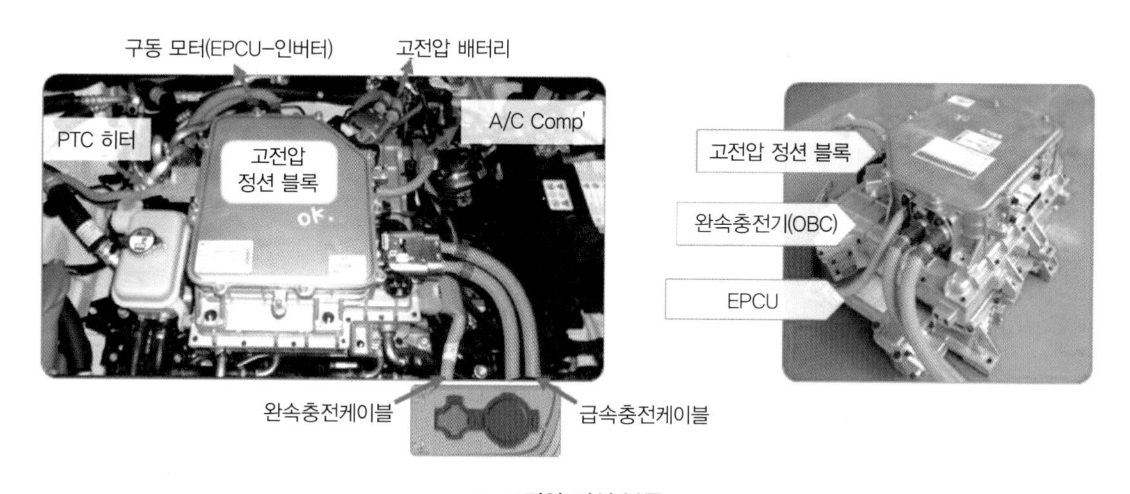

❖ **고전압 정션 블록**
출처 : 기아자동차, [쏘울 전기자동차] EV 신차교육교재

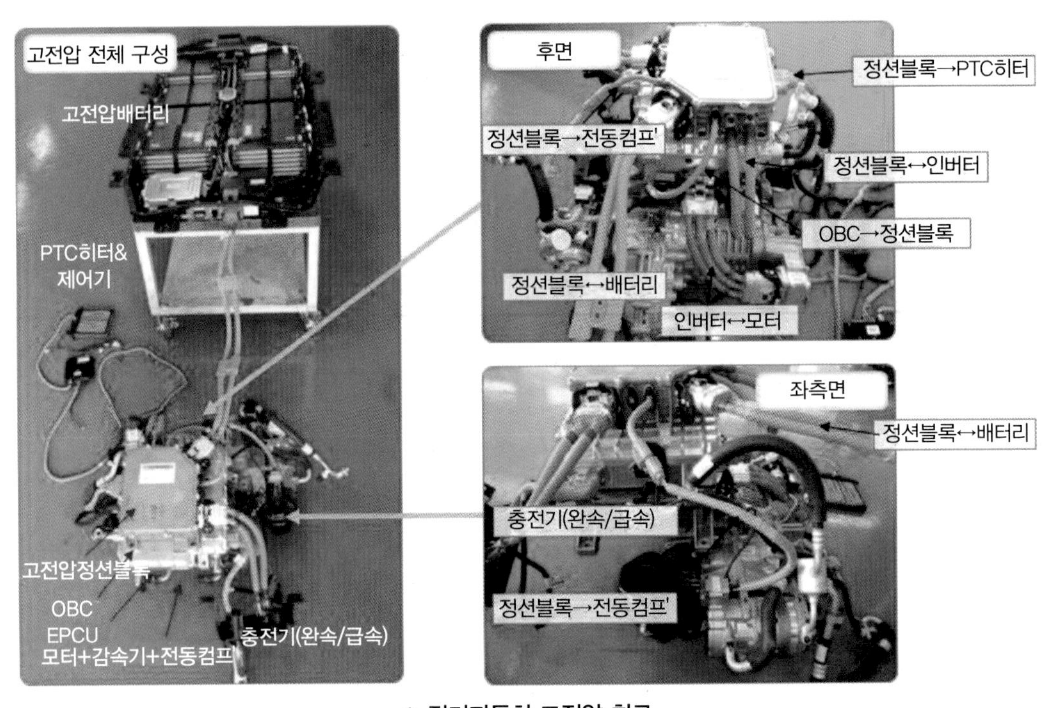

❖ **전기자동차 고전압 회로**
출처 : 기아자동차, [쏘울 전기자동차] EV 신차교육교재

4. 전력 변환 장치

전력 변환 장치는 전기차의 고전압 배터리 전압을 차량용 12V로 변환시키는 장치인 LDC와 구동 모터로 보내주기 위해 고전압 직류를 교류로 변환하는 장치인 인버터, 그리고 외부의 220V 교류전원을 전기차용 360V 직류로 변환해 주는 완속 충전기인 OBC 등을 말한다.

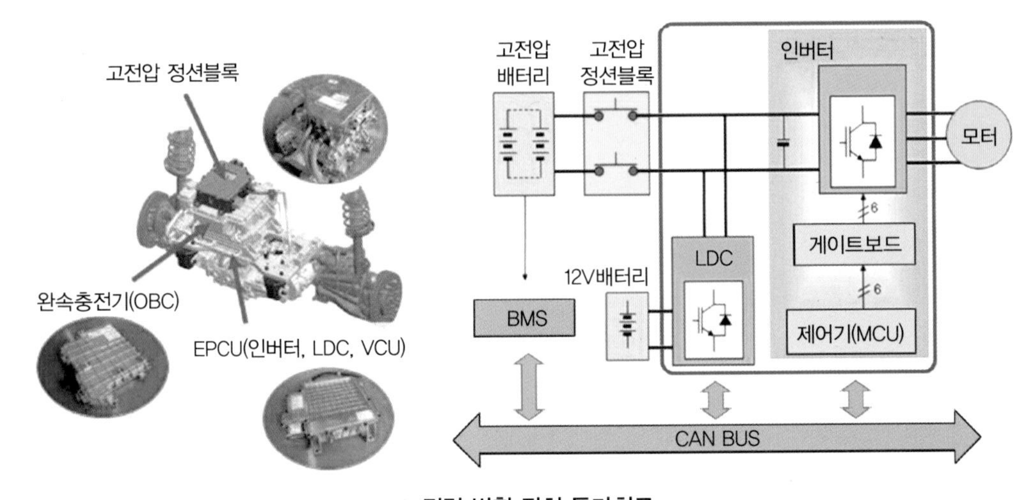

❖ **전력 변환 장치 등가회로**
출처 : 기아자동차, [쏘울 전기자동차] EV 신차교육교재

(1) OBC(On Board Charger)

차량 내부에 장착된 충전기로 AC 220V 교류 전압을 DC 250~450V로 변환시켜 고전압 배터리를 충전시킨다. OBC는 모든 전기자동차나 PHEV에 장착되어 있다.

(2) 인버터(MCU, EPCU 내장)

인버터와 제어 보드를 포함한 모듈 형태를 말하며 내부에는 고전압을 다양한 형태로 변환하기 위한 인버터 부와 모터의 속도를 제어하는 제어부, 고전압을 분배하는 파워보드, 그리고 LDC와 냉각장치가 있다.

(3) LDC(HPCU 내장 - Low Voltage DC-DC converter)

고전압을 12V DC로 변환시켜주는 컨버터로 HPCU 안에 내장되어 있다.

(4) E-COMP(전동식 콤프레서)

콤프레서로 공급되는 DC 360V 전압을 내부에 있는 인버터에서 교류로 변환한다.

(가) OBC

주차 중 110V, 220V AC 전원으로 EV나 PHEV에 탑재된 고전압 배터리를 충전시키는 차량 탑재형 충전기로 AC 교류 입력을 DC 직류 출력으로 변환한다.

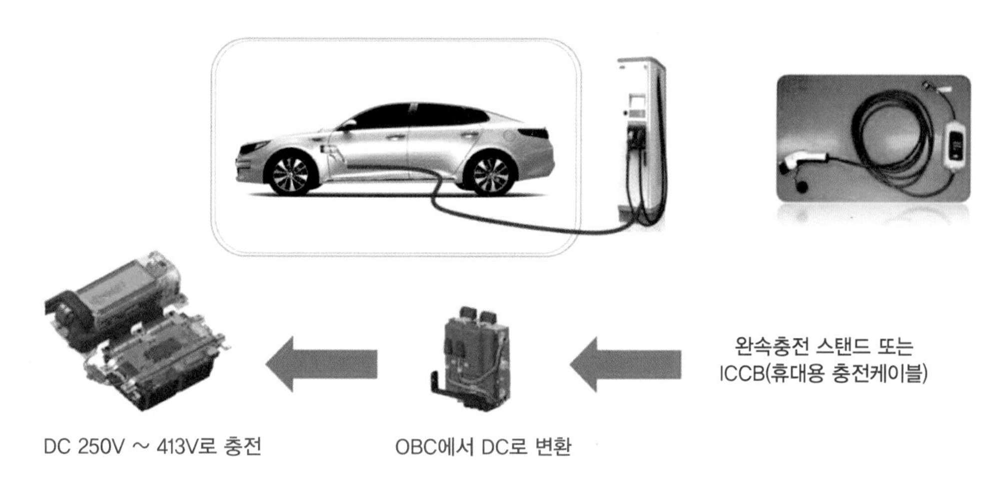

출처 : 기아자동차, [쏘울 전기자동차] EV 신차교육교재

(나) MCU

1) 인버터

인버터는 구동 모터로 공급되는 고전압을 직류에서 교류로 변환하고, 또는 교류 전압을 직류로 변환하는 역할을 한다. EV / HEV 모드에서 구동용으로 사용되는 모터와 HSG는 교류 모터이므로 3상(X, Y, Z) 교류로 제어해야 하며 이 역할을 인버터가 하고, 모터의 회전 속도와 토크 등의 제어는 제어 보드에서 (MCU) 담당하게 된다.

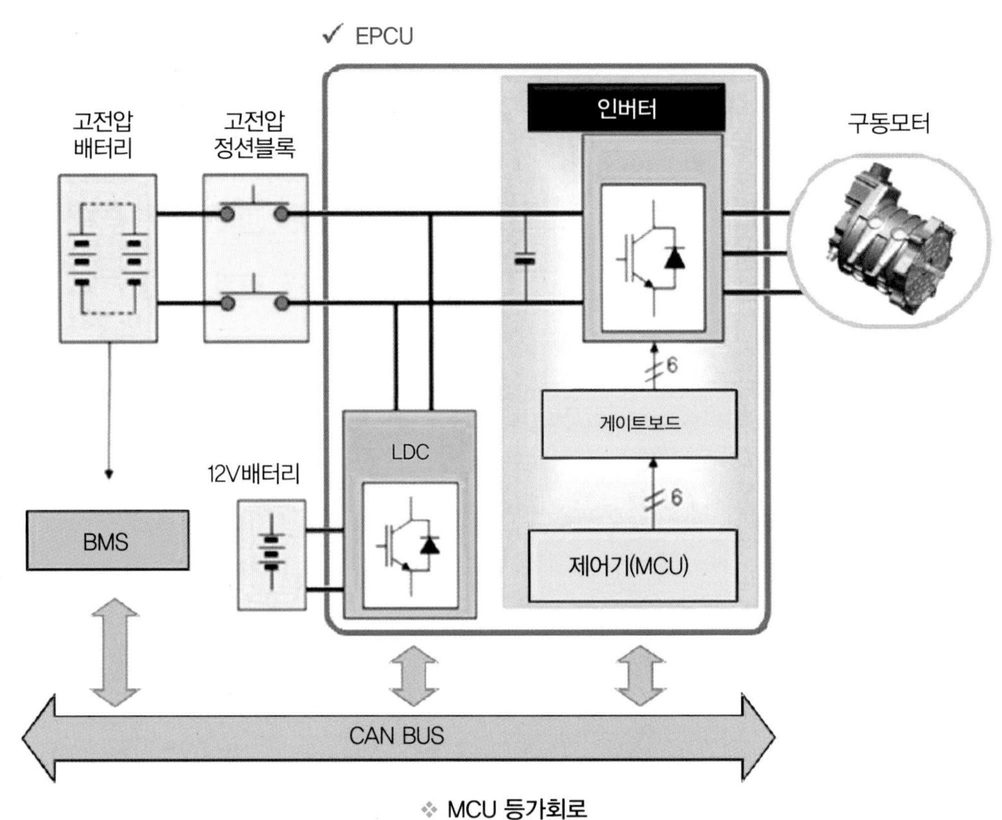

❖ MCU 등가회로
출처 : 기아자동차, [쏘울 전기자동차] EV 신차교육교재

2) 인버터 회로

모터를 구동시키는 방법은 인버터 내부의 전력용 반도체를 사용하여 특정한 주파수와 전압을 가진 교류로 변환시켜 회전 속도를 제어하는 것이다.

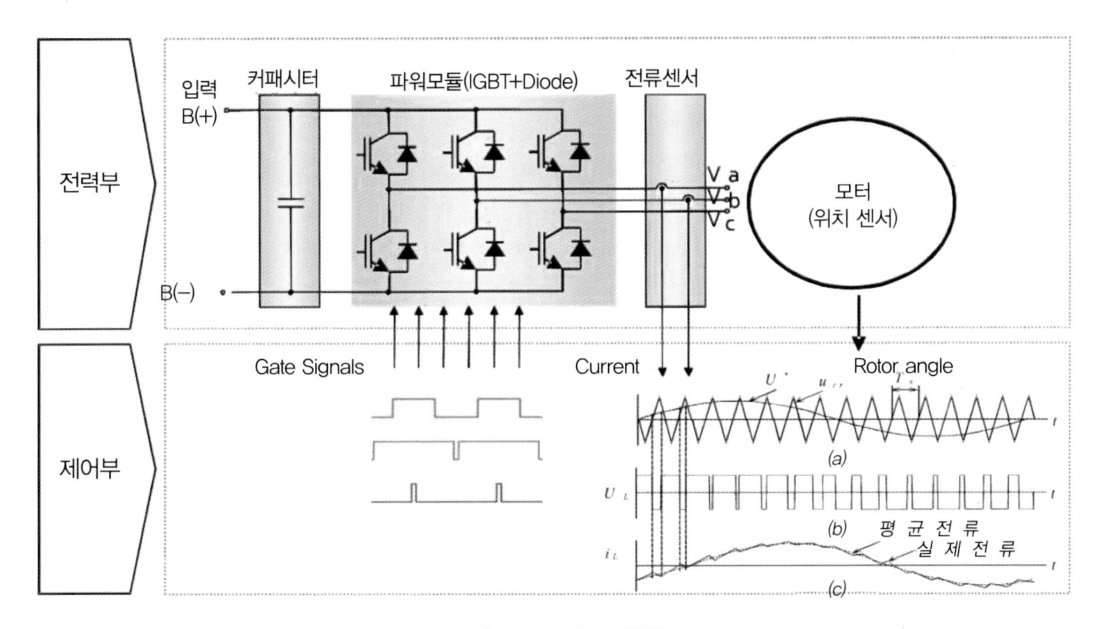

❖ **인버터 제어 등가회로**
출처 : 기아자동차, [쏘울 전기자동차] EV 신차교육교재

- PHEV 충전 : 완속 충전기만 이용 가능(급속충전기 포트 없음)
- ICCB(In Cable Control Box) : 휴대용 충전케이블은 옵션으로 별도 판매.

(다) LDC (Low DC -DC Converter)

전기차는 고전압 360V와 저전압 12V 배터리를 모두 사용한다. 고전압은 모터, 전동식 컴프레서, PTC 히터 등에 사용되지만 그외에 차량에 필요한 모든 전장품들과 제어기들은 12V 전원을 이용한다. 12V 배터리를 충전해주는 변환 장치를 LDC라고 한다. 내연기관 엔진의 발전기와 같은 역할을 하는 LDC는 EPCU 내부에 있으며 360V의 고전압을 차량용 12V로 변환시켜 준다.

12V 배터리는 배터리 센서를 통해 BCM으로 LIN 통신을 통해 메시지를 보내면 이 신호를 가지고 VCU가 SOC를 계산해서 LDC의 출력전압을 조절한다.

- **회생 제동 시** : 회생 제동 전압으로 LDC에 공급
- **12V 배터리 충전** : Ready 모드 이상에서만 실시

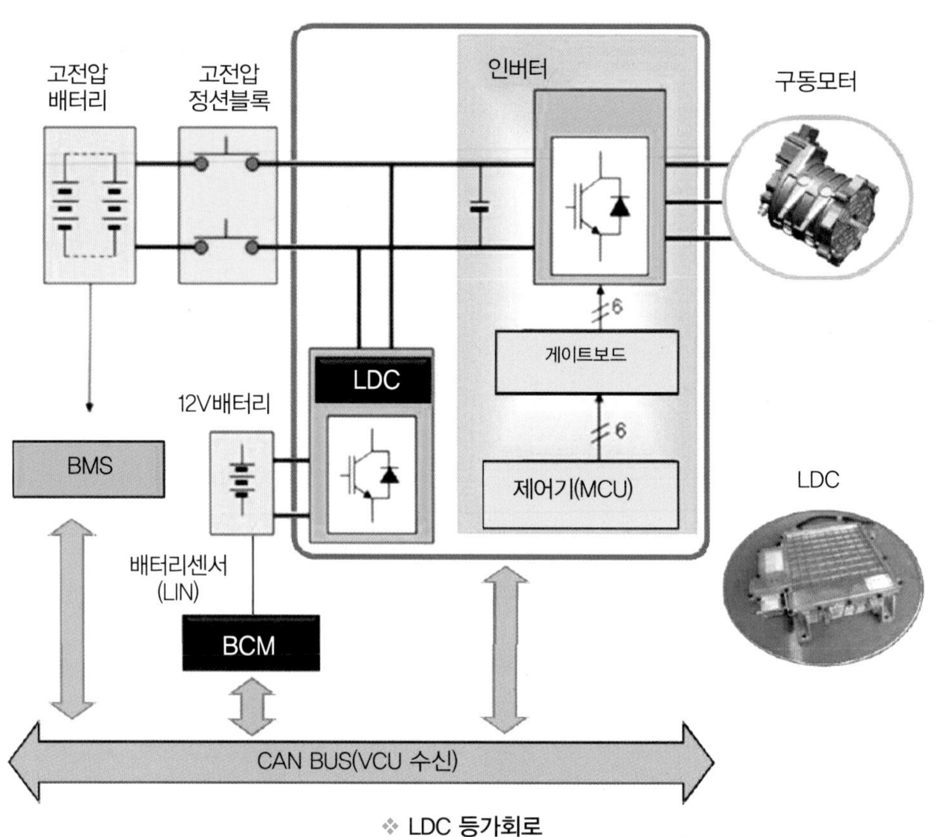

❖ **LDC 등가회로**
출처 : 기아자동차, [쏘울 전기자동차] EV 신차교육교재

03 고전압 안전 시스템

1. 개요

전기 자동차는 고전압 배터리를 포함하고 있어서 시스템이나 차량을 잘못 건드릴 경우 심각한 누전이나 감전 등의 사고로 이어질 수 있다. 그러므로 고전압 시스템 작업 전에는 반드시 안전 진단을 해야 한다.

2. 고전압 작업 전 보호구 착용

1) 금속성 물질은 고전압의 단락을 유발하여 인명과 차량을 손상시킬 수 있으므로 작업 전에 반드시 몸에서 제거해야 하며(금속성 물질 : 시계, 반지, 기타 금속성 제품 등), 고전압 시스템 관련 작업 전에는 안전사고 예방을 위해 개인 보호 장비를 착용해야 한다.

2) 고전압계 부품 작업 시, '고전압 위험 차량' 표시를 하여 타인에게 고전압 위험을 주지시킨다.

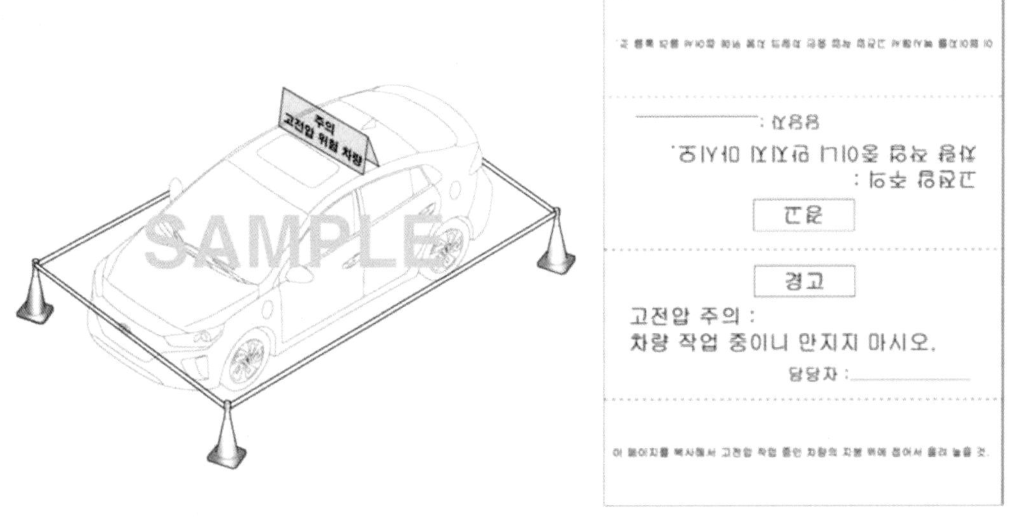

❖ 고전압 위험 차량 표지판 ❖ 경고 표지판

출처 : ㈜ 골든벨(2021), [전기자동차매뉴얼 이론&실무]

3) 절연 장갑의 안전성을 점검한다.
- 절연 장갑을 위와 같이 접는다.
- 공기 배출을 방지하기 위해 3~4번 더 접는다.
- 찢어지거나 손상된 곳이 있는지 확인한다.

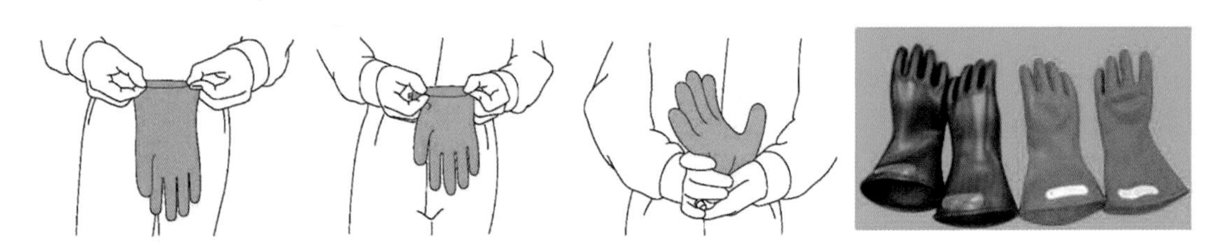

❖ 절연 장갑 점검 방법

출처 : ㈜ 골든벨(2021), [전기자동차매뉴얼 이론&실무]

3. 고전압 배터리 시스템 기본 점검

(1) 기본 점검

(가) 간헐적으로 발생하는 문제 점검

1) 고장 코드(DTC)를 메모한 후 삭제한다.
2) 커넥터의 연결 상태 및 각 단자의 결합 상태, 배선과의 연결 상태, 굽힘, 파손, 오염 및 커넥터의 고정상태를 점검한다.
3) 와이어링 하니스를 상하·좌우로 살짝 흔들거나 또는 온도 센서일 경우 헤어드라이어를 사용하여 적합한 열을 가하면서 고장 현상의 재현 여부를 점검한다.
4) 수분의 영향이라고 생각하면 전기 부품을 제외한 차량 주변에 물을 뿌리면서 점검한다.
5) 전기적 부하의 영향이라고 여겨지면 오디오, 냉각팬, 램프 등을 작동하면서 점검한다.
6) 결함이 있는 부품은 수리 또는 교환한다.
7) GDS를 이용하여 문제가 해결되었는지 점검한다.

(나) 커넥터 취급 방법

1) 커넥터 분리 시 커넥터를 당겨서 분리하고 와이어링 하니스를 당기지 않는다.
2) 록(Lock)이 부착된 커넥터 분리 시 록킹 레버(Locking Lever)를 누르거나 당긴다.

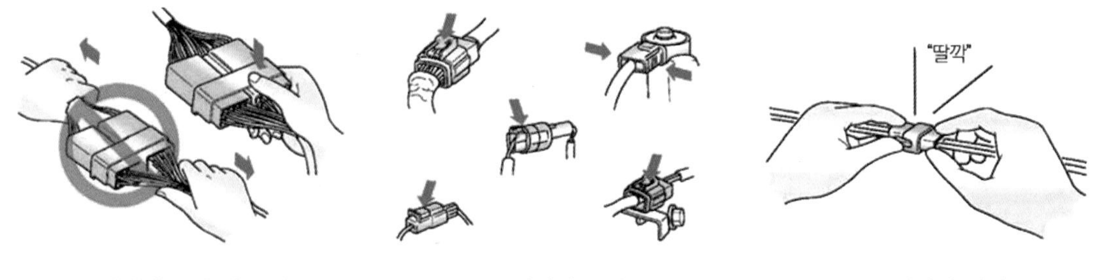

❖ 커넥터 분리 시 주의 ❖ 커넥터 록킹 ❖ 커넥터 체결

출처 : ㈜ 골든벨(2021), [전기자동차매뉴얼 이론&실무]

3) 커넥터 연결 시 "딸깍"하는 장착음이 들리는지 확인한다.
4) 통전 상태 점검이나 전압 측정 시 항상 테스터 프로브를 와이어링 하니스 측에 삽입한다.
5) 방수 처리된 커넥터의 경우는 와이어링 하니스 측이 아닌 커넥터 터미널 측을 이용한다.

(다) 커넥터 점검 방법

1) 커넥터가 연결되어 있을 때 : 커넥터의 연결 상태 및 록킹(Locking) 상태

2) 커넥터가 분리되어 있을 때 : 와이어링 하니스를 살짝 당겨서 단자의 유실, 주름 또는 내부 와이어 손상에 대하여 점검한다. 그리고 녹 발생, 오염, 변형 및 구부러짐에 대하여 육안으로 점검한다.

3) 단자 체결 상태 : 단자(凹)와 단자(凸) 사이의 체결상태를 점검한다.

4) 각각의 배선을 적당한 힘으로 당겨서 연결 상태를 점검한다.

(라) 커넥터 터미널 수리

1) 커넥터 터미널의 연결 부위를 에어건이나 페이퍼 타월로 세척한다.

2) 커넥터 터미널에 사포를 이용할 경우 손상될 수 있으니 주의한다.

3) 커넥터간의 체결력이 부족할 경우는 터미널(凹)을 수리 또는 교체한다.

(마) 와이어링 하니스 점검 절차

1) 와이어링 하니스를 분리하기 전에 와이어링 하니스의 장착 위치를 확인하여 재설치 및 교환 시 활용한다.

2) 꼬임, 늘어짐, 느슨함에 대하여 점검한다.

3) 와이어링 하니스의 온도가 비정상적으로 높지는 않은지 점검한다.

4) 회전 운동, 왕복 운동 또는 진동을 유발하는 부분이 와이어링 하니스와 간섭되지는 않은지 점검한다.

5) 와이어링 하니스와 단품의 연결 상태를 점검한다.

6) 와이어링 하니스의 피복의 상태를 점검한다.

4. 고전압 배터리 전기적인 회로 점검 방법

(1) 단선 회로 점검 방법

그림과 같이 단선 회로 발생 부분은 통전 점검 방법과 전압 점검 방법으로 고장 부위를 찾을 수 있다.

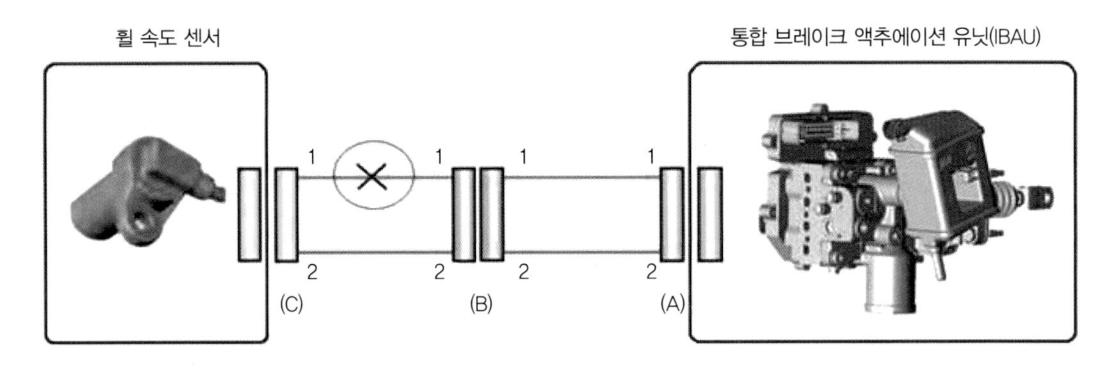

❖ **단선 회로 점검**
출처 : ㈜ 골든벨(2021), [전기자동차매뉴얼 이론&실무]

(가) 통전 점검 방법

1) A 커넥터와 C 커넥터를 분리하고, 커넥터 A와 C 사이의 저항을 측정 한다. 그림의 라인 1의 측정 저항 값이 "1MΩ 이상"이고, 라인 2의 측정 저항 값이 "1Ω 이하"라면, 라인 1이 단선 회로이다.
2) (라인 2는 정상) 정확한 단선 부위를 찾기 위해서 라인 1의 서브 라인을 점검한다.

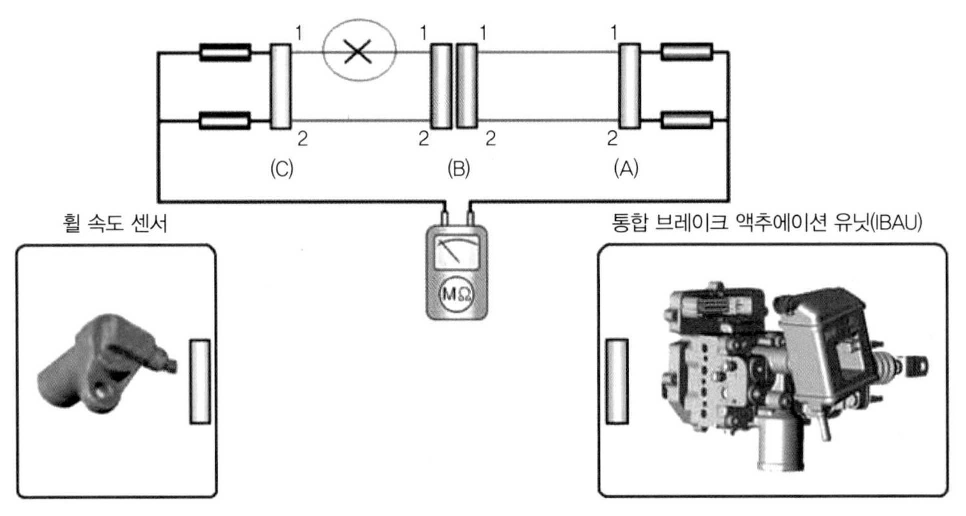

❖ **회로 통전 점검 방법** 출처 : ㈜ 골든벨(2021), [전기자동차매뉴얼 이론&실무]

3) B 커넥터를 분리하고, 커넥터 C와 B 1, 커넥터 B 2와 A 사이의 저항을 측정한다. C와 B 1사이의 측정 저항 값이 "1MΩ이상"이고, B 2와 A 사이의 측정 저항 값이 "1Ω이하"라면, 커넥터C 의 1번 단자와 커넥터 B 1의 1번 단자 사이가 단선 회로이다.

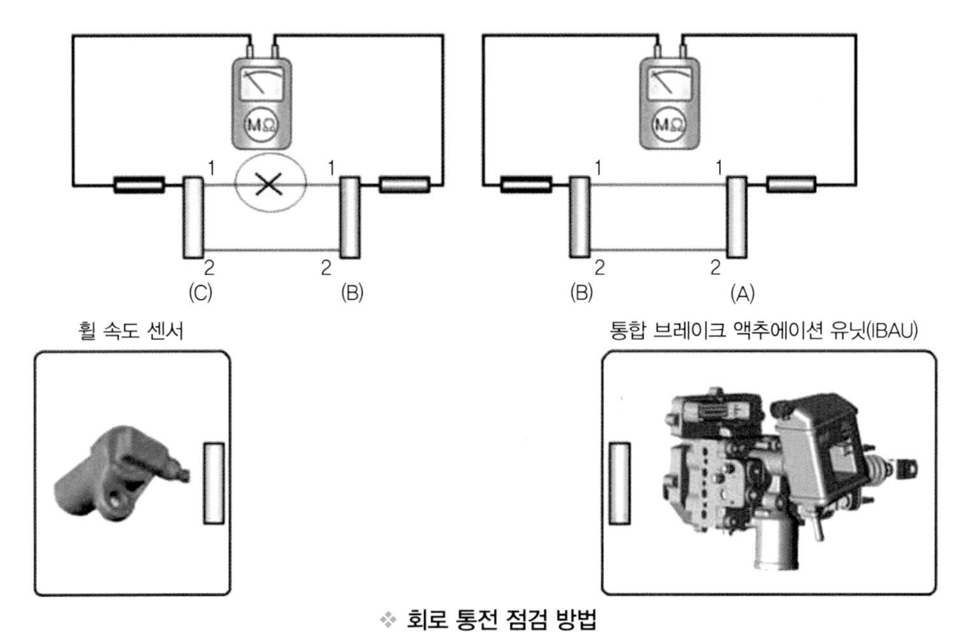

❖ **회로 통전 점검 방법**

출처 : ㈜ 골든벨(2021), [전기자동차매뉴얼 이론&실무]

(나) 전압 점검 방법

1) 모든 커넥터가 연결된 상태에서 각 커넥터 A, B, C 커넥터의 1번 단자와 섀시 접지 사이의 전압을 측정한다.

2) 측정 전압이 각각 5V, 5V, 0V라면, C와 B 사이의 회로가 단선 회로이다.

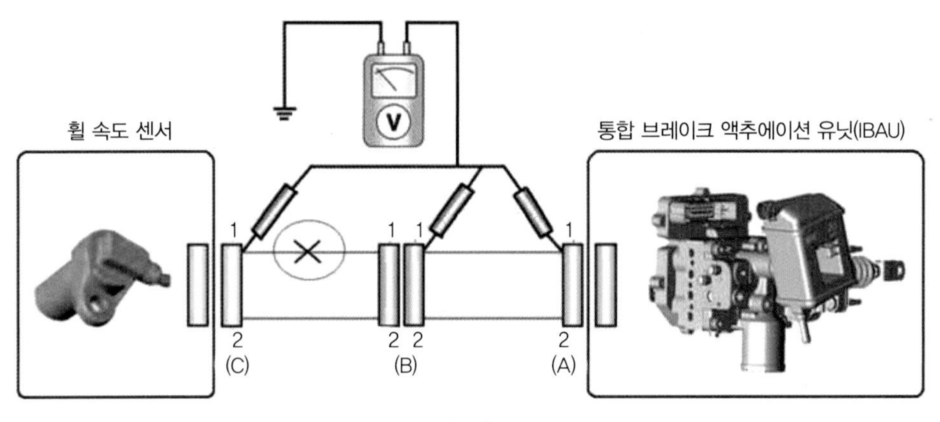

❖ **전압 점검 방법**

출처 : ㈜ 골든벨(2021), [전기자동차매뉴얼 이론&실무]

(2) 단락(접지) 회로 점검 방법

단락(접지) 회로 발생 부분은 접지와의 통전 점검 방법으로 고장 부위를 찾을 수 있다.

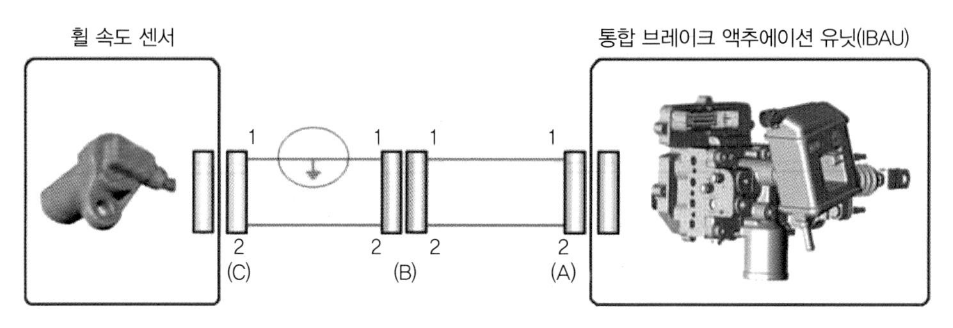

❖ **접지 단락 점검 방법**

출처 : ㈜ 골든벨(2021), [전기자동차매뉴얼 이론&실무]

1) A 커넥터와 C 커넥터를 분리하고, 커넥터 A와 접지 사이의 저항을 측정 한다. 라인 1의 측정 저항 값이"1Ω 이하"이고, 라인 2의 측정 저항 값이 "1MΩ 이상"라면, 라인 1이 단락 회로이다.
2) 정확한 단락 부위를 찾기 위해서 라인 1의 서브 라인을 점검한다.

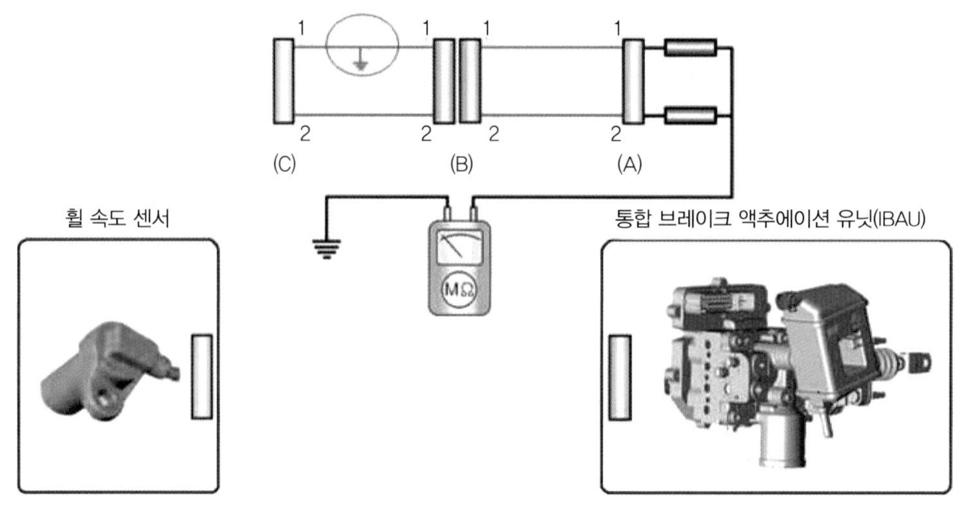

❖ **접지 단락 점검 방법**

출처 : ㈜ 골든벨(2021), [전기자동차매뉴얼 이론&실무]

3) B 커넥터를 분리하고 커넥터 A 와 섀시 접지, 커넥터 B 1와 섀시 접지 사이의 저항을 측정한다.
4) 커넥터 B 1와 섀시 접지 사이의 측정 저항 값이 "1Ω 이하"이고 커넥터 A와 섀시 접지

사이의 측정 저항 값이 "1MΩ 이상"이라면, 커넥터 B 1의 1번 단자와 커넥터 C의 1번 단자 사이가 단락(접지) 회로이다.

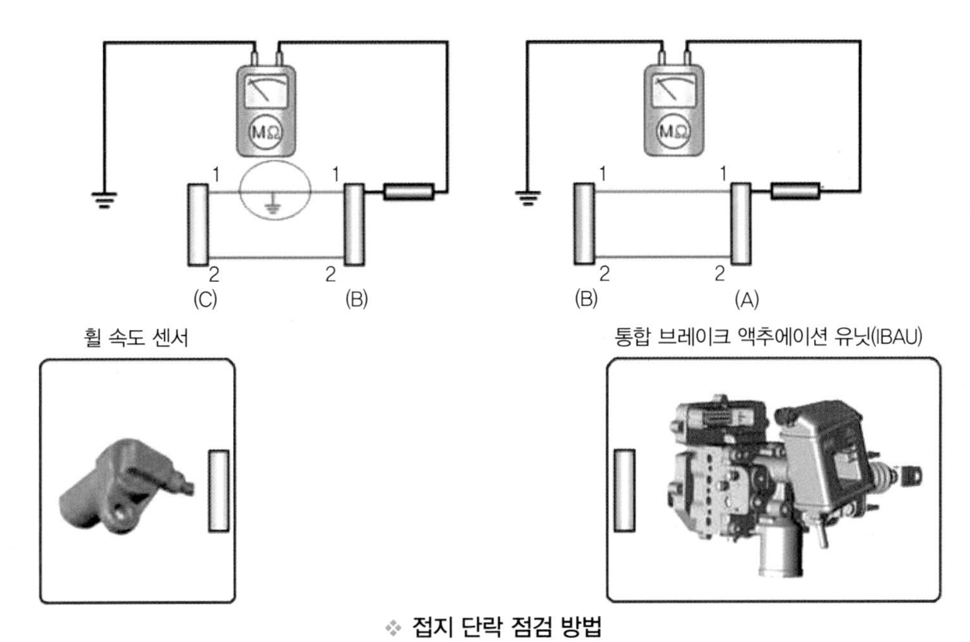

❖ **접지 단락 점검 방법**
출처 : ㈜ 골든벨(2021), [전기자동차매뉴얼 이론&실무]

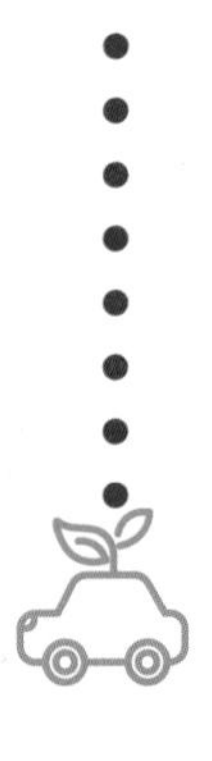

제3장

고전압 배터리 시스템

1. 배터리 개요
2. 배터리 종류
3. 배터리 개발역사 및 특징
4. 고전압 배터리의 구성 및 종류
5. 고전압 배터리 관리 요소
6. 배터리 팩 어셈블리 점검
7. 배터리 검사

제3장

고전압 배터리 시스템

01 배터리 개요

1. 개요

(1) 납산 배터리

(가) 셀의 구성

납산 배터리는 수지로 만들어진 케이스 내부에 6개의 방(Cell)으로 나뉘어져 있고, 각각의 셀에는 양극판과 음극판이 묽은 황산의 전해액에 잠겨 있으며, 전해액은 극판이 화학반응을 일으키게 한다. 그리고 1셀은 2.1V의 기전력이 만들어지며, 2.1V셀 6개가 모여 12V를 구성한다.

(나) 충·방전

납산 배터리는 묽은 황산의 전해액에 의하여 화학반응을 일으키는데 방전된 배터리 즉, 묽은 황산에 의해 황산납으로 되어 있던 극판이 충전 시에는 다시 과산화납으로 되돌아감으로서 배터리는 충전 상태가 된다. 방전 시에는 과산화납이 다시 묽은 황산에 의해 황산납으로 화학반응을 하면서 납 원자 속에 존재하던 전자가 분리되어 전극에서 배선을 통해 이동하는 것이 납산 전지의 원리이다.

(2) 리튬이온 배터리

최신 전기 자동차에서 사용되는 리튬이온 배터리는 납산 배터리보다 성능이 우수하며, 배터리의 소형화가 가능하다.

(가) 리튬이온의 이동에 의한 충·방전

리튬이온 배터리는 알루미늄 양극제에 리튬을 함유한 금속 화합물을 사용하고, 음극에는 구리소재의 탄소 재료를 사용한 극판으로 구성되어 있으며, 리튬이온 배터리의 충전은 (+)

극에 함유된 리튬이 외부의 자극과 전해질에 의해 이온화 현상이 발생되면서 전자를 (-)극으로 이동시키고, 동시에 리튬이온은 탄소 재료의 애노드 극으로 이동하여 충전 상태가 된다.

방전은 탄소 재료 쪽에 있는 리튬이온이 외부의 전선을 통하여 알루미늄 금속 화합물 측으로 이동할 때 전자가 (+)극 측으로 흘러감으로써 방전이 이루어진다. 즉, 금속 화합물 중에 포함된 리튬이온이 (+)극 또는 (-)극으로 이동함으로써 충전과 방전이 일어나며, 금속의 물성이 변화하지 않으므로 리튬이온 배터리는 열화가 적다.

(나) 1셀당 전압

리튬이온 배터리는 1셀당 (+)극판과 (-)극판의 전위차가 3.75V로 최대 4.3V이며, 전기 자동차의 고전압 배터리는 대략 셀당 3.7~3.8V이다. DC 360V 정격의 리튬이온 폴리머(Li-Pb) 배터리는 DC 3.75V의 배터리 셀 총 96개가 직렬로 연결되어 있고, 모듈은 총 8개로 구성되어 있다.

(다) 배터리 수량과 전압

전기 자동차는 고전압을 필요로 하므로 100셀 전후의 배터리를 탑재하여야 한다. 그러나 이와 같이 배터리의 셀 수를 늘리면 고전압은 얻어지지만 배터리 1셀마다 충전이나 방전 상황이 다르기 때문에 각각의 셀 관리가 중요하다.

(라) 배터리 케이스

자동차가 주행 중 진동이나 중력 가속도(G, m/s^2), 또는 만일의 충돌 사고에서도 배터리의 변형이 발생치 않도록 튼튼한 배터리 케이스에 고정되어야 한다.

1) 주행 중 진동에 노출

배터리에만 해당되는 것은 아니지만 자동차 부품은 가혹한 조건에 노출되어 있다. 어떠한 경우에도 배터리는 손상이 발생치 않도록 탑재 시 차체의 강성을 높여 주어야 한다.

2) 리튬이온 배터리의 발열 대책

배터리는 충전을 하면 배터리의 온도가 상승하므로 과도한 열은 성능이 떨어질 뿐만 아니라 극단적인 경우 부풀어 오르거나 파열되기도 하는 문제를 일으킨다. 그러므로 배터리는 항상 최적의 상태로 충전이나 방전이 일어 날 수 있도록 고전압 배터리팩에 공냉식 또는 수냉식 쿨링 시스템을 적용하여 온도를 관리하는 것이 필요하다.

3) 전기 자동차의 고전압 배터리

리튬이온 폴리머 배터리(Li-ion Polymer)는 리튬이온 배터리의 성능을 그대로 유지하면서 폭발위험이 있는 액체 전해질 대신 화학적으로 가장 안정적인 폴리머(고체 또는 젤 형태의 고분자 중합체) 상태의 전해질을 사용하는 배터리를 말한다.

4) 배터리 냉각 시스템

고전압 배터리는 냉각을 위하여 쿨링 장치를 적용하여야 하며, 일부의 차량은 실내의 공기를 쿨링팬을 통하여 흡입하여 고전압 배터리 팩 어셈블리를 냉각시키는 공랭식을 적용한다. 고전압 배터리 쿨링 시스템은 배터리 내부에 장착된 여러 개의 온도 센서 신호를 바탕으로 BMS ECU((Battery Management System Electronic Control Unit)에 의해 고전압 배터리 시스템이 항상 정상 작동 온도를 유지할 수 있도록 쿨링팬을 차량의 상태와 소음 진동을 고려하여 여러 단으로 회전속도를 제어한다.

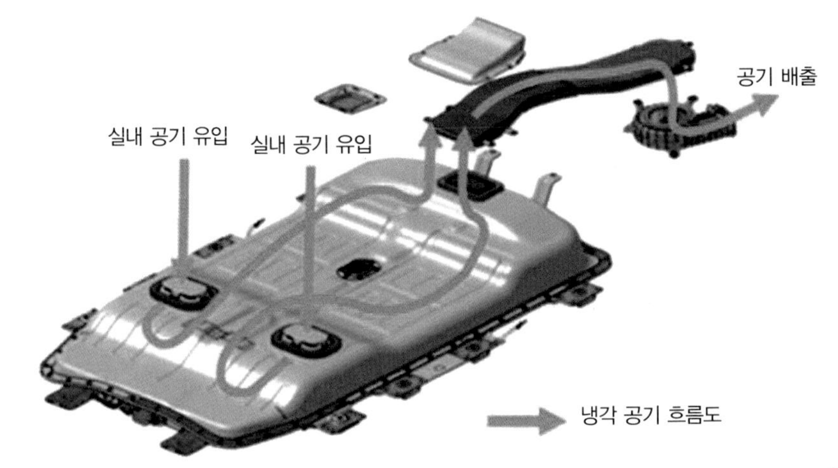

❖ **고전압 배터리 냉각장치 등가회로** 출처 : ㈜ 골든벨(2021), [전기자동차매뉴얼 이론&실무]

(마) 고전압 배터리 수납 프레임

배터리는 충격을 받으면 안 되는 정밀 부품이기 때문에 견고한 케이스에 넣어져 있다. 그 케이스가 부차적인 효능을 발휘한다.

1) 강성이 강한 수납 케이스

전기 자동차용 리튬이온 배터리는 수백 볼트(V)라는 고전압을 발생시키기 때문에 외부로부터 보호하기 위하여 튼튼한 프레임 구조로 보호되어야 하며, 예기치 않은 충돌이 일어나더라도 배터리에 직접 손상이 미치지 않도록 하여야 한다.

2) 차체 강성

약한 진동이나 충격은 서스펜션 스프링이나 쇽업소버가 감쇠시킬 수 있지만 전기 자동차의 서스펜션 기능을 충분히 달성되기 위해서는 견고한 강성을 구비한 차체가 필요하다.

02 배터리 종류

1. 개요

(가) 전기자동차용 Battery 의 종류

하이브리드 및 전기자동차의 각 부품 중에서 가장 중요한 역할 담당하며 또한 가장 많은 상용화 전지로서 리튬 2차 전지로 발전하였다.

리튬 2차전지는 전해질 형태에 따라 다음과 같이 분류된다.

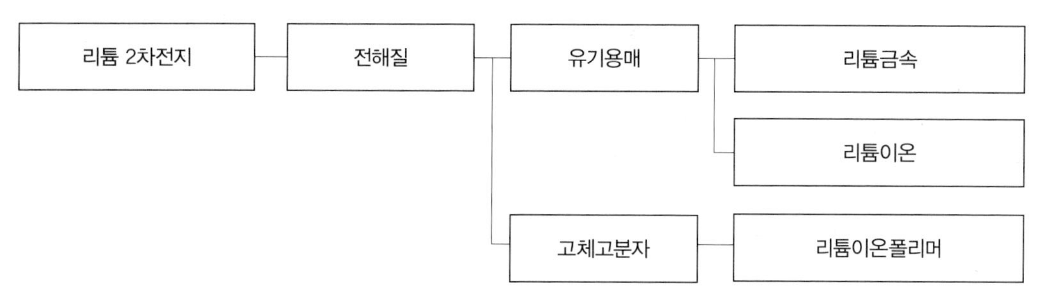

2차 전지의 분류

1) 유기용매(액체) 전해질 : 리튬금속 전지 / 리튬이온 전지

- 유기용매 : 고체, 기체, 액체를 녹일 수 있는 액체 유기 화합물. 메탄올, 벤젠 따위.
- 리튬금속(인산철) 전지 : 음극 / 리튬금속 / 양극($LiCoO_2$: 리튬코발트산화물)
- 사이클 수명 및 안전성이 낮아 상용화에 어려움
- 리튬이온 전지 : 음극 / 카본(리튬금속 대신)
- 리튬금속전지의 단점개선 / 일본 소니 Energetic에서 처음 상용화

2) 고체고분자 전해질 : 리튬폴리머 전지

- 리튬폴리머 전지 : 음극 : 리튬금속 또는 카본
- Ni-Cd(Nickel-cadmium) 및 Ni-MH(Nickel-Metal Hydride) 전지 : 메모리 효과와 유

해한 Cd 사용 등으로 입지가 좁아짐

- 전기자동차 전지의 수명 : 차량수명과 전지의 수명은 거의 동일한 수준
  수명 : 15~20년 이상 / 주행거리 : 25만KM 이상 / 2만 5천회 재충전가능 (현재의 개발수준) / 가격 : 차량가격의 10%선 내외
- 휴대용 IT 기기 : 리튬이온 전지가 가장 큰 시장 점유율 예상 된다.

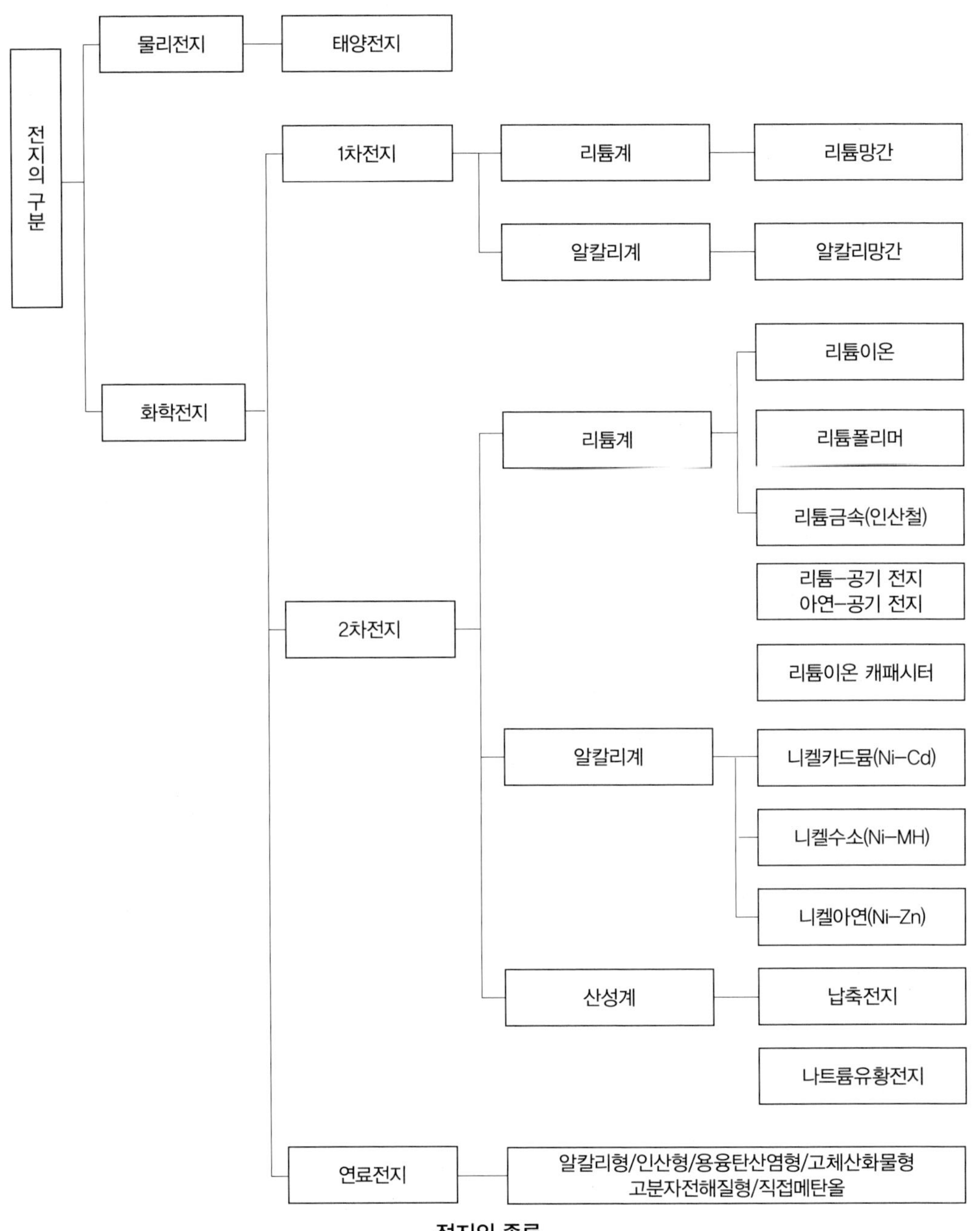

전지의 종류

03 배터리 개발역사 및 특징

1. 개요

(가) 대표적인 2차 전지

- 니켈카드뮴 전지(Ni-Cd)
- 니켈수소(합금) 전지(Ni-MH)
- 리튬이온(Li-Ion) 2차 전지 등이 있다.

1) 니켈카드뮴 전지 : 음극재 / 중금속인 카드뮴

- 인체에 해롭고 환경오염을 일으킬 우려
- 에너지 밀도가 낮다는 단점 때문에 시장이 빠르게 위축

2) 니켈수소 전지

- 높은 에너지 밀도와 저렴한 가격을 바탕으로 기존의 니켈카드뮴 전지를 대체하면서 안정적인 시장을 형성.
- 가격이 리튬이온 전지에 비해 싸고, 품질이 안정적.
- 기기에 따른 전압특성으로 인해 계속 채용.

3) 휴대용 기기의 개발이 활발하여 짐에 따라 사이즈 대비 고 용량화의 필요성이 절실하여 리튬이온계 2차 전지의 개발이 더욱 가속화.

(나) 전지의 기술 트렌드

- 리튬이온 전지의 고용량화, 슬림화.
- 형상을 자유자재로 바꿀 수 있는 리튬이온 폴리머 전지의 성능 개선

(다) 전고체 배터리 Key Point

- 배터리의 에너지 밀도 변화
- 리튬이온 전지의 안전성 및 성장한계 상황
- 전고체 배터리의 전해질과 분리막 기능 변화
- 1회 충전 주행거리 증가(자율주행차에 유리)

- 2025년 이후 전고체 배터리 본격 사용 전망
- 전고체 배터리 본격 상용화 시 자율주행차 산업의 성장 전망
- 전고체 배터리와 자율주행차 산업을 동시에 검토 필요
- 삼성그룹은 자율주행차시대를 준비하는 것으로 보임

(라) 양극재는 전기차 배터리 성능과 원가에 큰 영향

- 양극재는 삼원계에서 니켈 함량이 매우 중요
- 삼원계 : 니켈, 코발트, 망간
- 니켈 함량 증가 : 에너지 밀도 증대하나 니켈은 화학적 활성도가 높아 안전성 감소
- 삼원계는 원가 비중이 가장 큰 코발트의 함량을 줄여 원가 절감 추진

(마) 전기차 배터리 양극 활물질

1) 양극 활물질은 LCO(리튬·코발트산화물), LFP(리튬·인산철), LMO(리튬·망간산화물), NCM(니켈·코발트·망간), NCA(니켈·코발트·알루미늄) 등으로 구분
   - LCO에서 코발트 일부를 니켈, 망간 또는 알루미늄으로 대체한 것이 NCM과 NCA
   - 양극 활물질 : LCO(리튬-코발트) -> NCM(리튬-니켈-코발트-망간), NCA(리튬-니켈-코발트-알루미늄)
   - 활물질(Active material) : 양극재와 음극재에서 화학적으로 반응하여 전기 에너지를 만들어 내는 활성 물질

2) NCM : 니켈 코발트 망간
   - NCM523 : 니켈 비중 5, 코발트 비중 2, 망간 비중 3
   - NCM622 : 니켈 비중 6, 코발트 비중 2, 망간 비중 2
   - 니켈비중이 높을수록 에너지비중 증대로 원거리 주행 가능, 하지만 안전성이 감소

3) 시장에서는 LFP 사용이 감소하고 NCM523 및 NCM622의 사용이 증가하고 있음
   - 하이니켈 NCM은 니켈 비중이 높은 것을 의미

4) 글로벌 소재별 주요 기업(2017년 기준)
   - 양극 활물질 : 1위 유니코어(벨기에), 2위 샨샨(중국), 3위 니치아(일본)

- 음극 활물질 : 1위 BTR(중국), 2위 샨샨(중국), 3위 히타치(일본)
- 분리막 : 1위 아사히카세이(일본), 2위 도레이(일본), 3위 SK이노베이션(한국)
- 전해질 : 1위 미쓰비시화학(일본), 2위 틴쯔카이신(중국), 3위 캡켐(중국)

(바) 리튬이온전지의 주요 문제점

- 안전성 : 리튬이온전지의 전해질은 열폭주에 의한 발화 위험성 내재
- 기술한계 : 리튬이온전지의 용량은 약 5년 이내 한계에 도달할 것으로 전망

(사) 고체 배터리 시장 전망

- 전고체 전지는 2023년부터 사용이 시작돼 2025년 이후 사용이 본격화 될 것으로 전망
- 2023년 부터 2030년까지 연평균성장률은 66%로 매우 가파른 성장세 예상
- 대형셀 시장의 경우 전고체 전지가 차지하는 비율은 2025년 1.2%, 2030년 3.8% 전망

(아) 전고체 기술 변화 시 밸류체인별 전망

- 전고체 배터리의 양산 및 상용화 시기에 대하여 다양한 의견이 있으나 중론은 2025년이 가장 빠른 시기일 것으로 파악되고 있음. 전고체 배터리는 현재 대중화된 리튬이온 배터리의 주행거리 및 충·방전 횟수를 약 2배로 개선시키며 배터리 전해질이 액체에서 고체로 변화하는 것이 가장 큰 특징
- 양극재 : 전고체 배터리를 목적으로 하는 신규 양극재 개발보다는 기술 변화의 특성에 맞도록 기존 양극재의 품질적 특성을 조절할 것으로 예상되어 이에 따른 R&D역량 필요할 것
- 음극재 : 고체전지의 계면 저항에 따른 낮은 이온전도를 높이기 위해 리튬금속(Li-Metal)이 이론적으로 이상적이나 기존에 사용하고 있는 흑연계도 무방
- 동박 : 전고체에 함유되는 황산화물로 인해 동박의 부식이 일어나는 것을 막기 위해 기존 동박에 니켈성분을 코팅하는 형태 혹은 니켈박으로 소재 변화를 예상
- 장비 : 전고체에 분리막이 사용되지 않으므로 분리막 장비 제조사에는 부정적인 요인, 조립공정에서는 패키징 단계에서 전해액 주입단계가 사라지는 것이 특징 (자료 : 교보증권)

(자) 왜 전고체 배터리일까?

① 전기차배터리 용량이 더 늘어야 하는 첫 번째 이유. 주행가능거리

그렇다면 원천적인 질문부터 던져보자. 현재까지 리튬이온 배터리는 발 빠른 기술 발전을 이뤄오면서 전기차의 발전 및 대중화에 혁혁한 공을 세워왔다. 그런데 굳이 이런 국면에서 새로운 배터리에 대한 필요성이 부각되는 이유는 무엇일까?

이유는 단 하나다. 리튬이온 배터리는 다가오는 자율주행 차량의 시대에서 살아남기에는 '기술적 발전'에서 한계에 봉착했기 때문이다.

② 전기차배터리 용량이 더 늘어야 하는 두 번째 이유. 자율주행

미래에도 지속적으로 배터리의 용량이 증대되어야 하는 이유는 앞서 언급한 바와 같이 내연기관차의 주행가능거리를 따라잡기 위한 이유도 있지만, 그보다 더 중요한 결정적 요인이 한 가지 더 있다. 바로 자동차의 디지털화, 쉽게 이야기해서 자율주행차량의 탄생이다.

③ 배터리의 미래는 늘 밀도(density)였다

결국 전기차의 현실화가 되었든, 자율주행차량의 완성이 되었든 어떤 명분이 제시되든간에 앞으로 차량 내 탑재되는 배터리의 용량이 지속적으로 상승해야 하는 것만큼은 명백한 사실로 확인이 된다. 그러나 문제가 하나 있다. '그럼 차량 안에 필요한 용량만큼 더 많은 개수의 배터리를 탑재하면 되는 거 아닌가?'라고 단순한 해답을 제시할 수도 있지만, 이럴 경우 그만큼 차량 내 배터리 비용이 상승하여 결국에는 차량 자체 가격이 상승한다는 문제가 발생한다. 차량 가격의 상승은 소비자의 외면을 받을 가능성이 높기 때문에, 현재 완성차업체들도 전기차 판매에서 극도로 조심스러워하는 부분이다.

그렇다면 방법은 무엇이 있을까? 1대의 자동차에 투입되는 배터리 비용을 늘리지 않는 가운데, 즉 차량 내 배터리의 개수를 유지시키는 가운데 배터리의 용량을 늘릴 수 있는 방법은 무엇이 있을까? 그 해답이 바로 밀도(density)다.

④ 해답(解答), 전고체배터리

결론적으로 전고체배터리의 밀도는 현재 200~250Wh/kg 수준에 머물러 있는 리튬이온 방식 대비 500Wh/kg 를 훌쩍 뛰어넘는, 즉 2배 이상 증대될 것으로 예상되고 있다. 부피 단위의 밀도를 더 많이 사용하기 때문에 해당 기준으로 설명해보자면, 현재 리튬이온 방식이 300~400Wh/l(리터)인 것 대비 전고체배터리는 궁극적으로 800~1,000Wh/l 까지도 기대하고 있다. (자료 : SK증권)

(차) 삼성전자 종합기술원 전고체 기술 개발

삼성전자 종합기술원이 차세대 배터리로 주목받고 있는 '전고체전지(All-Solid-State Battery)'의 수명과 안전성을 높이는 동시에 크기를 반으로 줄일 수 있는 원천기술을 세계적인 학술지 '네이처 에너지(Nature Energy)'에 게재했다.

삼성전자 종합기술원은 1회 충전에 800km 주행, 1,000회 이상 배터리 재충전이 가능한 전고체전지 연구결과를 공개했다. 삼성전자 일본연구소(Samsung R&D Institute Japan)와 공동으로 연구한 결과다. 전고체전지는 배터리의 양극과 음극 사이에 있는 전해질을 액체에서 고체로 대체하는 것으로, 현재 사용중인 리튬-이온전지(Lithium-Ion Battery)와 비교해 대용량 배터리 구현이 가능하고, 안전성을 높인 것이 특징이다.

일반적으로 전고체전지에는 배터리 음극 소재로 '리튬금속(Li-metal)'이 사용되고 있다. 하지만, 리튬금속은 전고체전지의 수명과 안전성을 낮추는 '덴드라이트(Dendrite)' 문제를 해결해야 하는 기술적 난제가 있다.

※ 덴드라이트 : 배터리를 충전할 때 양극에서 음극으로 이동하는 리튬이 음극 표면에 적체되며 나타나는 나뭇가지 모양의 결정체. 이 결정체가 배터리의 분리막을 훼손해 수명과 안전성이 낮아짐

삼성전자는 덴드라이트 문제를 해결하기 위해 전고체전지 음극에 5마이크로미터(100만분의 1미터) 두께의 은-탄소 나노입자 복합층(Ag-C nanocomposite layer)을 적용한 '석출형 리튬음극 기술'을 세계 최초로 적용했다. 이 기술은 전고체전지의 안전성과 수명을 증가시키는 것은 물론 기존보다 배터리 음극 두께를 얇게 만들어 에너지밀도를 높일 수 있기 때문에 리튬-이온전지 대비 크기를 절반 수준으로 줄일 수 있다는 특징이 있다.

삼성전자 종합기술원 임동민 마스터는 "이번 연구는 전기자동차의 주행거리를 혁신적으로 늘리는 핵심 원천기술이다"며, "전고체전지 소재와 양산 기술 연구를 통해 차세대 배터리 한계를 극복해 나가겠다"고 말했다. (자료 : 삼성전자 종합기술원)

(카) 전고체 배터리 개발동향

- 국내 업계는 전고체전지 관련 연구경험 축적이 다소 부족하고 원재료 자급률도 낮은 상황이나 조기 상용화를 목표로 기술 추격에 집중
- 일본이 보유한 전고체전지 관련 해외 특허는 2020년 3월 19일 기준 2231개로 한국 내 특허 및 실용실안(956개) 대비 2배 이상이며, 한국 내 특허 상당수를 도요타지도샤(주)가 보유하고 있음을 고려할 때 국내 기술개발 속도는 일본에 뒤쳐져 있는 것으로 평가

- LG화학 및 삼성SDI는 2025~2026년 상용화를 목표로 전고체전지를 개발 중이며, 현대자동차 그룹은 2025년에 전고체전지 탑재 전기차를 양산할 계획으로 미국 전고체전지 스타트업 Ionic Materials에 5백만 달러를 투자
- 일본 NEDO는 2018년 전지업계 5개社, 소재업계 14개社, 대학 및 연구소 15개가 광범위하게 참여하는 전고체전지 양산 4년 프로젝트를 발표
- 2022년까지 핵심 기술을 개발하고, 양산을 목표로 리튬이온전지 대비 에너지밀도 3배, 원가와 충전 시간을 1/3로 줄이겠다는 계획을 수립 (자료 : 한국과학기술기획평가원)

2. 전지의 역사

년도	특 징
1789	개구리 다리로 부터 전지 현상 발견 (Galbani(Italy))
1799	구리-아연 전지 발명 (Cu/H_2SO_4 /Zn,Volta(Italy))
1860	연축전지 발명(PbO_2 /PbO_2 /Pb,Plante'(France))
1867	망간 건전지의 원형 발명(PbO_2 /$NH_4ClZnCl_2$ /Zn,Lechlanche France))
1880	Faure',paste식 극판에 의한 연축전지 제조법 특허, 연축전지 산업생산 개시
1888	망간 건전지 발명 (Gassener(Germany),헤레센스(Denmark))
1899	니켈-카드뮴 전지 발명 (NiOOH/KOH/Cd,Jungner(Sweden))
1899	니켈-아연 전지 발명 (NiOOH/KOH/Zn)
1900	니켈-철 전지 발명 (NiOOH/KOH/Fe,Edison(USA))
1909	알카리 망간전지 발명(MnO_2 /KOH/Zn)
1917	공기아연 축전지 발명(O_2 in Air/KOH/Zn)
1942	수은전지 발명(HgO/KOH/Zn)
1947	밀폐형 니켈-카드뮴 전지 발명
1949	알카리 망간전지실용화
1962	밀폐형 수소전지발명
1970	리튬 1차 전지실용화
1970	미국 GM Delco 칼슘 MF 연축전지 개발
1973	이산화망간-리튬 1차전지 실용화(MnO_2 /$LiClO_4$ /Li)
1981	리튬이온 2차전지 발명
1990	리튬이온 2차전지 실용화, 생산개시(일본 SONY사)
1990	밀폐형 니켈-수소전지 실용화(NiOOH/KOH/MH)
1990	전기자동차용 전지 본격 개발착수
1995	수은전지 생산중지.
2002	LIPB, ALB, Smart Battery, Li-Polymer, 초박형 리튬이온전지(파워셀) 개발

3. 전지의 종류별 특징

구분	종류	특징
1차전지	망간전지	- 1868년 프랑스 르클랑셰에 의해 발명된 역사가 오래된 전지로서, 고부하, 고용량화용에 적합한 전지
		· **정극재료** : 이산화망간 · **부극재료** : 아연 · **전해액** : 물 · **전해질** : 염화암모늄, 염화아연 · **격리판** : 크라프트지
	알카리 망간전지	- 전지용량이 크고 내부저항이 적어서 부하가 큰 장시간 사용에 적합한 전지이며, 원통형과 코인형으로 분류된다.
		· **정극재료** : 이산화망간 · **부극재료** : 아연 · **전해액** : 수산화칼륨 수용액 · **전해질** : 수산화칼륨, 수산화나트륨 · **격리판** : 부직포(폴리오레핀, 폴리아미드계)
	수은전지	- 1942년 미국의 루벤에 의해 발명되었고, 미국의 PR 말로리사에 의해 생산된 아연을 음극으로 하는 일차전지 가운데서 대단히 높은 에너지 밀도와 전압 안정성으로 60~70년대 소형전자기기의 주 전원으로 사용하였으나, 수은의 유해성으로 80년대 이후 사용을 억제하는 분위기이다.
		· **정극재료** : 산화수은 · **음극재료** : 아연 · **전해액** : 수산화칼륨 또는 수산화나트륨 수용액 · **격리판** : 비닐론이나 알파화 펄프계
	산화은전지	- 1883년 프랑스의 클라크와 독일의 돈, 하스랏샤에 의해서 발표되고, 1940년대 군사용 1960년대 민생용으로 개발된 전지로서, 평탄한 방전 전압과 소형 뛰어난 부하특성으로 손목시계의 전원으로 사용되고 있다.
		· **정극재료** : 산화은(Ag_2O) · **부극재료** : 아연 · **전해액** : 수산화칼륨 또는 수산화나트륨 수용액 · **격리판** : 비닐론이나 알파화 펄프계
	리튬1차전지	- 리튬1차전지는 60년대들어 미국의 NASA에서 우주개발용 전원으로 연구개발된 고에너지 밀도의 전지로서, 오늘날 본격적으로 실용화 가 되고 있는 것은 플루오르화 흑연·리튬전지와 이산화망간·리튬전지이다. · **정극재료** : 플루오르화 흑연, 이산화망간에 탄소 결착 · **부극재료** : 리튬 · **전해액** : r-부칠락톤, 1, 2디메특시 에탄의 혼합 유기용매에 보론플루오로와 리튬의 전해질을 용해시킨 액체 · **격리판** : 폴리프로필렌, 올레핀계 부직포

구분	종류	특징
1차전지	공기아연 축전지	- 19세기말부터 20세기초에 걸쳐 거치형 공기전지가 개발되어 항로표지용 전원이나 각종 통신기기에 사용되었으며, 단추형으로는 의료기(보청기)용도로 사용하고 있으며, 고에너지 밀도와 큰 전기 용량, 평탄한 방전특성을 갖고 있다. · 정극재료 : 공기중의 산소 · 부극재료 : 아연 · 전해액 : 수산화칼륨 수용액 · 격리판 : 폴리오레핀, 폴리아미드계 부직포
2차전지	납축전지	- 1859년에 발명된 전지로서, 대부분의 자동차 기초전원으로 이용되고 있으며, 싼 값으로 제조가능하고 넓은 온도조건에서 고출력을 낼 수 있다. 납축전지는 안정된 성능을 발휘하나 비교적 무겁고 에너지 저장밀도가 높지 않다. · 정극재료 : PbO_2 · 부극재료 : Pb · 전해질 : H_2SO_4 (수용액)
	니켈카드뮴전지	- 1899년에 발명되고 1960년대에 밀폐형 니켈카드뮴전지 양산기술이 확립되어, 철도차량용, 비행기 엔진 시동용등을 비롯하여 고출력이 요구되는 산업 및 군사용으로 널리 이용되고 있으며, 밀폐형의 경우에는 전동공구 및 휴대용 전자기기의 전원으로 사용되었으나, 메모리 효과와 유해한 카드뮴 사용으로 인해 점차 사용을 기피하고 있는 추세이다. · 정극재료 : NiooH · 부극재료 : Cd · 전해질 : KOH(수용액)
	니켈 수소전지	- '90년에 실용화하여 '92년에 대량 생산이 개시된 2차전지이며, 니켈 카드뮴전지와 동작전압이 같고 구조적으로도 비슷하지만 부극에 수소흡장합금을 채용하고 있어, 에너지밀도가 높다. 전기자동차용으로 각광받고 있다. · 정극재료 : NiooH · 부극재료 : MH · 전해질 : KOH(수용액)
	리튬이온 전지	- '91년 소니 에너지테크가 개발한 2차전지로서, 리튬금속을 전극에 도입한 관계로 안전성면에서는 불완전한 형태로, 보호회로를 채용해야 한다. 리튬이온 전지는 높은 에너지 저장밀도와 소형, 박형화가 가능하며 소형 휴대용기기의 전원으로 채용이 본격화되고 있다.

4. 1차/2차 전지의 구성 및 특징

구분	종류	구 성			공칭 전압	에너지 밀 도
		양극	전해질	음극		
1차전지	망간전지	MnO_2	$ZnCl_2$ NH_4Cl	Zn	1.5	200
	알카리전지	MnO_2	KOH (ZnO)	Zn	1.5	320
	산화은전지	Ag_2O	KOH $NaOH$	Zn	1.55	450
	공기아연축전지	O_2	KOH	Zn	1.4	1,235
	플루오르흑연리튬전지	$(CF)_n$	$LiBF_4/YBL$	Li	3	400
	이산화망간리튬전지	MnO_2	$LiCF_3SO_3/PC+DME$	Li	3	75
2차전지	납축전지	PbO_2	H_2SO_4	Pb	2	100
	니켈카드뮴전지	$NiOOH$	KOH	Cd	1.2	200
	니켈수소전지	$NiOOH$	KOH	$MH(H)$	1.2	240
	바나듐리튬전지	V_2O_5	$LiBF_4/PC+DME$	$Li-Al$	3	140
	리튬이온 전지	$LiCoO_2$	$LiPF_6/EC+DEC$	C	4	280
	리튬이온 폴리머전지	$LiCoO_2$	$LiPF_6/EC+DEC$	C	4	280

*$NiOOH$수산화니켈 / $LiCoO_2$

04 고전압 배터리의 구성 및 종류

1. 배터리의 역할

안전, 충전 시간, 전력 전달, 극한 온도에서의 성능, 환경 친화성, 수명이 충전식 전지 기술의 문제 등으로 전기자동차는 리튬이온 전지, 리튬폴리머 이온 전지를 제품에 채용하는 추세이며 도요타 자동차의 프리우스, 캠리, 하이랜더는 밀폐형 Ni-MH 전지 팩을 사용한다. 리튬이온 전지와 비교할 때 Ni-MH의 전력 수준이 낮고 자가방전율이 높다. 그러므로

Ni-MH는 EV에 적합하지 않다. 리튬이온 전지는 특정한 높은 에너지를 제공하고 무게가 가볍다. 그러나 높은 가격, 극한 온도의 불용, 안전(리튬이온 전지의 가장 큰 장애 요인임) 때문에 이 전지는 적합하지 않다.

종류	특 징	사용 예
Ni-MH 전지 (니켈메탈하이드라이드)	- 전력 수순이 낮다 - 자가 방전율이 높다. - 보관 수명이 3년에 불과하다 - 메모리 효과 갖음	도요타 프리우스, 캠리, 하이랜더
리튬이온 전지	- 특정한 높은 에너지를 제공 - 무게가 가볍다.	GM 볼트 현대기아차, 지엠, 포드, 장안기차
	- 높은 가격 - 극한 온도의 불용 - 안전에 문제 있음(가장 큰 장애요인)	

2. 배터리가 갖추어야 할 조건

(1) 가격

자동차 자체의 보조금은 물론 전지에 대한 보조금 또는 기술적 발전을 통한 생산성, 효율성 향상으로 전지 자체의 가격을 낮추는 것이 시급하다.

(2) 안전성

손안에 들어오는 작은 전지 폭발로 크고 작은 사건 사고가 발생하는 것을 볼 수 있었다.

(3) 수명

차량을 교체하는 시기가 각기 다르겠지만 5~10년 정도 사용한다고 봤을 때 그 전지 수명 역시 이와 비슷하거나 그 이상의 수명을 지니고 있어야 한다.

(4) 집적화

무게나 부피 등을 줄일 수 있는 기술력이 필요하다.

(5) 전지 충전 시간

충전을 위한 인프라 구축 등 갖춰져야 할 부분이 많다.

3. 배터리의 구성요소

- 산화제인 양극 활물질
- 환원제인 음극 활물질,
- 이온 전도에 의해 산화반응과 환원반응을 중개하는 전해액,
- 양극과 음극이 직접 접촉하는 것을 방지하는 격리판
- 이것들을 넣는 용기(전지캔),
- 전지를 안전하게 작동시키기 위한 안전밸브나 안전장치 등이 필요
- 고성능 전지 조건

  ① 고전압

  ② 큰 용량

  ③ 고출력

  ④ 긴 사이클 수명

  ⑤ 적은 자기방전

  ⑥ 넓은 사용온도

  ⑦ 안전하고 높은 신뢰성

  ⑧ 쉬운 사용법

  ⑨ 낮은 가격 등이 요구

(1) 양극, 음극 활물질

전극(부극과 정극) 활물질

- 음극(Negative Electrode) : 전자와 양이온이 빠져나오는 전극
- 양극(Positive Electrode) : 전자와 양이온이 들어가는 전극

(2) 전해액

- 이온 전도성 재료는 전지내에서 전기화학 반응이 진행하는 장을 제공
- 전해액은 이온 전도성이 높을 것이 요구
- 양극이나 음극과 반응하지 않을 것,
- 전지 작동범위에서 산화환원을 받지 않을 것,
- 열적으로 안정될 것, 독성이 낮으며 환경친화적일 것,
- 염가일 것 등이 요구된다.

(3) 격리판

- 양극판과 음극판이 직접 접촉되면 자기방전을 일으킬 위험
- 격리판은 양극과 음극사이에 있어 양자의 접촉을 방지
- 연축전지에는 글라스 매트 등이, 알칼리 2차전지나 리튬 전지에는 폴리머의 부직포나 다공성 막이 이용.

4. 2차 전지의 종류와 특성

전기자동차 전원으로서 갖추어야 할 전지의 조건으로는 가볍고, 에너지 밀도(Wh/kg) 및 출력 밀도(W/kg)가 커야 하며 전기자동차가 실용화되기 위한 전제조건으로 전지 가격이 저렴하고 주재료인 전극 재료가 자원적으로 풍부해야 하며 폐전지로부터 금속의 회전 및 리사이클이 용이 하며 경제성이 좋아야 한다.

(1) 납축전지(Lead-Acid)

- 납축전지는 전압이 12V로 자동차용 전지로 가장 많이 사용
- 자동차용 전지는 12V로 2V 전지를 직렬로 6개가 내부에 연결
- 구형 AIWA 워크맨 전지에 사용되었으며 소니 무선전화기에도 일부 사용
- 과방전 시 전지 수명이 급속히 단축되는 특성을 지니며 특히 자동차의 경우 재충전이 안 될 경우 전지를 새로 구입해야 하는 경우가 자주 발생

(2) 니카드(Ni-Cd) 전지

- 전압은 1.2V이며 무선전화기, 무선 자동차, 소형 휴대기기에 가장 많이 사용
- 특히 순간 방전량이 우수하여 레이싱카에 많이 사용된다. 초기에는 휴대폰, 무전기, 노트북, 캠코더에 많이 사용되었으나 용량이 적어 거의 사용되지 않고 있으며 초기 니카드 전지는 일본산이 대부분
- 니켈-카드늄 건전지에는 뛰어난 특징과 약간의 결점
- 망간건전지와 같은 크기로 공칭 전압이 거의 일정한 타입
- 망간건전지와 비교 내부 저항이 낮으며 단시간이라면 큰 에너지를 꺼낼 수 있다.(큰 전류를 낼 수 있음)
- 충전 가능한 전지 중에서는 수명이 긴 편이며 방향을 생각하지 않고 사용할 수 있다.
- 충전하지 않고는 사용할 수 없으나, 단시간에 충전 가능
- 외부의 충격, 열에 약하며, 내부에 사용되고 있는 금속은 독성이 높고 약품은 극약

(3) 니켈-수소 전지

- Ni-Cd와 Li- ion 중간단계의 전지로 특정 사이즈만 생산
- 워크맨, 디지털 카메라, 노트북, 캠코더 등에 사용되며 리튬이온(Li-ion)전지가 안정화되면 Ni-MH전지는 특수제품을 제외한 곳에는 더 이상 사용이 안 될 것으로 예상
- 전압은 1.2V이며 니카드 전지와 혼용하여 사용하는 제품이 많고 니카드 전지보다 2배의 용량을 가짐

(4) 리튬이온 전지

- 전압은 3.6V로 휴대폰, PCS, 캠코더, 디지털 카메라, 노트북, MD 등에 사용
- 양산 전지중 성능이 가장 우수하며 가볍다.
- 현재 일본 소니사가 가장 앞선 기술을 보유하고 있으며 가장 먼저 양산
- 리튬이온 전지는 폭발 위험이 있기 때문에 일반 소비자들은 구입할 수 없으며 보호회로가 정착된 PACK 형태로 판매
- 위험성만 제거되면 가볍고, 높은 전압을 갖고 있어 앞으로 가장 많이 사용될 전지
- 리튬이온전지는 양극, 분리막, 음극, 전해액으로 구성되어 있고 리튬이온의 전달이 전해액을 통해 이루어짐

- 전해액이 누수되어 리튬 전이금속이 공기 중에 노출될 경우 전지가 폭발할 수 있고 과충전 시에도 화학반응으로 인해 전지 케이스내의 압력이 상승하여 폭발할 가능성이 있어 이를 차단하는 보호회로가 필수

(5) 리튬폴리머 전지

- 전압은 3.6V로 폭발 위험이 없고 전해질이 젤타입이기 때문에 전지 모양을 다양하게 만들 수 있는 것이 장점
- 일부 휴대폰에 사용되고 있으며 리튬이온 전지를 이을 차세대 전지이다.
- 고분자 겔 형태의 전해질을 사용함으로써 과충전과 과방전으로 인한 화학적 반응에 강하게 만들 수 있어 리튬 이온 전지에 필수적인 보호회로가 불필요.

(6) 2차전지의 특성

(가) 전지의 용량

전지의 용량은 극판의 장수, 면적, 두께, 전해액 등의 양이 많을수록 커지며, 다음과 같이 정의를 내릴 수 있다.

전지의 용량 : 완전 충전된 전지를 일정한 방전 전류로 계속 방전하여 단자전압이 완전방전 종지전압이 될 때까지, 전지에서 방출하는 총 전기량

전지의 용량[Ah] = 방전전류[A] × 방전시간[h]

방전시간이란 완전 충전상태에서 방전 종지전압까지의 연속 방전하는 시간을 말한다. 이것을 암페어시(時) 용량이라 하며, Ah(ampere hour)의 단위를 쓴다.

(나) 자기방전(Self discharge)

전지는 사용하지 않고 그대로 방치해 두어도 조금씩 자연히 방전을 일으키는데, 이러한 현상을 자기방전이라 한다. 자기방전은 그때의 환경에 따라 다르다.

- 전해액의 비중이 높을수록,
- 주위의 온도와 습도가 높을수록 방전량이 크다.
- 사용기간에 따라서 다르다.

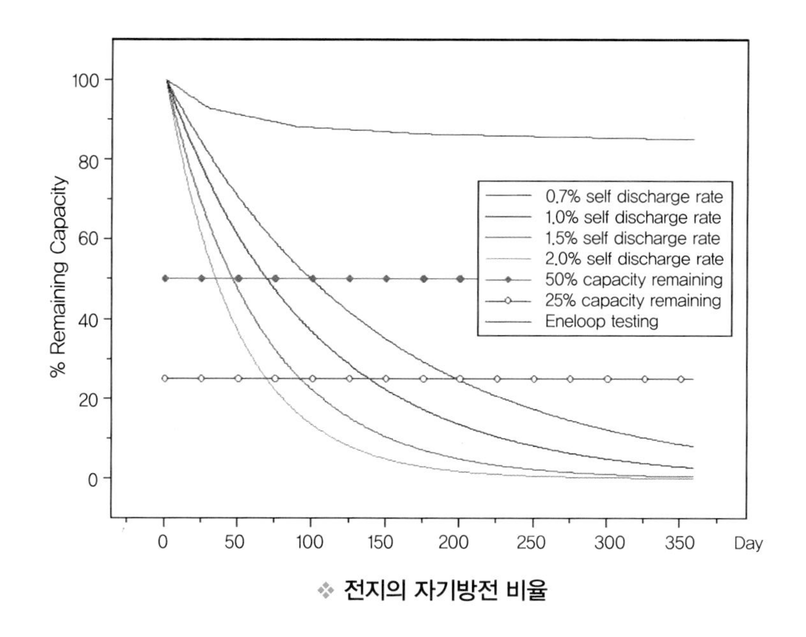

❖ 전지의 자기방전 비율

5. 친환경 자동차용 배터리의 종류

(1) 아연-공기 전지(zinc-air cell)

(가) 전지의 개요

아연-공기전지의 양극 활물질은 자연계에 무한히 존재하는 공기 중의 산소이다. 즉, 전지용기 내에 미리 양극 활물질을 가질 필요가 없이 경량의 산소를 가스로서 외부로부터 인입, 방전에 이용한다. 따라서 용기 내에 음극을 대량으로 저장할 수 있어 원리적으로 큰 용량을 얻을 수 있다. 또한 산소의 산화력은 강력하고 높은 전지전압이 얻어지므로 대용량과 함께 에너지 밀도는 매우 높아진다. 산소는 반응 후에 수산화물 이온(OH-)이 되기 때문에 전해질에는 알칼리 망간 전지나 니켈카드뮴 전지와 동일한 알칼리 수용액(특히 수산화칼륨)이 적합하다.

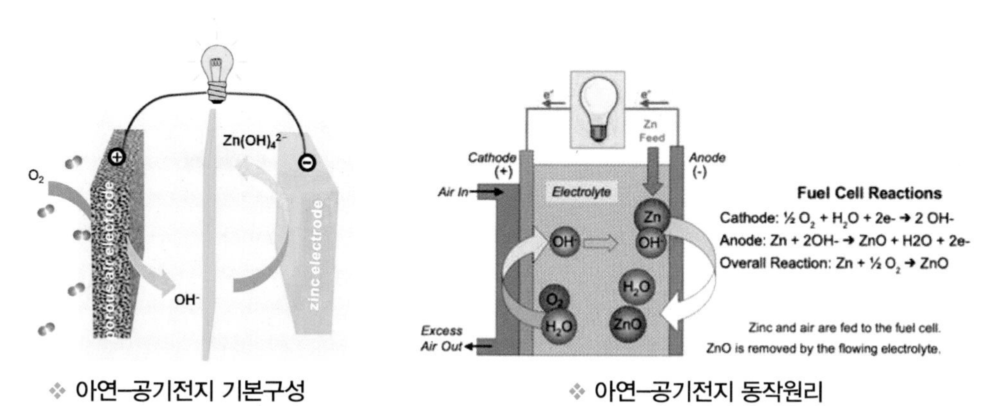

❖ 아연-공기전지 기본구성 ❖ 아연-공기전지 동작원리

출처 : https://www.google.com/search?q=아연-공기전지

알칼리 수용액은 취급에 주의를 요하지만 리튬 전지에 이용되는 유기용매와 달리 불연성이기 때문에 안전성이 높은 전지를 구상할 수 있다. 공기 양극에 대향하는 음극에는 아연이 가장 적합한 재료로서 널리 이용되고 있다.

음극으로서 기능을 할 수 있는 재료에 대하여 알아본다. 아연은 지금까지 알칼리 전해질계에서 이용되어 오던 카드뮴 등에 비해 중량당의 용량이 크다. 또한 표면에서 수소를 발생시키기 어렵기 때문에 수용액내에서 석출 가능하고 자체방전도 적으며, 염가이고 자원도 풍부한, 공기양극이 가지는 특징을 전지로서 살릴 수 있는 재료이다. 리튬이나 나트륨과 같은 비금속은 활성은 높지만 수계 전해질로서는 불안정하며 반응성이 약간 온건한 마그네슘, 알루미늄이라도 수용액내에서 이온으로부터 금속으로의 석출이 곤란하고 전지충전상의 문제를 일으킨다.

양극 : $Zn + 4OH^{-} \rightarrow Zn(OH)_4^{2-} + 2E - (E_0 = -1.25V)$

유체 : $Zn(OH)_4^{2-} \rightarrow ZnO + H_2O + 2OH^{-}$

음극 : $1/2O_2 + H_2O + 2E^{-} \rightarrow 2OH^{-}(E_0 = 0.34V)$

전체 : $2Zn + O_2 \rightarrow 2ZnO(E_0 = 1.59V)$

양극과 음극의 합계 중량에서 에너지 밀도 1,090Wh/kg이 유도된다. 아연-공기전지는 리튬이온 전지를 능가하는 극히 높은 에너지 밀도를 실현시킬 수 있다는 것을 알 수 있다.

Zn/Air 전지는 Na-s 전지와 함께 많은 관계자로부터 비교적 유망한 전지 시스템으로 알려진 전지이다. 본래 이 전지는 1차 전지인 공기 건전지나 공기 습전지로서 저전류 용도로 사용되었다. 최근에 무한한 공기중의 산소를 양극 활물질로 활용하면서, 음극 활물질로는 안전하고도 저렴하면서 전기 화학적으로 150Wh/kg의 높은 에너지 밀도를 갖는 아연을 이용하는 방식을 채택, 전기자동차의 전원으로서 관심이 집중되고 있다. 또한 이 전지는 상온에서 작동되기 때문에 고온 전지보다 취급면에서 유리하다.

(나) 공기 중의 산소를 이용한 차세대 전지.

대기 중의 산소가 전지의 공기극을 통해 전해액과 혼합되어 있는 아연과 반응해 작동되는 공기전지의 일종이다. 전해액으로는 수산화칼륨 수용액이 사용된다. 19세기 말에서 20세기 초에 걸쳐 거치형 공기전지가 개발되어 항로표지용 전원이나 각종 통신기기에 사용되며, 단추형은 의료기(보청기)용으로 사용되고 있다.

공기 아연 전지는 양극에 공기 중의 산소를 사용하기 때문에 상대적으로 음극에 많은 양의 아연을 채울 수가 있어 질량 단위당 에너지 밀도가 높다. 그러므로 크기는 작아도 용량이 매우 큰 것이 특징이다. 또 자기 방전이 적어 전지의 용량을 다 소비할 때까지 전압이 일정하게 유지된다.

전기 생성과정에서 발생하는 산화아연은 독성이나 폭발위험성이 전혀 없고, 지구상에 풍부한 아연과 공기를 사용하기 때문에 환경 친화적이다. 귀금속 촉매를 사용하지 않아 백금을 사용하는 메탄올 연료전지보다 생산비용이 저렴하다. 그러나 전지가 소모되었을 때 아연 전극을 새로운 것으로 바꾸어 기계적으로 충전해야 한다. 따라서 전극을 교체하지 않고 일반 충전지처럼 간편하게 충전할 수 있도록 2차 전지화 하는 연구가 진행되고 있다. 향후 일반 건전지 시장을 대체할 차세대 전지로 주목된다.

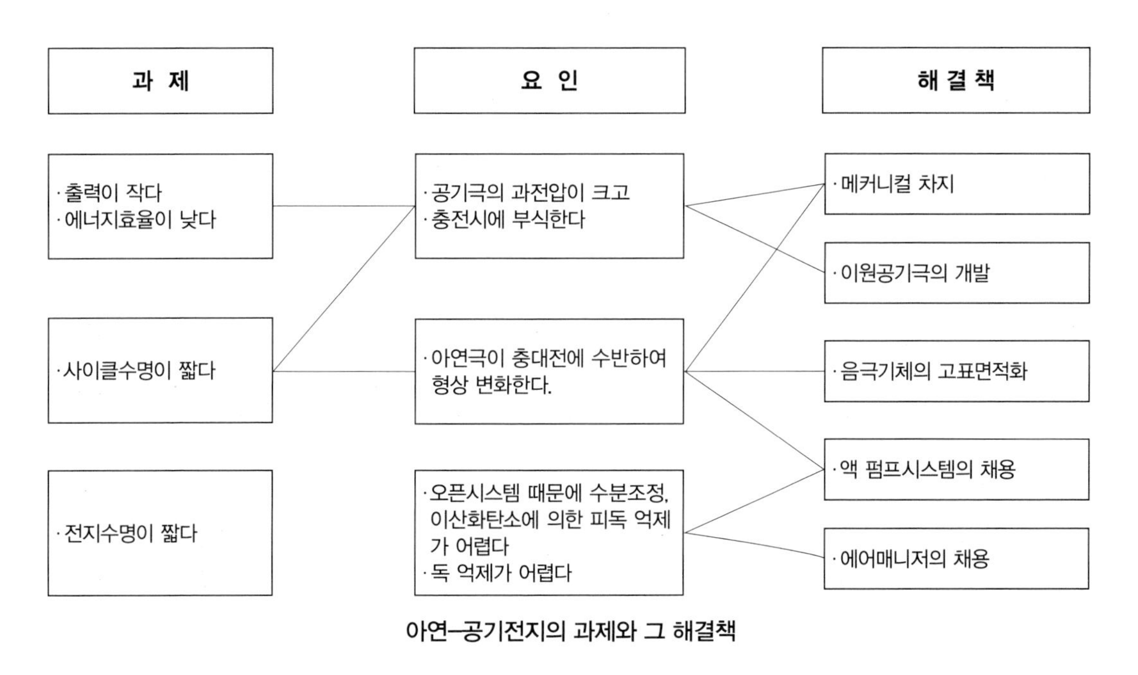

아연–공기전지의 과제와 그 해결책

(다) 금속 – 공기전지

금속공기 전지는 현재 가장 에너지 밀도(중량에 대한 방전 가능한 전력량)가 높은 리튬이온 전지를 훨씬 능가하는 에너지 밀도를 가진 2차 전지의 하나로 연구되고 있는 기술이며, 도요타자동차를 비롯하여 교토대학 등 대학에서도 연구를 시작했다. 친환경차의 총아인 전기자동차의 에너지원으로서 보다 에너지 밀도가 높은 전지의 개발이 그 목적이다.

일반적인 전지는 플러스와 마이너스 전극에 산화 또는 환원에 해당되는 화학반응을 일으키는 물질이 구비되어 있고, 전기화학 반응에 의해 그 물질이 가진 화학 에너지를 전력으로 추출하는 메커니즘이다.

이에 반해 금속공기 전지는 위 그림과 같이 양극에 전자를 빼앗긴 물질로서 공기 중의 산소를 이용한다. 대기 중에 거의 무제한으로 존재하는 산소를 활용하기 때문에 양극의 반응물질 무게를 이론상 제로로 만들 수 있다. 전지의 중량은 반응물질과 그 반응을 중개하는 전해질의 무게가 대부분을 차지하기 때문에 그 한쪽의 무게를 제로로 만들 수 있는 금속공기 전지는 에너지 밀도를 비약적으로 향상시킬 수 있는 가능성이 있기 때문에 주목을 받고 있다.

금속공기 전지 자체는 이미 보청기 등의 전원용 버튼 전지로서 사용되고 있지만, 이들 제품은 충전할 수 없는 1차 전지이며, 2차전지로서 실용화하기에는 아직 해결해야 할 과제가 많이 남아 있다.

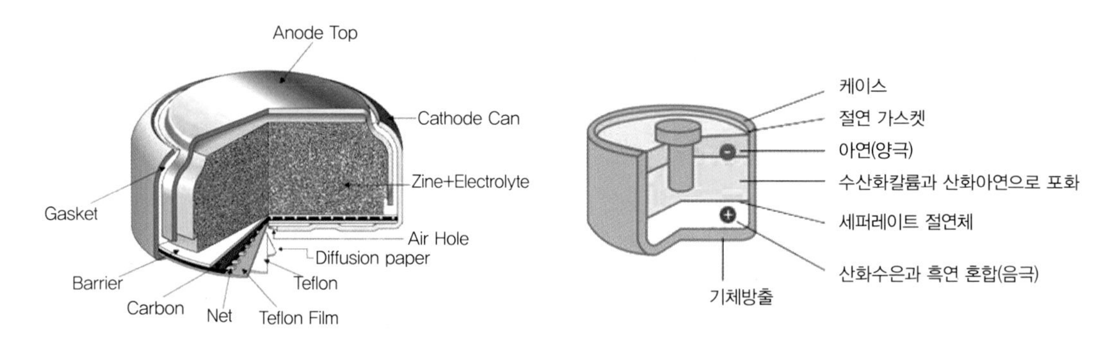

❖ **아연-공기전지의 구조**
출처 : https://www.google.com/search?q=아연-공기전지

1) 금속 - 공기전지의 우수성

금속공기 전지의 원리 자체는 20세기 초반에 발명되었으며, 결코 새로운 기술은 아니지만, 에너지를 많이 저장할 수 있다는 점에서는 현재의 리튬이온 전지보다 뛰어나다. 최대 포인트는 전술한 바와 같이 양극의 반응 재료로 공기를 이용하는 점에서 반응재료의 비중이 같다고 가정하면, 이 한가지만으로도 무게가 절반 가깝게 줄어든다. 같은 크기라면, 음극에 사용되는 반응 재료를 2배로 늘릴 수 있기 때문에 2배 가깝게 용량을 늘릴 수 있다는 계산이 나온다. 효율이 좋은 음극 금속을 사용하고, 산화력이 높은 산소를 사용하면 금속공

기 전지의 에너지 밀도는 계산상 리튬이온 전지의 몇 배나 된다.

2) 뛰어난 안전성

에너지 밀도가 높은 2차전지는 원칙적으로 위험성이 높다. 전극의 쇼트나 과부하가 걸렸을 때 설계 한계를 초과하는 반응이 일어나서 이상 고온이 될 가능성이 있기 때문이다. 어떤 의미에서 모든 가연성 물질에는 이와 유사한 위험이 있다는 것은 부정할 수 없다.

이런 점에서 보다 높은 에너지 밀도를 가진 금속공기 전지도 같은 문제가 있을 것 같이 생각되지만, 우선 전해액으로 사용하는 것이 물에 알칼리성 금속 수산화물을 용해한 것이기 때문에 물리적으로 발화 가능성은 제로이다. 또 산소 공급속도 이상으로 반응속도가 올라가지 않기 때문에 이상 고온이 되기 어렵다는 점에서도 안전성이 뛰어나다고 할 수 있다.

3) 낮은 환경 부담

또 현재 주류인 리튬이온 전지 등은 재료로 코발트 등 희소금속을 사용하기 때문에 자동차 등 대형, 대용량의 용도에 사용하기에는 비용은 물론이고 환경 측면에서도 해결해야 할 과제가 있지만, 아연을 비롯한 금속공기 전지의 재료는 매장량이 많은 재료이므로 그런 염려는 없다. 배출하는 물질도 거의 없고, 방전 시에는 산소를 흡수하고, 충전 시에는 산소를 방출할 뿐이기 때문에 대용량화에 따른 환경오염 등의 염려도 없다.

사용하고 난 전지의 폐기도 아연 및 산화아연은 안전한 물질이며, 전해액도 중화되면 안전한 알칼리성 수용액에 지나지 않기 때문에 비교적 취급하기 쉽고, 환경에도 좋은 전지라고 할 수 있다.

4) 실용화를 위한 과제

높은 에너지 밀도를 가진 전지로서 특히 전기자동차의 실용화를 위해 커다란 기대를 모으고 있는 금속공기 전지지만, 2차전지로서 실용화에는 몇가지 해결해야 할 큰 과제들이 있다.

금속공기 전지의 음극으로 유망한 아연은 충전을 반복하면 형상이 변해버리기 때문에 전극으로서 성능이 떨어지는 문제를 가지고 있다. 이것을 해결하기 위해서는 아연 전극과 전해액을 충전할 때 교환하고, 회수하여 리사이클 하는 기계적 충전방식 등이 고려되고 있다. 또 산소는 활성 물질이기 때문에 그것을 반응시키는 전극 촉매의 내구성을 유지하는 것이 아주 어렵다.

게다가 전해액의 내구성도 과제의 하나이다. 알칼리성 전해액은 공기 중의 이산화탄소와 접촉하면 반응을 일으켜 성능이 떨어진다. 금속공기 전지는 대기 중의 산소를 이용하기 때문에 공기와의 접촉을 차단할 수 없으며, 이 때문에 이산화탄소와의 접촉 차단은 커다란 과제이다. 산소를 통과시키면서도 이산화탄소는 차단하는 막 등을 개발하는 것이 문제 해결을 위해 필요하다.

현재의 금속공기 1차 전지는 양극이 항상 공기와 접촉하기 있기 때문에 습도나 이산화탄소 농도, 온도 등의 영향을 받기 쉽다. 공기가 너무 많으면 전해액이 건조해져서 성능저하를 초래하고, 너무 적으면 반응 자체에 필요한 산소가 부족해서 이것도 성능 저하의 원인이 된다. 공기와 접촉함으로써 발생하는 이런 문제를 해결하기 위한 전지 구조의 개발도 극복해야 하는 중요한 과제이다.

5) 금속 - 공기 전지의 미래

금속공기 전지를 2차전지로 사용하기 위해서는 아직 해결해야 할 과제가 많이 있으며, 개발에 몇 년이나 소요될지 정확히 말하기는 어렵다. 그렇지만 도요타를 비롯한 기업이나 일본 국내외 대학, 연구기관이 연구에 전념하고 있는 것은 리튬이온 전지의 성능 향상이 거의 한계에 다다르고 있는 가운데 실용적인 전기자동차의 에너지원으로서 금속공기 전지가 몇 안 되는 유망주 가운데 하나이기 때문이다.

공기전지는 전지 내에서 반대방향의 기전력이 일어나는 것을 방지하기 위하여 복극제로 공기를 사용한 전지이다. 대표적인 것은 알루미늄-공기전지로, 값이 싸고 기전력도 일정한 장점이 있다. 이를 지속적으로 사용하려면 물과 알루미늄을 보충해주면서 수산화알루미늄을 제거해주어야 한다. 다공질의 탄소를 양극으로 하며, 이 속에 녹아 있는 산소가 일부 분해해서 유리 산소로서 작용하기 때문에 복극작용이 일어난다.

공기전지는 프랑스의 페리(C.Fery)가 발명한 것으로, 기전력이 1.45~1.50V이며, 다니엘 전지나 랄랑드전지보다 특성이 좋고 경제적이다. 50mA 정도의 비교적 소형인 전지로서 단속적으로 방전시키기에 적합하기 때문에 전화전신에 사용된다.

구조는 아래쪽에 아연판, 그 위에 펠트 등의 절연체를 사이에 두고 탄소양극이 있고, 상부는 공기 중에 노출되어 있다. 보청기 등에는 금속 공기전기가 쓰이기도 한다.

(2) 리튬인산철($LiFePO_4$) 전지

리튬-인산철 전지는 양극제로 폭발 위험이 없는 리튬-인산철을 사용하여 근본적으로 안정성을 확보하였고 이온(액체) 전해질을 써서 축전 효율도 최대화한 제품이다. 리튬-인산철은 다른 어떤 양극물질과 비교해도 저렴한 가격과 뛰어난 안전성, 성능, 그리고 안정적인 작동 성능을 보이고 있다.

또한 리튬-인산철은 전기 자동차용 전지와 같이 대용량과 안전성을 동시에 요구하는 에너지 저장 장치로서 적합하다. 단점으로는 기전압이 기존 리튬-코발트 전지의 3.7V보다 0.3V 정도 낮은 3.4V라는 점을 꼽을 수 있겠다. 또한 리튬-폴리머 전지만큼 디자인 용이성이 떨어지는 점도 들을 수 있다.

(가) 친환경 자동차의 미래전지

중국이 전기자동차 시장에서 리튬인산철($LiFePO_4$) 전지로 강력한 도전장을 내밀었다. 리튬이온 전지가 대세인 전기자동차 전지 시장에 중국에서 생산되는 리튬인산철 전지가 친환경 자동차업계의 저렴한 전지 소재로 주목을 끌고 있다.

리튬인산철 전지는 과열, 과충전 상황에도 폭발할 우려가 없어 전기자동차 전지로 적합한 특성을 갖고 있다. 화학적으로 극히 안정되고 값싼 인산철이 주재료기 때문이다. 한국과 일본기업이 선점한 리튬이온 전지에 비하면 무겁고 성능은 다소 떨어지는 단점이 있지만 리튬인산철 전지는 동급의 리튬이온 전지보다 약 30% 저렴해 충분한 가격 경쟁력을 갖고 있다.

현재 리튬인산철 전지는 거의 전량 중국 대륙에서 수작업으로 생산된다. 리튬인산철 전지는 원자재 공급이 안정적이기 때문에 기존의 납축전지를 대체할 현실적 대안으로 주목받고 있다. 이에 따라 국내 몇몇 2차전지 업체들은 기존 제품군에 리튬인산철 전지를 포함하는 방안을 검토 중이다.

미국 GM 볼트의 전지 납품건을 놓고 LG화학과 막판까지 경쟁한 미국의 신생기업 A123 시스템스가 리튬인산철 전지를 생산하는 업체이다. A123는 크라이슬러와 전기자동차 전지 공동개발 협약을 맺으며 차세대 전지 분야에서 여전히 두각을 나타내고 있다. 중국의 BYD와 체리자동차가 양산에 들어간 순수 전기자동차와 중국산 전기스쿠터 대부분이 안전성이 뛰어난 자국산 리튬인산철 전지팩을 채택하고 있다.

전기자동차 제조사업체는 기존 자동차의 납축전지를 리튬인산철 전지로 대체하게 되면 차체 경량화로 5% 이상 연료절감 효과가 있음에 주목하고 자동차 애프터 마켓시장에 리튬인산철 전지를 시판한다.

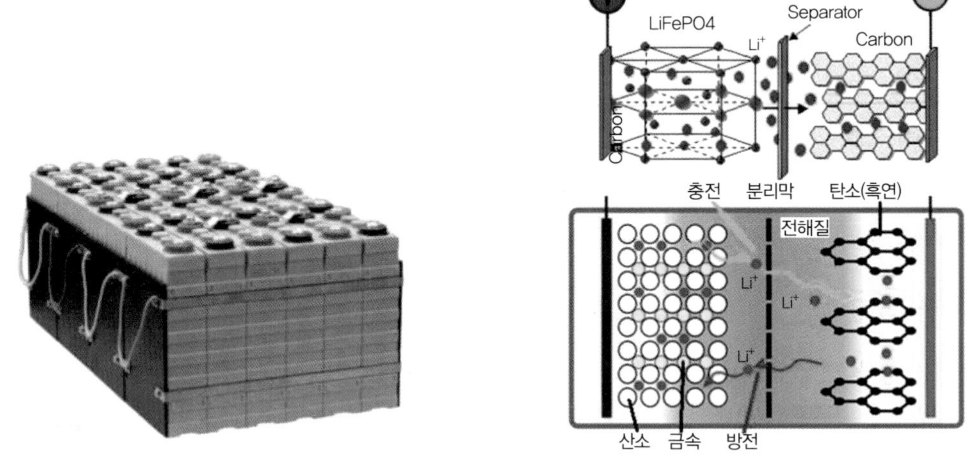

❖ 리튬 인산철 전지
출처 : http://wiki.hash.kr/index.php/리튬_인산철_배터리

한국전기자동차협회가 추진하는 순수전기자동차 KEV-1에도 리튬인산철 전지를 장착할 가능성이 제기된다. SK그룹 관계자들은 그린카와 관련한 전지 사업을 본격 추진하기 위해 중국의 리튬인산철 전지 제조업계와 협력하고 있다. 전기자동차협회 부회장은 "최근 리튬인산철 전지 가격이 빠른 속도로 떨어지는 추세여서 친환경 전기자동차 시장의 활성화에 긍정적 요소로 작용할 것"으로 기대했다.

(나) 전지의 우수성

국내에서 열린 순수 전기자동차대회 'EV에코챌린지 2010'에서 중국산 2차전지가 국산 전지에 못지않은 성능을 발휘해 눈길을 끌었다. 일부 성능은 오히려 우리 제품보다 뛰어났다. 이 경기에서 전체구간 210㎞ 거리를 끝까지 완주한 고속 전기자동차는 레오모터스의 마티즈 개조차, 그린카 클린시티의 KEV-1 단 2대 뿐이다. 참가자들과 이를 지켜본 전문가들은 각 전기자동차에 설치된 전지팩의 기본 성능이 완주 여부에 가장 큰 영향을 미쳤다는 평가를 내렸다. 고갯길이 많은 강원도 구간에서 전기자동차의 전력 소모는 예상보다 극심했다.

전기자동차 전지가 금새 바닥을 드러내는 상태에서 급속충전기가 설치된 다음 충전포인트까지 이동하기란 매우 어려웠다. 결국 완주에 성공한 2대의 전기자동차는 공교롭게도 한국과 중국에서 각각 제조된 전기자동차 전지팩을 장착해 눈길을 끌었다.

마티즈 개조차는 국내 K사에서 만든 리튬이온 전지팩(15KW)을, KEV-1은 중국산 리튬인산철 전지팩(20KW)을 채택했다. 대회 시작 전에는 국산 전지가 중국산 전지보다 앞선 성능을 발휘할 것으로 예상됐지만, 경기 결과는 거의 대등한 성능을 보였다. KEV-1은 경기가 끝난 이후 전지팩을 재충전하지 않고 일산 킨텍스 행사장에서 김포 공장까지 자력으로 돌아갔다. KEV-1의 전지 용량이 경쟁사보다 다소 큰 점을 감안해도 중국산 전지의 성능을 얕볼 수 없는 상황이 된 것이다. 전문가들은 이번 에코챌린지 행사를 통해 전기자동차의 핵심부품인 대용량 2차전지 분야에서 중국기업들의 강력한 경쟁력을 입증한 셈이라고 평가한다. 리튬인산철 전지는 거의 전량 중국 대륙에서 수작업으로 생산되며 중국의 썬더스카이, BYD 등이 주도하고 있다.

리튬인산철 전지는 매장량이 풍부한 철을 주원료로 하므로 동급의 리튬이온 전지에 비해 가격이 절반 수준에 불과하다. 또 화학적으로 극히 안정된 구조여서 과열, 과충전 상황에도 폭발할 우려가 적어 전기자동차 전지로 사실상 최적의 특성을 갖고 있다. 한국과 일본기업이 선점한 리튬이온 전지에 비하면 무겁고 성능은 다소 떨어지는 단점이 있지만 뛰어난 가격경쟁력을 바탕으로 친환경 자동차 시장에서 입지를 넓혀가고 있다. 전기자동차업계의 한 개발자는 앞으로 중국이 친환경 전기자동차 시장에서 한국 자동차업계의 강력한 경쟁상대가 될 것이라고 예견했다.

(다) 친환경 자동차 전용 전지

친환경차 전지 시장에서 리튬인산철($LiFePO_4$) 전지가 급부상하고 있다. 리튬인산철 전지는 매장량이 풍부한 철을 주원료로 하기 때문에 니켈·코발트·망간 등을 쓰는 리튬이온 전지에 비해 가격이 30~40% 저렴하다. 화학적으로 극히 안정된 구조여서 과열, 과충전 상황에도 전혀 폭발할 우려가 없다. 다만, 기존 리튬이온 전지에 비해 무겁고 에너지 밀도가 다소 떨어진다는 단점을 가졌다.

관련업계에 따르면 전기자동차와 하이브리드 자동차용 전지는 그동안 리튬이온계가 대세를 이뤘지만 저렴하고 안전성이 높은 리튬인산철계가 잇따라 도전장을 내밀고 있다. 현재 리튬인산철 전지는 썬더스카이, BYD 등 중국 업체들이 세계 시장을 석권하고 있다.

크라이슬러를 비롯한 미국 자동차업계는 하이브리드, 전기자동차 분야에서 뛰어난 가격경쟁력과 안전성에 주목하고 리튬인산철 전지의 주문량을 크게 늘리고 있다. 차량 튜닝시장에서 무거운 납축전지를 리튬인산철 전지로 전환하는 사례도 흔하다. 그동안 리튬이온계 전지에 주력해 온 한국과 일본 전지업계는 향후 친환경 자동차 전지 시장에서 강력한 경쟁자(리튬인산철)와 맞부딪치게 됐다. 주요 전지 업체들은 급성장하는 전기자동차, 하이브리드자동차 시장을 겨냥해 기존 리튬이온전지 외에 리튬인산철 전지도 함께 양산하는 방안을 검토하기 시작했다.

국내의 중견 전지업체는 미국 하이브리드자동차 시장을 겨냥해 리튬인산철 전지의 양산체제에 들어 갔다. 리튬인산철 전지셀의 생산 규모를 늘리고 차량용 전지팩도 다양화할 계획이다. 전지업체 전문가는 앞으로 친환경자동차에 들어가는 중대형 전지 시장은 리튬이온계가 고급형, 리튬인산철계는 중저가형으로 분류되어 양대산맥을 이룰 가능성이 높다고 전망하고 있다.

(3) 나트륨 - 유황전지(Na-S Battery)

Na-S 전지는 음극 반응 물질에 나트륨, 양극 반응 물질에 유황을 사용하고 전해질로서 베타알루미나 세라믹스(나트륨이온 전도성을 가진 고체전해질)를 사용하고 있다. 전지의 충·방전은 300℃ 부근에서 가능한 고온형 전지이다. 전해질에는 납축전지의 황산이나 알칼리 전지의 KOH 수용액과는 달리, 나트륨 이온에 대한 선택적 전도성을 갖는 고체 전해질을 이용하는 새로운 아이디어의 고성능 전지이다. 고체 전해질은 유리 혹은 세라믹 종류로 구성되어 있으며, 그중에서도 특히 β-알루미나 ($NaAluO_{17}$)는 나트륨 이온의 전도성이 크기 때문에 현재 개발되고 있는 Na-S의 대부분이 이 β-알루미나를 전해질로 사용하고 있다. 또한 β-알루미나는 전자 전도성을 갖고 있지 않기 때문에 음극과 양극을 분리하는 격리판(Separator) 역할도 한다. 작동 온도는 두 전극 반응 물질이 용융되는 350±50℃ 이다. Na-S 전지의 우수한 특징으로는 에너지 밀도가 상당히 높다. 납축전지의 에너지 밀도가 40Wh/kg 정도인데 대해 이 전지는 약 300Wh/kg 정도가 기대된다.

이 목표가 실현되면 현재 사용중인 납축전지식 전기자동차의 1충전 주행거리를 한번에 몇 배로 끌어 올릴 수 있으며 또한 전지를 소형화할 수 있어 여유 중량을 모터나 제어 기기의 대출력화로 전환 가능하여, 전기자동차의 최고 속도나 가속력의 향상도 이루어질 수 있다.

또한 충전 특성이 우수하여 효율이 좋다. 종래의 납축전지나 Ni/Cd 전지의 충전 필요량은 방전량의 110~140%가 요구되고 있으나. 이 전지는 방전량의 100%로도 충분하여 충전효율이 우수하다. 따라서 전기자동차의 유지비가 적게 들고, 경제적인 측면에서도 상당히 유리하며, 보수가 유리하다. 이 전지는 충·방전 시 가스 발생이 없어 완전 밀폐가 가능하고, 보통 납축전지와 같이 액보충과 같은 유지 관리가 필요없는 장점이 있다.

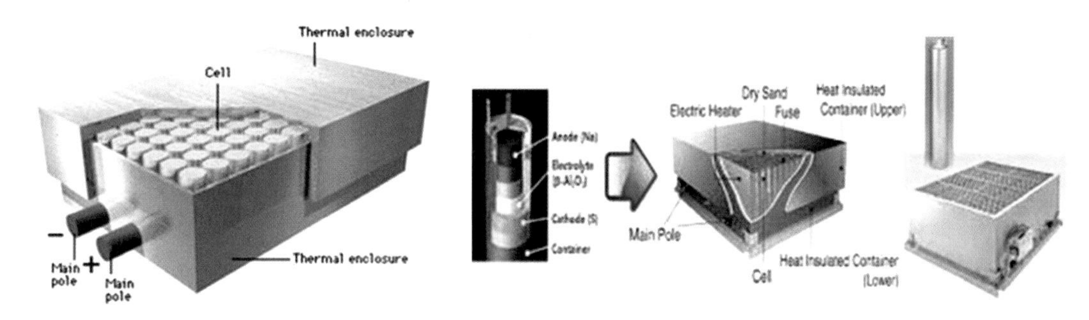

❖ 나트륨 – 유황전지
출처 : https://www.google.com/search?q=나트륨–유황전지&rlz

(가) 전지의 특징

ⓐ 고에너지 밀도(납축전지의 약 3배)이므로 옥내의 좁은 스페이스에 콤팩트한 설치가 가능하다.

ⓑ 고충방전 효율이고 자체방전이 없기 때문에 효율적으로 전기를 저장할 수 있다.

ⓒ 2,500회 이상의 충·방전이 가능하며 장기 내구성이 있다.

ⓓ 완전 밀폐형 구조의 단전지를 사용한 클린 전지이다.

ⓔ 주재료인 나트륨 및 유황이 자연계에 대량으로 존재하여 고갈의 우려가 없으므로 앞으로 자재 부족의 우려가 없다.

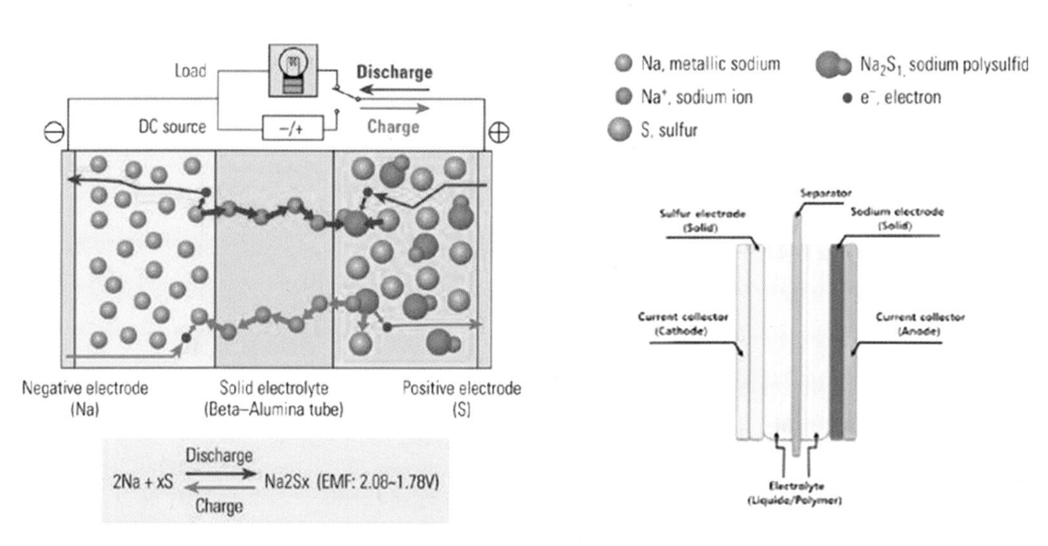

❖ 나트륨 – 유황전지의 동작원리
출처 : https://www.google.com/search?q=나트륨–유황전지&rlz

(나) 전지의 구조

NA-S 전지는 교직변환장치(PCS: Power Conversion System)를 거쳐 계통에 접속되어 있다. 부하평준화를 목적으로 계통 연계하는 경우 계통측 전압은 정해져 있으므로 전류제어방식이 일반적이다. 무정전 전원기능 목적의 경우 전력변환장치의 출력전압을 제어하는 전압제어방식이 일반적이다.

PCS는 주로 교직변환기, 교직변환제어장치, 변압기, 교류차단기, 직류차단기 또는 부하개폐기, 보호장치 등으로 구성된다. 교직변압기 주회로에 사용하는 반도체 장치는 출력용량과 동작주파수에 따라 구분 사용하지만 주로 IGBT를 사용하고 있다.

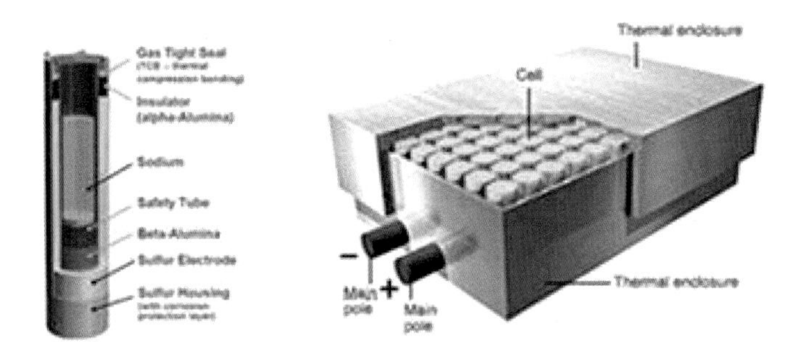

❖ 나트륨 - 유황전지의 구조
출처 : https://www.bing.com/images/search?q=나트륨–유황전지

(나) 전지의 과제

문제점으로는 우선 고체전해질 β-알루미나의 수명, 특히 대전류 밀도에서 방전할 경우 수명 증대의 노력이 필요하다. 또한 β-알루미나의 저항값을 작게 하여 출력의 증대를 도모하고, 더욱이 NA-S 전지는 약 300℃ 이상의 고온에서 사용되기 때문에 예열 및 보온기술을 확립하지 않으면 안 된다. 고온도에 의한 부식 작용에 내구성이 있는 구성 재료의 연구도 소홀히 할 수 없다. 또한 나트륨은 다량의 물과 접촉하면 심한 반응을 수반하기 때문에 전기자동차에 탑재할 경우 특히 비상시의 안전성을 확보할 수 있는 구조가 되어야만 한다.

높은 충·방전 효율과 장기 내구성을 목표로 NA-S 전지의 연구개발을 진행해 왔는데 그 과정에서 왜곡, 균열, 비균일, 비균질 등이 없는 베타세라믹스 제조기술을 연구하고 세라믹스의 전기저항을 억제하기 위한 개량을 추가해 왔다. 또한 부하평준화 목적의 NA-S 전지에 필요한 대형전지 연구개발에 있어서 요구되는 조건을 충족시키는 대형 베타알루미나 세라믹스 제조방법을 확립할 수 있었다.

그 결과 고충방전 효율, 장기 내구성을 확보하면서 안전성, 신뢰성이 풍부한 단전지 기술을 확립할 수 있었다. 비용절감을 한층 더 추진할 필요성과 동시에 NA-S 전지는 나트륨 및 유황이 현행법상 위험물이기 때문에 소방법/건축법 등에서 규제대상으로 하고 있다.

NA-S 전지는 충분한 안전성을 가지므로 앞으로 규제완화가 한층 더 요구된다. 자원이 풍부하여 각종 전지의 주재료로서 지구의 매장량, 연간 생산량 등을 고려하여 볼 때, 나트륨과 황은 다른 자원에 비해 풍부하고 저렴하여 다량의 전기자동차용 전지 공급이 가능하리라 판단된다.

(4) 니켈 카드뮴 전지(Ni/Cd 또는 니카드 전지)

대형의 Ni-Cd 전지는 2차 대전 중에 유럽에서 개발되었고 소형의 Ni-Cd 전지는 역시 유럽에서 1960년대 유럽에서 상용화 되었다. $Ni(OH)_2$를 양극으로, Cd을 음극으로 사용하는 전지이며, 알카리 수용액을 전해질로 사용한다. 납축전지와 Ni-Cd 전지의 가장 큰 차별점은 전해질을 황산 대신 알카리 수용액을 사용한다는 점이다. 알카리 수용액은 황산과 같은 산성 수용액보다 전도성이 뛰어나다는 장점이 있다.

대형 Ni-Cd 전지는 철도, 차량용, 비행기 엔진 시동용 등을 비롯하여 고 출력이 요구되는 다양한 산업 및 군사 용도로 널리 이용되고 있다. 방전 시에 일어나는 가스 발생을 제어하는 기술이 개발되어 밀폐식으로 만들어진 것이 바로 소형 Ni-Cd 전지이다.

전지가 디지털 기기의 키 컴포넌트의 하나로 주목 받게 된지 10년 가까이 지났으며 그 동안에 니카드전지(원래 명칭은 니켈카드뮴전지)에서 니켈수소전지, 리튬이온 전지로 화제의 중심이 이동하고 있다. 이런 상황에서 니켈카드뮴전지는 기술적으로 오래되어 환경에 좋지 않다는 이미지를 가지게 되었다. 노트북, 휴대전화의 전원인 리튬이온전지도 원래는 니켈 카드뮴 전지에서부터 시작되었다.

❖ Ni – Cd 전지
출처 : http://wiki.hash.kr/index.php/니켈_카드뮴_배터리

(가) 원리와 구조

일본의 삼양전기는 니켈카드뮴전지를 「카드니카전지」의 명칭으로 상표등록하고 1964년부터 생산을 개시했다. 15년 전부터 세계 1위의 생산판매량을 과시할 정도로 성장하여 연간 5억개 생산, 세계시장 점유율이 35%를 초과하였다. 과거에 세계적으로 큰 경쟁사의 메이커와 장기간에 걸쳐 치열한 기술 경쟁을 하고 그 결과 카드뮴전지의 품질과 신뢰성을 만들어낸 것이라 할 수 있다.

일반적으로 니켈카드뮴전지의 반응식은 다음과 같은 식으로 표현된다. 양극은 니켈 산화물, 음극은 카드뮴화합물을 활성물질로서 전해액은 주로 수산화칼륨 수용액을 사용하고 있다.

$$2Ni(OH)_2 + Cd(OH)_2 \leftrightarrow 2NiOOH + Cd + 2H_2O$$

원통형 니켈카드뮴전지의 내부는 얇은 시트 모양의 양·음극판을 나일론이나 폴리프로필렌을 소재로 한 부직포로 된 격리판를 통하여 말은 상태로, 강철제의 견고한 외장 캔에 수납되어 있다.

또, 과충전시에 양극에서 발생한 산소 가스는 음극에서 흡수되어 전지 내부에서 소비하는 메커니즘으로 되어 있지만 규정 이상의 내부 가스압 상승에 대비하여 복귀식 가스 배출 밸브를 설치하고 있다.

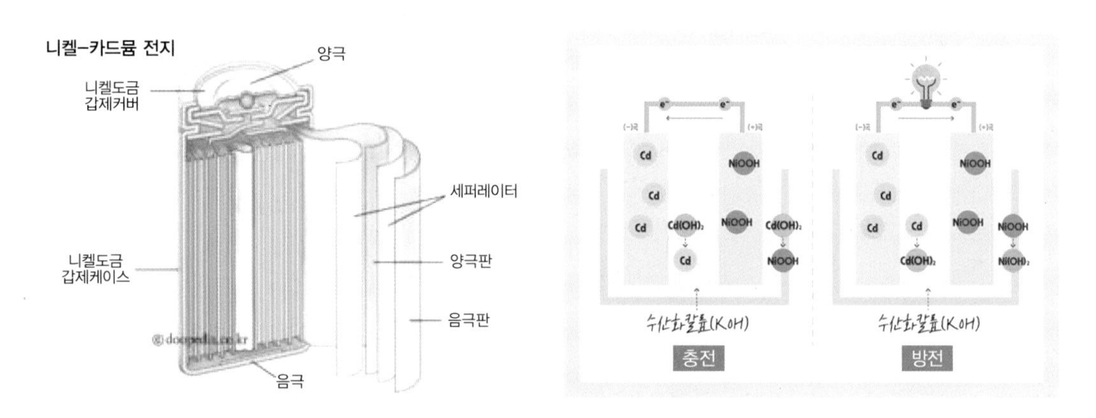

❖ 니켈-카드늄 전지의 구조
http://wiki.hash.kr/index.php/니켈_카드늄_배터리

(나) 충전 특성

니켈 카드뮴 전지의 충전특성은 전지의 종류, 온도, 충전전류에 따라서 달라진다. 충전이 진행됨과 동시에 전지 전압은 상승하여 어느 정도 충전량에 도달하면 피크전압을 나타낸 후에 강하된다.

이 전압 강하는 충전말기에 발생하는 산소 가스가 음극에 흡수될 때의 산화열로 전지온도가 승하기 때문에 발생한다. 충전기를 설계할 때 이 음극에 흡수되는 속도 이상으로 산소 가스를 발생시키지 않아야 한다는 것이 중요한 포인트이다.

▶ 충전에는 다음과 같은 3종류가 있다.

- **트리클 충전** : 0.033C [A] 정도의 소전류로 연속 충전.
- **노멀 충전** : 0.1C~0.2C [A]에서 150% 정도의 충전
- **급속충전** : 1C~1.5C [A]에서 약 1시간의 충전이 가능. 만충전 제어가 필요.

(다) 방전특성

니켈 카드뮴 전지의 방전 동작전압은 방전전류에 의해서 다소 변화되지만 방전기간의 약 90%가 1.2V 전후를 유지한다. 또 건전지나 연축전지에 비해 방전중인 전압변화가 적어 안정된 방전 전압을 나타낸다. 방전 종지전압은 기기의 설계상 1셀당 0.8~1.0V가 적합하다. 또한 내부저항이 작기 때문에 외부 단락 시 대전류가 흐르기 때문에 위험하여 보호부품 등의 설치도 필요하다.

(라) 메모리 효과란?

방전 종지전압이 높게 설정되어 있는 기기나 매회 얕은 방전 레벨에서 사이클을 반복했을 경우, 그 후의 완전방전에서 방전 도중에 0.04~0.08V의 전압강하가 일어나는 경우가 있다. 이것은 용량 자체가 상실된 것이 아니기 때문에 깊은 방전(1셀당 1.0V 정도의 완전방전)을 함으로써 방전전압은 원래 상태로 복귀한다. 이 현상을 「메모리 효과」라 하며 양극에 니켈극을 사용하는 니켈카드뮴전지나 니켈수소전지 등에서 일어나는 현상이다.

최근에는 기기측의 방전 종지전압 설정을 1.1V/셀 이하로 하는 등 저전압 구동 IC의 사용과 적당한 세트 전지수의 선정으로 거의 문제가 되지 않는다.

Ni-Cd가 가진 가장 큰 단점은 메모리 효과(memory effect)가 존재한다는 것이다. 이

현상은 전지를 완전히 방전시키지 않은 상태에서 충전을 하게 되면 일어나는 현상이다. Cd의 결정구조 때문에 일어나는 현상으로 메모리 효과가 생기면 결과적으로 전지의 충전 가능 용량이 줄어든다. 이 현상이 심해지면 초기의 용량의 70% 만을 사용할 수 있게 된다. Ni-Cd 전지를 강제 방전함으로써 메모리 효과가 일어난 Cd의 결정구조를 제거할 수 있다. 에너지 밀도는 1리터 당 90이다.

이 전지의 에너지 밀도는 최근의 고성능 전기자동차용 납축전지보다 오히려 약간 떨어지나, 대전류 방전 특성이 우수하고, 저온에서도 그 특성이 크게 저하하지 않는 특징이 있다.

Ni-Cd 전지의 전압은 1.2V인데, Ni-Cd 전지에서는 전지를 다 사용하기 전에 충전하면 메모리 효과(memory effect) 때문에 다음 충·방전 시에 용량이 줄어드는 현상이 발생한다. 메모리 효과의 단적인 예는 전기면도기처럼 매일 일정시간 사용하고 곧 바로 충전하는 기기에서의 이상 동작 현상을 들 수 있다. 본인이 면도하고 난 후 충전 후에, 다른 사람이 면도하려고 하였는데 면도기가 작동하지 않는 것이다.

메모리라고 말할 수 있는 이 현상은 이 전지를 강제 방전함으로써 메모리를 지울 수 있다. 메모리 효과는 Cd(카드뮴) 금속 고유의 특성이다. 카드뮴 금속은 수정과 같은 결정구조를 이루고 있는데 방전이 일어나면서, 반응이 일어난 부분은 결정구조가 흐트러져 비정형구조로 변한다. 비정형구조와 결정 구조사이의 경계는 충전과 방전을 거듭하면서 굵어지고, 이러한 경계가 메모리 효과의 원인이 된다.

(마) 수명특성

니켈카드뮴 전지의 수명은 보통 사용 조건에서는 500회 이상 반복해서 사용할 수 있지만 수명에 영향을 주는 주된 요인으로 충전전류, 온도, 방전 심도/빈도, 과충전기간이 있다. 수명의 모드로는 전지부품의 열화나 활물질의 기능저하에 의한 용량저하를 들 수 있다. 다른 계통의 전지에 비해 보다 안전하게 오래 사용하기 위해서는 특히 온도와 충전 전류를 고려하기 바란다.

(바) 니켈카드뮴 전지의 특징

1) 사용실적을 뒷받침하는 높은 신뢰성 : 35년 정도의 시장실적으로 신뢰성을 인정받는다.
2) 장수명으로 경제성이 우수하다 : 1회의 방전 용량은 기존의 건전지와 같지만, 일반적으로 500회 이상의 충·방전이 가능하여 경제적이다. 최근에는 충전의 제어기술이 발달

하여 1,000~2,000회 이상 사용할 수도 있다.

3) 전지 자체가 견고하여 다소 무리한 조건에서도 오래 사용되므로 기기를 복잡한 회로로 할 필요가 없다. 또 다른 2차전지에 비해 과충전·과방전에 강한 설계로 되어 있다. 또한 전지 내부에 흡수되지 않았던 가스를 방출하는 복귀식 가스 배출 밸브가 있어 안전성이 뛰어나다. 전동 공구에서의 30A까지 미치는 방전특성 및 10분 이내의 충전 등 다른 2차전지에서는 어려운 사용조건을 가능케 하고 있다.

4) 폭넓은 기종과 건전지와의 호환성 : 다양한 용도에 대응할 수 있도록 여러 종류(타입, 사이즈)의 전지와 기기 스페이스에 맞춘 세트 전지가 있다. 또 건전지와 호환성이 있는 카드뮴전지와 충전기도 충실한 라인업을 골고루 갖추고 있다.

5) 우수한 신뢰성과 넓은 사용 온도·습도 범위 : 온도에 의한 성능의 변화가 적고 밀폐 구조이기 때문에 습도에 의한 영향도 거의 없다. 방전은 보통 -20~+60℃를 허용한다. 특히 저온에서 1C[A]를 초과하는 고부하 방전이 가능한 2차전지는 아직 적어 니켈카드뮴 전지의 용도를 확대시켜 왔다. 비상 조명 기기나 자동 화재경보기 등의 방재기기의 백업 전원으로 전부터 활용되고 있어, 신뢰성이 매우 높다.

6) 보수가 용이하고 견고 : 밀폐 구조이기 때문에 보충액이 필요없이 충·방전 상태를 불문하고 보관할 수 있으므로 보수가 용이하다. 또 기기내에 장착이 가능하며 취급이 간단하다. 구조는 견고하고 재질도 금속 용기를 사용하고 있기 때문에 충격이나 진동에 대해서도 충분한 내구성을 지니고 있다.

(사) 니켈 카드뮴 전지의 종류

밀폐형 니켈카드뮴 전지의 모양에는 원통형, 버튼형, 편평각형(gum형)이 있다. 원통 밀폐형 니켈카드뮴 전지는 일본공업규격 JIS C8705-98에 24종류의 호칭방법이 규정되고 있다. 단, 이것들 외형치수에 의한 분류만이 아니라 많은 용도에 따라 특성을 가지는 전용 전지가 개발되어 있기 때문에 그것들의 특성을 충분히 이해하여 가장 적당한 전지를 선택하는 것이 중요하다. 니켈카드뮴 전지는 납축전지에 비해 출력 밀도가 크고, 수명이 길며, 단시간 충전이 쉬운 장점이 있다.

그러나 에너지 밀도가 납축전지와 거의 같은 정밀도로 그 한계성을 많이 갖고 있으면서 가격이 납축전지에 비해 몇 배 높고, 자원적으로도 대량 사용 시에는 문제가 남아 있는 단점이 있다. 다만 이 전지를 전기자동차의 하이브리드 동력으로서 사용될 경우에는 유망시 되고 있다. 다시 말하면 에너지 밀도가 큰 신형 전지와 조합하여 비상 주행시의 에너지원으로서 하거나 등판, 가속 등 대출력을 요할 때 이 전지로부터 출력을 얻어내는 방식이다. 그러나 이러한 방식을 가능하도록 유도하기 위해서는 현재의 Ni/Cd 전지 자체의 출력 밀도를 보다 향상시켜야 하며, 아울러 전지의 가격을 저하시킬 수 있는 방안도 함께 제시되어야 할 것이다.

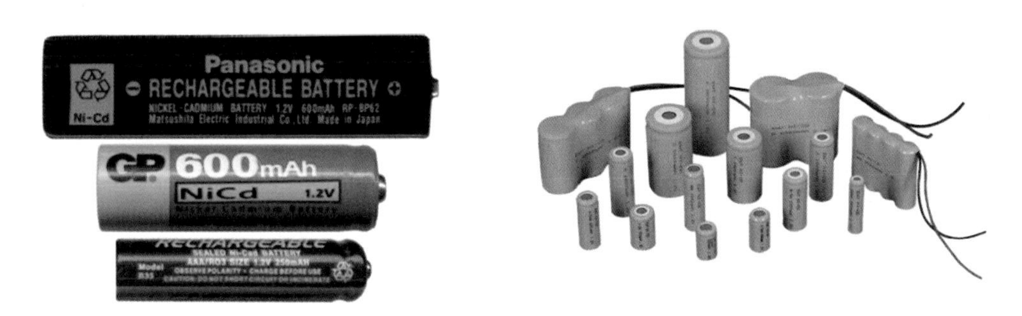

❖ 니켈 – 카드뮴 전지의 종류
출처 : https://www.google.com/search?q=Ni-cd전지

(아) 니켈카드뮴전지의 앞으로의 전개

니켈 수소나 리튬 이온이라는 새로운 2차전지의 등장으로 고용량의 측면에서는 니켈카드뮴전지의 성능은 저하되지만 전지에서 요구되는 성능은 고용량만이 아니다.

새로운 계통의 전지는 대전류 방전, 온도특성, 긴 수명 등에서 니켈카드뮴전지 정도의 특성을 얻을 수 없다. 현재 전지의 용도가 다양화되고 요구되는 특성도 다종다양하여 니켈카드뮴전지가 아니면 사용할 수 없는 용도도 있다. 아래에 앞으로의 니켈카드뮴전지가 그 특징을 활용할 수 있는 신규시장을 몇가지 소개한다.

1) 동력용도(요구되는 특성 : 고출력, 긴 수명, 고신뢰성) : 어시스트 자동차, 전동차 의자, 스쿠터, 카트, 소형 전동 리프트 등. 과거에 몇 차례나 연축전지에서 시도했지만 아직 시장이 확대되지 않았다.
2) 스탠드바이 용도(요구되는 특성 : 연속충전, 고신뢰성) : WLL(Wireless Local Loop ; 전화회선용 백업 전원), UPS, 시큐리티, POS 기기 등. SOHO 수요가 기대되는 가운데, 긴 수명, 고신뢰성이 보다 더 요구될 뿐 아니라 소형·경량화, 긴수명, 대전류 방전특성, 온도 특성이라는 요구 사항이 많아지고 있어 니켈카드뮴전지로의 이동이 적지 않게 진행되고 있다.

3) 태양전지와의 변용 기기(요구되는 특성 : 과혹한 환경온도에 견딜 수 있는 온도특성) : 셔터, 방범등, 표시 등. 태양전지와의 조합은 여름의 더위나 한 겨울의 추위 등의 과혹한 환경온도에 대하여 니켈카드뮴전지는 온도 내구성이 매치하는 분야라 할 수 있다. 많은 실적에 의해서 얻어진 높은 신뢰성, 우수한 특성, 견고성에 의해 개발기간을 단축하여 필요 없는 회로를 간소화함으로써 코스트 감소나 신뢰도를 향상시킬 수 있다.

(5) 니켈 - 수소 전지 (Ni-MH)

(가) 전지의 개요

니켈-금속수소화물전지(Ni-MH전지: metal hydride battery)는 기존의 니켈카드뮴(Ni-Cd)전지에 카드뮴 음극을 수소저장 합금으로 대체한 전지이다.

최근 전자기기들의 소형·경량화 추세에 따라서 이들 전자기기의 전원으로 사용되는 전지에도 고에너지 밀도화, 소형 경량화, 장수명화 등이 강하게 요구되고 있으나, 기존의 니켈-카드뮴전지나 납축전지의 성능향상은 거의 한계에 도달해 있으며, 환경오염이 사회문제로 대두됨에 따라서 카드뮴과 같은 공해유발 물질의 사용이 규제되고 있다. 또한 자동차 배기가스에 의한 대기오염을 줄일 목적으로 무공해 자동차의 하나로 전기자동차의 개발이 활발히 진행되고 있는데, Ni-MH전지는 니켈-카드뮴전지에 비하여 에너지밀도가 크고 공해물질이 없어서 무공해 소형 고성능전지로 뿐만 아니라 전기자동차용 등의 무공해 대형 고성능전지로 개발이 가능한 새로운 2차전지로서 주목을 받고 있다.

특히 최근에는 이동통신기기, 노트북 컴퓨터, 캠코더 등 휴대용 전자기기에 리튬이온 이차전지가 보급됨으로써 소형 Ni-MH전지의 시장점유율이 감소하고 있는 실정이다. 그러나 전기자동차용과 하이브리드 자동차에 사용되는 중대형 용량의 전지는 자동차의 동력원으로 사용되는 특수성 때문에 고에너지밀도와 고파워밀도 같은 전지의 기본적인 성능뿐 아니라 전지의 수명 및 신뢰성과 특히 안전성에 관한 요소가 중요한 결정요인이 된다. 즉 Li이차전지가 갖고 있는 근본적인 문제점인 리튬금속이 대기 중에 노출할 경우 리튬 고유의 활성으로 인한 화재의 발생문제가 있으므로 최근에 개발 중인 완전 고체형의 리튬-폴리머전지가 개발되기 이전까지는 전기자동차용으로는 안전성이 있는 Ni-MH전지를 사용하는 것이 바람직하며, 최근 미국이나 일본에서 판매 또는 리스 중인 전기자동차 및 하이브리드자동차는 대부분 Ni-MH전지를 사용하고 있는 실정이다.

이러한 새로운 알칼리 2차전지로서 Ni-MH전지가 제안된 것은 1970년 경이지만 연구

개발이 활발하게 진행된 것은 1980년대 중반부터이다. Ni-MH전지의 고성능화를 위한 음극용 수소저장합금의 개발 결과 현재 상용화되어 있는 합금들은 주로 일본에서 소형전지로 상용화된 혼합금속(Mm: misch metal, 희토류원소의 혼합물)를 기본으로 하는 AB5계 합금과, 미국의 OBC(Ovonic Battery Company)사에 의하여 개발된 C14 또는 C15 Laves 상을 주로 하는 AB2계 합금으로 나눌 수 있다.

소형 Ni-MH전지는 현재 AB5 Type의 전지가 상용화되고 있으며 AB5계보다 용량이 다소 큰 AB2계 전지는 홍콩의 GPI에서 최초로 상용화하였으나 대부분의 시장은 일본의 3사인 마쓰시타, 산요, 도시바에서 점유하고 있다. 그러나 대용량의 전기자동차용 전지는 현재 일본의 '파나소닉 EV 에너지'에서 시제품으로 생산 중인 전지만이 차량에 사용되어 판매되고 있으며 Ovonic사의 AB2계 전지는 아직 양산기술을 개발하지 못하여 시험용 차량에서 시험 중에 있으며 99년 중에 GM의 전기자동차에 사용할 것이라고 발표하고 있다. 이렇듯이 Ni-MH전지는 현재 소형전지의 경우 리튬이온전지에 시장을 잠식당하고 있는 실정이며 중대용량의 전지는 기술개발이 활발히 진행되고 있다.

❖ **니켈 – 수소전지**
출처 : https://www.google.com/search?q=NI–수소전지

(나) Ni-MH전지의 구조와 화학반응

Ni-MH전지는 기존의 Ni-Cd전지에서 Cd극을 수소저장 합금으로 대체한 것으로서 음극에 수소저장합금(M), 양극에 수산화니켈 $Ni(OH)_2/NiOOH$ 이 사용되며, 분리막으로는 Ni-Cd전지와 같은 내알칼리성의 나일론 부직포, 폴리프로필렌 부직포 및 폴리아미드 부직포 등이 사용되고 있다. 또한 전해액은 이온전도성이 최대로 되는 5~8 M KOH 수용액이 사용되고 있다.

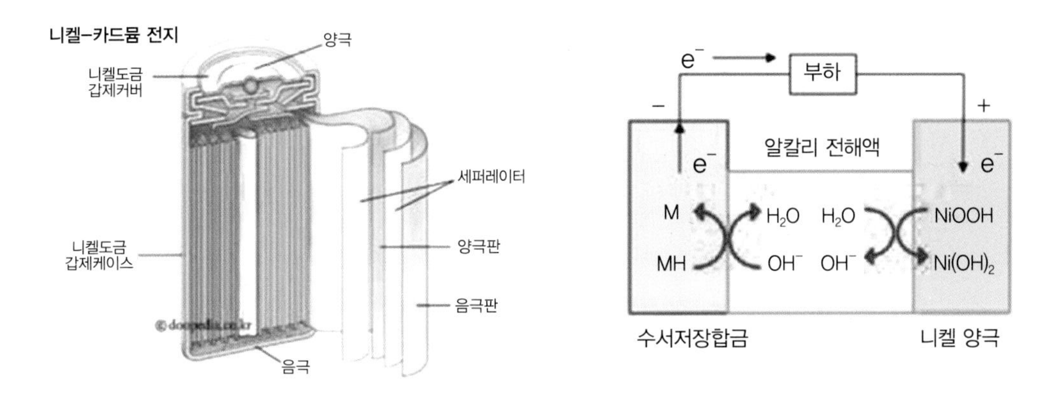

❖ **니켈 - 수소 전지 구조**
출처 : https://www.google.com/search?q=NI-수소전지

충전 시 음극에서는 물이 전기분해되어 생기는 수소이온이 수소저장합금에 저장되는 환원반응이, 양극에서는 $Ni(OH)_2$ 가 NiOOH로 산화되는 반응이 일어난다. 방전 시에는 역으로 음극에서는 수소화합물의 수소원자가 산화되어 물로 되고, 양극에서는 NiOOH가 $Ni(OH)_2$ 로 환원되는 반응이 일어난다. 니켈양극이 완전히 충전된 후에도 전류가 계속 흐르면, 즉 과충전이 되면, 양극에서는 산소가 발생 된다.

그러나 음극의 용량이 양극보다 크면, 발생된 산소가 음극표면으로 확산되어 산소재결합 반응이 일어나게 된다. 음극에서는 산소를 소비시키기 위하여 수소가 감소하게 되어 동일한 전기량이 충전되므로 전체적으로는 변화가 없다. 역으로 과방전이 되면, 양극에서는 수소가 생성되고 이 수소는 음극에서 산화되므로 전체적으로 전지내압은 상승하지 않는다. 이와 같이 Ni-MH전지는 원리적으로는 과충전과 방전 시 전지내압이 증가하지 않고, 전해액의 농도가 변하지 않는 신뢰성이 높은 전지이다. 그러나 실제적으로는 충전효율의 문제로 인하여 전지내압이 어느 정도 상승하게 된다.

양쪽 극에서 일어나는 충·방전 반응은 다음과 같다.

양극 : $MH(s) + OH^-(aq) \rightarrow M + H_2O(l) + e^-$

음극 : $N_iOOH(s) + H_2O(l) + 2e^- \rightarrow N_i(OH)_2(s) + OH^-(aq)$

전체 : $MH(s) + N_iOOH(s) \rightarrow M + N_i(OH)_2(s)$

이러한 Ni-MH전지는 다음과 같은 장단점을 가지고 있다.

장점

① 전지전압이 1.2~1.3V로 Ni-Cd전지와 동일하여 호환성이 있다.
② 에너지밀도가 Ni-Cd전지의 1.5~2배이다.
③ 급속 충 · 방전이 가능하고 저온특성이 우수하다.
④ 밀폐화가 가능하여 과충전 및 과방전에 강하다.
⑤ 공해물질이 거의 없다.
⑥ 수지상(dendrite) 성장에 기인하는 단락이나 기억효과가 없다.
⑦ 수소이온 전도성의 고체전해질을 사용하면 고체형 전지로도 가능하다.
⑧ 충 · 방전 싸이클 수명이 길다.

단점

① Ni-Cd전지만큼 고율방전 특성이 좋지 못하다.
② 자기방전율이 크다.
③ 메모리효과(memory effect)가 약간 있다.

(다) 전극용 수소저장 합금의 특성

전극용 수소저장합금의 선택에 있어서 합금의 조성은 전지의 용량, 전지내압, 급속 충·방전 특성, 수명, 저온특성, 자기방전특성 등과 같은 전지의 성능을 결정할 수 있는 가장 큰 요인으로 작용하게 되는데, 합금의 선택에 있어서 고려하여야 할 사항은 다음과 같다.

1) 가역적인 수소저장능력

단순한 수소저장량이 아니라 적절한 수소 결합력을 가져 가역적인 수소저장량이 커야 한다. 따라서 수소 결합력의 척도인 수소화물 생성엔탈피가 보통 8~10kcal/mole 이거나 수소 평형압력이 10 - 3~수기압이어야 한다.

2) 내산화성

과충전 시 양극에서 발생되는 산소가 음극표면에서 재결합하는 반응을 이용하여 과충전 시 전지내압상승을 억제한다. 이러한 전지의 산화성 분위기에서 전극이 산화되면 전지성능의 저하를 초래한다. 즉, 전극의 충전효율이 저하되어 수소가스가 발생하게 되며, 전극의 촉매능력이나 가스 재결합능력이 감소한다. 또한, 방전 시 과전압이 커져서 방전효율이 감소한다. 과도한 산화는 전체적인 전기전도도의 감소를 가져오게 되어 전극수명을 저하시킨다.

3) 알칼리 용액에서의 내식성

과도한 산화 또는 부식은 전해액의 소모를 가져와 전지성능저하 및 전지수명을 감소시키며, 부식반응에 의하여 생성되는 합금부식생성물은 양극을 피독시켜 양극의 산소발생 과전압을 감소시키므로 충전효율저하 및 양극의 자기방전율을 증대시킨다. 전해액에 용해되기 쉬운 부식생성물(예:VOx)의 산화상태가 변할 때에는 산화환원반응의 순환 메카니즘을 형성하여 자기방전을 증대시키는 것으로 알려져 있다. 그러나 부식을 억제하는 부동태막이 수소의 투과성을 저해하여서는 안 된다.

4) 합금 내에서의 수소확산 속도 및 수소산화에 대한 촉매능력

고율방전능력이 크려면 합금내부에서 전극반응이 일어나는 합금/전해액 계면으로의 수소확산 속도가 커야 하며, 또한 이 계면에서의 수소산화에 대한 표면 촉매능력이 커야 한다. 합금/전해액 계면에서 수소와 OH^- 이온의 반응은 합금표면에 존재하는 산화물의 특성, 즉 산화물의 기공도, 두께, 전기전도도, 촉매능력 등에 영향을 받으므로 산화물의 특성이 고율방전능력에 커다란 영향을 미치게 된다.

5) 수소가스와 수소화물을 형성할 수 있는 능력

과방전 시 양극에서 발생하게 되는 수소가스를 원자 상태의 수소로 분해하여 음극 내로 흡수시켜야 한다. 또한 과충전 시 산소재결합이 매우 빠를지라도 특히 급속충전 시에는 음극에서의 수소발생을 피할 수 없다. 충전이 끝났을 때, 발생된 수소압력을 감소시키기 위해서는 전극표면에서 분자수소가 원자수소로 쉽게 분해되어 음극에 흡수되어야 한다.

6) 초기활성화

조립된 상태의 전극표면에는 사용합금의 산소친화력이 크기 때문에 대기 중에서 제조공정 도중에 치밀한 산화막이 생길 수 있다. 충·방전 시 합금의 팽창과 수축이 일어나 합금분말에 균열이 생겨 산화물이 적은 새로운 표면의 생성과 함께 전극의 표면적이 늘어나게 되어 전극이 활성화된다. 또한 V산화물 같이 전해액에 쉽게 용해되는 합금성분이 있는 경우에는 일부러 산화물을 용해시킴으로써 전극표면의 산화물의 구조가 수소가 더 잘 투과할 수 있는 극소다공성의 구조로 되어 초기활성화가 쉬워지는 것으로 알려졌다.

7) 전극제조의 용이성

합금의 제조, 합금분말의 제조 및 전극제조의 용이성 등이 고려되어야 한다. 대형전지의 경우에는 다소 덜 하지만, 소형전지용 전극으로 개발될 경우, 양산과정을 필요로 하므로, 전극제조시의 간편성은 전지의 가격을 결정하는 중요한 인자가 된다. 따라서 현재의 제조공정인 소결식을 대체할 수 있는 간편한 공정을 사용할 수 있는 페이스트식 전극제조법으로 전극의 제조가 가능하다면, 경제적 측면에서 매우 유리하게 된다.

(라) 기술개발동향

알칼리전지용 니켈전극으로는 포켓식과 소결식 니켈전극이 상용화되어 있으나 근래에는 발포상 니켈을 사용한 페이스트식 니켈전극의 개발에 관심이 모아지고 있다.

포켓식은 다공성 강판제 용기에 활물질인 수산화니켈(II), 도전재인 흑연 및 니켈분말을 충진한 것으로 극판의 기계적 강도는 높으나, 활물질과 도전체 사이의 전기적 접촉이 불량하기 때문에 급속 충·방전이 곤란하다. 소결식 전극은 활물질 지지체인 다공질 니켈분말 소결체의 기공 내에 질산니켈 수용액으로부터 화학적 함침 혹은 전기화학적 함침에 의하여 활물질인 수산화니켈(II)을 석출 밀착시켜서 제조하는 것이다. 이러한 소결식 전극은 활물질이 도전성 기공 내에 강하게 부착되어 있으므로 고율방전특성이 우수하고 수명이 긴 장점이 있다. 그러나 이 방법은 제조공정이 복잡하고 가격이 비싸며, 고용량화에 문제점을 나타내고 있다.

상기의 문제점을 보완한 발포상 니켈을 사용한 페이스트식 니켈전극은 고다공도(95% 정도)를 가진 발포상 니켈판을 기지로 하여 활물질인 수산화니켈분말과 도전성분말을 페이스트화 하여 직접 충전하는 방법에 의하여 제조되는 것으로 높은 에너지 밀도를 나타내고 있다. 이 전극에서는 발포상 니켈판의 두께, 다공도, 기공크기, 페이스트조성 및 충진방식 등이 중요하다. 근래에는 고온에서의 니켈전극특성을 향상시키기 위하여 수산화코발트와 수산화카드뮴을 공침시켜 제조한 수산화니켈로 니켈전극을 제조하는 방법이 보고되었다.

실제 충·방전 시 니켈의 산화상태는 +2.3에서 +3.0~+3.7 사이로 변화하게 되는데 따라서 용량은 200~400mAh/g(이론 용량의 70~140%)가 될 수 있다. 그러나 높은 산화 상태에서는 자기방전이 심하고 가역성이 떨어져서 전극수명이 저하되므로 실제 이용 가능한 용량은 250mAh/g 정도이다. 수산화니켈은 밀도가 작으므로 단위체적당 용량이 매우 낮아서 실제 전지의 전체 용적의 많은 부분을 차지하게 되어 소형 전지에서는 니켈양극의 용량에 의해서 전체 전지의 용량이 결정되는 실정이다.

(마) 연구개발방향

Ni-MH 2차전지는 여러가지 장점을 가지고 있지만 아직까지 해결해야 할 문제점들이 있어 최근에는 이러한 문제점들을 해결하는 방향으로 연구가 진행되고 있다. Ni-MH전지의 실용화를 위해 해결해야 할 문제점 및 연구개발방향은 다음과 같다.

1) 단위무게당, 단위부피당 방전용량을 증가시켜야 한다. 현재 MH전극의 방전용량을 증가시키기 위해 새로운 종류의 수소저장합금을 개발하고 있다. 현재 400mAh/g 이상 고용량의 MH전극이 개발되고 있는데 용량의 한계가 있는 AB5계의 합금보다는 AB2계열의 전극으로의 개량이 이루어지고 있다.
2) 전지의 자기방전율을 감소시켜야 한다. 실제로 현재 개발된 전지의 자기방전율이 일반적으로 20%/week 이상으로 크다. 따라서 이와 같이 높은 자기방전율 때문에 전지를 사용하지 않고 오래 방치하는 경우 전극이 퇴화되어 전지를 사용할 수 없게 된다. 금속수소전극으로부터 발생한 수소에 의해 일어나는 자기방전인 경우는 자연적인 현상으로 이를 해결하기 위해서는 금속수소화물의 수소평형압력을 개선시키던가 금속수소전극을 표면처리함으로써 금속수소화물의 격자 내에 있는 수소가 외부로 방출되지 않도록 하는 연구가 수행되어야 한다.
3) 전지의 내부압력을 감소시켜야 한다. 전지의 내부압력의 증가는 전극에서의 가스 발생속도가 소비속도에 비해 높을 때 나타나는 것으로 일반적으로 활성화초기 및 충전 중에 MH전극의 충전효율 저하로 인해 생기는 수소와 과충전 시 니켈 전극에서의 산소발생반응이 Ni-MH전지의 내부압력증가의 원인으로 알려져있다. 저충전효율에 의한 수소발생은 MH전극의 충전효율을 높이는 합금을 개발하면 해결할 수 있으며 과충전 시 발생하는 가스발생을 억제하기 위해서는 적절한 충전알고리즘을 찾는 것이 필요하다. 또한 전기자동차용으로 전지를 사용하는 경우 충전시간을 단축하기 위해 급속충전을 할 필요가 있으므로 급속충전 시에도 가스 발생을 최소화하는 충전방법

을 찾아야만 한다.

4) 전지의 수명을 향상시켜야 한다. 전지의 수명이 감소하는 원인은 여러 가지가 있으나 그 가운데 충전말기 니켈전극에서 발생하는 산소에 의해 금속수소 전극이 산화되어 전지의 수명이 감소하게 되거나 금속수소전극 내에 있는 수소와 반응하여 물을 형성하여 금속수소전극의 용량을 감소시킬 수 있다. 따라서 전지의 수명을 증대시키기 위해서는 가스의 발생을 억제하거나 발생된 가스를 재결합하는 방법에 관한 연구를 수행하는 것이 필요하다. 실제로 MH합금에 구리와 같이 미세전류를 흐를 수 있도록 하는 물질을 코팅하여 충전효율을 향상시켰으며, 최근에는 발생된 가스를 재결합시키기 위한 연구도 진행되고 있다.

5) 전지의 가격을 낮추어야 한다. 현재 Ni-MH전지는 Ni-Cd전지보다 다소 고가이며 전기자동차용 납축전지에 비해 가격이 세배이상 높다. 따라서 전지의 가격을 낮추기 위해서는 저가의 전극재료를 사용한 전지를 개발해야 하며 또한 전지를 재사용하는 기술을 개발하여야 할 것으로 사료된다.

니켈-수소전지는 니켈-금속수소화물 전지(MH는 metal hydride의 약자임)의 약칭으로 기존의 니켈-카드뮴(Ni-Cd) 전지에 카드뮴 음극을 수소저장합금으로 대체한 전지이다. 최근 전자기기들의 소형, 경량화 추세에 따라서 이들 전자기기의 전원으로 사용되는 전지에도 고에너지 밀도화, 소형경량화, 장수명화 등이 강하게 요구되고 있으나, 기존의 Ni-Cd 전지나 납축전지로는 요구 수준에 도달하기 어려우며, 유해 중금속 등에 의한 환경오염이 사회문제로 대두됨에 따라서 카드뮴과 같은 공해 유발 물질의 사용이 규제되고 있다.

또한 자동차 배기가스에 의한 대기 오염을 줄일 목적으로 무공해 자동차의 하나로 전기자동차의 개발이 활발히 진행되고 있는데, Ni-MH 전지는 Ni-Cd 전지에 비해 에너지 밀도가 크고 공해물질이 없어서 하이브리드 자동차용과 전기자동차용 전원 그리고 전기스쿠터용과 장애자스쿠터용 등으로 개발되고 있다.

이와 같은 전극반응으로 나타나는 Ni-MH rechargeable battery 의 특성은 다음과 같다.

① 에너지의 용량이 크다.(Ni-Cd 전지 또는 lead-acid 전지의 약 1.5~2배)

② 독성물질 (heavy metal)을 함유하고 있지 않다.

③ 충전, 방전 속도가 빠르다.

④ 저온, 고충전 속도에서도 에너지 효율이 높다.

⑤ 충전, 방전 시 전해질의 농도 변화가 없다.

⑥ 밀폐형 전지의 제조가 용이하다.

⑦ 원하는 특성에 따라 수소저장합금을 선택할 수 있다.

이러한 장점을 가진 Ni-MH 전지에 대한 연구는 고용량의 전극개발과 전지 설계 및 제조기술의 최적화 방향으로 진행되고 있다. 반면에 수소저장합금 전극의 방전용량은 합금의 수소저장용량에 비례하기 때문에 이론적인 방전용량이 Ni양극처럼 제한되지 않고 개발의 여지가 충분히 있는 것으로 평가된다. 또한 현 상태에서 음극의 내부저항이 전지에서 가장 큰 비중을 차지하고 있어 고출력을 요하는 전기자동차 용 Ni-MH 2차전지의 성능 개선은 MH 음극의 개발 여부에 좌우된다고 할 수 있다.

(6) 니켈 - 아연 전지(Ni - Zn)

Zn/Ni 전지는 상당히 오래 전인 1901년경 소련인 Mikhailouski가 특허를 출원한 이후 독일에서는 1930년대 접어들면서 이를 전기자동차용으로 사용하기 위한 연구 개발이 행해졌다.

$$2Ni(OH)_2(s) + Zn(OH)_2(s) \leftrightarrow 2Ni(OH)_3(s) + Zn$$

그러나 1950년대에 이르기까지 실용화된 기록이 없다가 1960년대에 접어들면서 유럽이나 미국에서 성행리에 연구가 진행되었다.

이 전지의 특징으로는

1) 에너지 밀도가 45~65Wh/kg으로 납축전지보다 높고,

2) 가격은 Ni/Cd 전지보다 저렴하며,

3) 충전량은 방전량의 110% 이내에서 충분하고,

4) 충전 상태나 방전 상태에서도 장시간의 보존이 가능하여 보수가 간단하며,

5) 내진동성, 내충격성 등이 우수하다.

그러나 에너지 밀도가 높더라고 납축전지와의 차이가 적기 때문에 1회 충전 주행 거리를 획기적으로 확장하기에는 현실적으로 어렵고, 아연 전극의 수명이 짧다는 단점도 있다. 따라서 미래의 전기자동차 전원으로 이 전지가 활용되기 위해서는 대폭적이 수명 성능 향상을 위한 적극적인 연구 개발 노력이 없어서는 안 될 것이다.

(가) 차세대 전지, 니켈-아연 전지

높은 에너지 밀도와 높은 비율의 방전이 가능한 우수한 성능으로 인해 많은 종류의 알칼리 전지에서 아연이 애용되는데, 그 중에서도 전기 자동차용 2차 전지로서 니켈-아연 전지의 활용 가능성이 제일 크다. 그러나 충전 반응 시 일어나는 아연 전극에서의 불균일한 조직형성 때문에 누전과 수차례 충·방전을 반복하면서 발생하는 전극변형에 의한 전지용량 감소가 초래되어 전지의 수명이 200~300회 정도에 불과해 아직까지 실용화되지 못하는 문제점을 안고 있다.

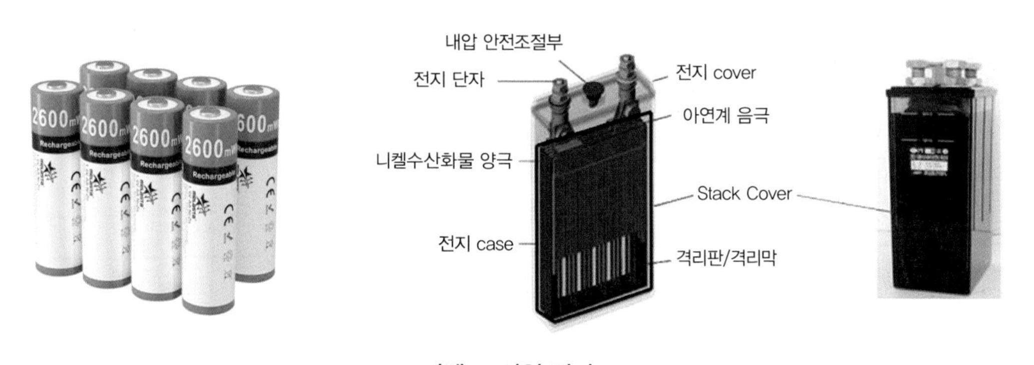

❖ **니켈 - 아연 전지**
출처 : https://www.google.com/search?q=Ni-아연전지

니켈-아연 전지는 전극에 따라 다소 제조과정이 다르다. 먼저, 양극에 해당하는 니켈 전극은 일반적으로 소결식으로 제조되는데, 이 방법은 니켈 집전체 위에 부피비로 75~80%에 달하는 기공을 갖는 Ni 소형판을 소결방법으로 제조한 후, $Ni(NO_3)_2$를 함침하여 $Ni(OH)_2$ 활물질을 생성시키고 나서 충·방전을 통한 화성공정을 거쳐 전극으로 제조한다.

음극 전극의 경우에는, 아연산화물 분말을 주성분으로 하여 아연금속 분말과 몇 가지 첨가제를 혼합하여 집전체에 도포하는데, 도포하는 방법으로는 건식법으로 해야 전극에서 발생하는 산소의 발생전위를 높일 수 있다. 다음, 내알칼리성을 갖는 금속이 전착도금된 구리 집전체 위에 활성물질과 첨가제가 혼합된 분말을 가압 성형함으로써 전극이 제조된다.

전지의 수명에 영향을 미치는 요인 중의 하나인 분리판은 각종 재질과 구조가 이용되는데, 알칼리에 강한 종이, 유기질다공성박막 등 3중 구조로 이루어져 있다. 수명에 중대한 또 한가지 요인인 전해액은 일반적으로 25~35% 수산화칼륨 용액이나, 여기에 수산화리튬용액을 혼합하여 사용한다.

니켈-아연 전지는 전기자동차용으로서 많은 가능성을 갖고 있다. 아울러 높은 출력과 에너지 밀도, 낮은 가격, 안정성, 원료 및 제조 공정의 무공해성 등 전기자동차용 전지가 갖추어야 할 성능을 갖추고 있으므로 그 수명 특성을 개선할 경우 전지의 가격과 동시에, 그 성능을 비교하면 니켈-금속수소화합물, 나트륨-황 등의 여타 전지들과 경쟁이 가능할 것이다. 결국 니켈-아연 전지의 실용화를 앞당김으로써 가까운 장래에 환경오염 및 에너지고갈 문제를 완전 해결한 전기자동차가 일반화되어 거리를 활주할 수 있을 것이다.

(7) 리튬 이온 캐피시터 전지 (LiC)

(가) 전지의 개요

리튬이온 캐패시터(LIC : Lithium-ion Capacitors)는 전기이중층 캐패시터(EDLC : Electric Double Layer Capacitor)와 리튬이온 2차전지(LIB)의 특징을 겸비하는 하이브리드 캐패시터(Hybrid Capacitors)이며, 고 에너지밀도, 신뢰성, 긴수명, 안전성의 이점에서부터 개발이 활발해지고 있다.

리튬이온 캐패시터란 음극에 리튬 첨가 가능한 탄소계 재료를 이용하고, 양극에는 통상의 전기이중층 콘덴서에 이용되고 있는 활성탄, 혹은 폴리머계 유기 반도체등의 캐패시터 재료를 이용한 하이브리드 캐패시터이다. 음극에 전기적으로 접속된 금속 리튬이, 전해액의 주액과 동시에 국부 전지를 형성해, 음극의 탄소계 재료에 리튬이온으로서 첨가가 시작한다. 첨가가 완료되면 음극의 전위는 대략 리튬의 전위가 되므로, 리튬이온 캐패시터는 충전 전의 초기전압으로서 3V미만의 전압을 가진다. 따라서 통상의 전기이중층 콘덴서와의 충·방전 전위를 비교하면, 양극의 전위를 너무 높게 설정하지 않아도, 고전압을 얻을 수 있어 이것이 결과적으로 신뢰성 향상의 한 요인으로 되고 있다.

❖ Lithium-ion Capacitors

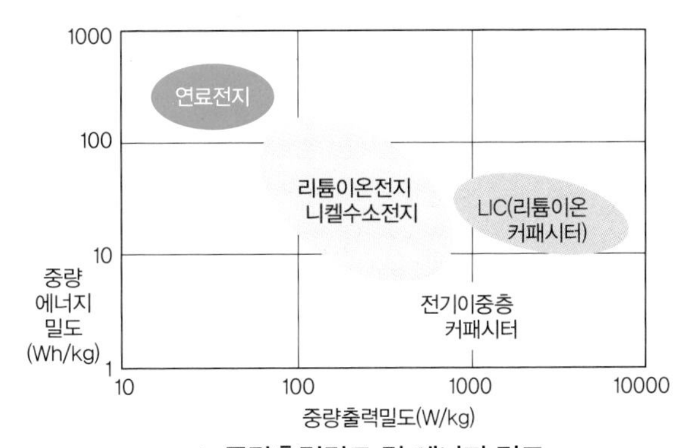

❖ **중량출력밀도 및 에너지 밀도**

출처 : https://www.google.com/search?q=리튬이온+캐패시티

리튬이온 전지는 값이 비싸고, 충·방전 속도(출력밀도)가 충분하지 않으며, 충·방전 반복에 의한 열화가 문제이다. 특히 충전에 시간이 많이 걸리는 문제는 가장 큰 난제이다. 이를 획기적으로 개선할 수 있을 것으로 기대되는 새로운 전지가 최근 급속히 부상하고 있다. 지금까지 무정전 비상전원장치에 사용되어 온 리튬이온 캐패시터이며, 부품기술이나 재료 기술의 발전에 따른 것이다.

리튬이온 캐패시터는 전기이중층 캐패시터라고 하는 축전부품과 리튬이온 2차전지를 조합한 하이브리드 구조의 전지이다. 전기이중층 캐패시터의 정극(+)과 리튬이온 2차전지의 부극(-)을 연결한 것이다.

전기이중층 캐패시터는 전극 표면에 이온이 접근해서 만들어지는 전기 2중층을 캐패시터(콘덴서)로서 이용하는 것이며, 충·방전이 아주 빠르지만(출력 밀도가 높지만), 에너지 밀도는 낮다. 그래서 부극(-)을 치환함으로써 출력밀도와 충·방전 반복 가능횟수를 리튬이온 2차전지에 비해 한 자릿수 이상 개선하고, 에너지 밀도를 전기이중층 캐패시터의 몇 배 이상으로 높여서 리튬이온 전지를 따라잡는다는 것이다.

유망한 전지로는 리튬이온 전지가 있다. 이 리튬이온 전지에 비해 리튬이온 캐패시터는 순간적으로 커다란 에너지를 얻을 수 있기 때문에 순간 전압저하 보상장치 등 산업용 장비에 사용되고 있다.

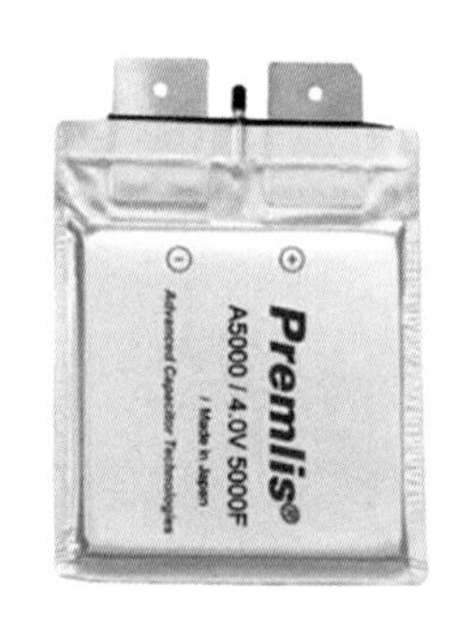

❖ 리튬이온 캐패시터 전지

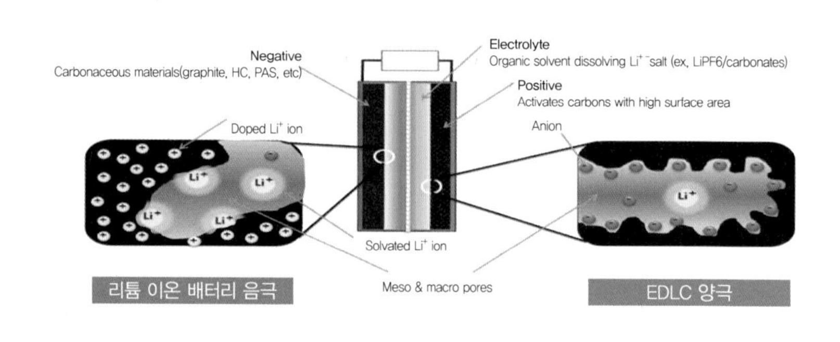

❖ LIC의 구조

출처 : https://www.google.com/search?q=리튬이온캐패시티

(나) 리튬이온 및 리튬이온 캐패시터 전지의 장단점

1) 리튬이온 단점

- 값이 비싸고
- 충·방전 속도(출력밀도)가 충분하지 않으며
- 충·방전 반복에 의한 열화가 문제
- 특히 충전에 시간이 많이 걸리는 문제는 가장 큰 난제
- 충·방전 횟수는 1,000 ~ 2,000번이 한계
- 매일 충·방전을 반복하는 경우 3년 정도면 수명이 끝난다는 계산
- 리튬은 철이나 알루미늄에 비해 채굴량이 많지 않은 희귀금속(희토류금속)에 속한다. 게다가 생산의 대부분을 중국에 의존하고 있으며, 장래에도 안정적으로 확보하는 것이 불안하다.

2) 리튬이온 캐패시터 장점

- 전기이중층 캐패시터라고 하는 축전부품과 리튬이온 2차전지를 조합한 하이브리드 구조의 전지
- 무정전 비상전원장치에 사용
- 100만 ~ 200만 번 충·방전이 가능하므로 수명은 반영구적
- 단자간의 전압으로부터 에너지 잔량을 정확히 측정할 수 있는 이점
- 50센티미터 ~ 1미터의 거리를 송수신 안테나가 상당히 떨어져 있어도 송전할 수 있다

3) 리튬이온 캐패시터 단점

- 캐패시터에는 결정적인 단점이 있는데, 에너지밀도가 낮다는 점
- 1회 충전하고 시속 40킬로미터로 주행하면 10 ~ 20분 정도에 전기에너지가 다 소진된다. 유력한 방법은 "무선급전"이다

(다) LIC의 응용분야

리튬이온 캐패시터는 특징을 살려서 태양광 발전 등의 자연 에너지와 조합으로 생태계 및 장수명화에서 환경 부하 저감으로의 공헌을 기대할 수 있는 장치라고 생각할 수 있다. 또한 박형은 비접촉 충전 등의 급속 간이충전 시스템과 조합 및 자연 에너지충전에 의한 소

형 모바일기기, 통신기기 등에 적용할 수 있다.

응용분야로서는

① 급속 충전, 경량, 저자기 방전의 특징을 살린 민생 기기용 전원

② 미터 통신&검침 System

③ 태양전지, 풍력발전과 조합한 축전 장치(가로등, 소형 LED조명등)

④ 에너지 절약 기기의 보조 전원(복사기 급속가열, 프로젝트 등)

⑤ 자동차 전자 제어 관련(idling-stop devices, drive recorders, brakes-by wire 등) 등에 검토되어 일부 실용화가 시작되고 있다.

(8) 리튬이온 전지(Lithium ion battery)

(가) 전지의 특성

리튬이온 전지(Lithium-ion battery)는 이차 전지의 일종으로서, 방전 과정에서 리튬 이온이 음극에서 양극으로 이동하는 전지이다.

이차전지 시장은 어떤 종류의 차종이 시장을 주도하느냐에 따라 결정된다.

HEV(Hybrid Electric Vehicle): 니켈수소전지, PHEV(Plug In Hybrid Electric Vehicle), EV등 : 리튬이온전지가 대세이며, HEV의 경우는 가솔린 엔진을 주동력원으로 사용하지만 PHEV와 EV는 전기모터를 주동력으로 사용하기 때문에 에너지밀도가 크고 용량이 큰 리튬이온 이차전지가 반드시 사용되어야 한다.

리튬이온 전지 : 휴대용 전자기기

- 많이 사용
- 에너지 밀도가 높고
- 메모리 효과가 없으며,
- 자연방전이 일어나는 정도가 작다.

일반적인 리튬이온 전지는 잘못 사용하게 되면 폭발할 염려가 있지만 무게가 가벼운데다 고용량의 전지를 만드는 데 유리해 휴대폰, 노트북, 디지털 카메라 등에 많이 사용되고 있다. 리튬은 본래 불안정한 원소여서 공기 중의 수분과 급격히 반응해 폭발하기 쉬우며 전해액은 과열에 따른 화재 위험성이 있다. 이런 이유 때문에 리튬이온 전지에는 안전 보호회로(PCM)가 들어가며, 내부를 단단한 플라스틱으로 둘러싸게 된다.

- 양극 : Lithium oxide계(예: $LiCoO_2$)

- 음극 : carbon계(예 : graphite) 사용
- 전해질로 수용액대신 유기용매를 사용한다.

$$LiCoO_2 + Cn \Leftrightarrow Li1 - xCoO_2 + CnLix$$

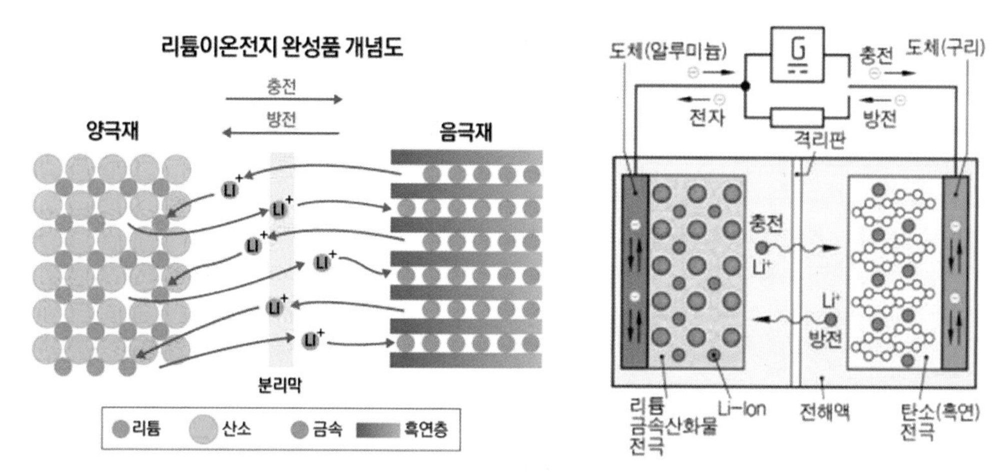

❖ 리튬 이온 전지의 충 · 방전 작용 출처 : https://www.google.com/search?q=리튬이온전지

(나) 전지의 구성도

구성

- 양극 : LiCoO2(리튬 코발트 산화금속)
- 음극 : 흑연화 탄소, 흑연(그라파이트) / 하드카본의 두 가지
  사이클 특성은 하드카본 쪽이 흑연보다 우수
- 전해액 : $LiPF_6$ (리튬염)이 용해된 유기용매

1) 리튬이온전지의 개방전압은 4.2V로 높아, 물은 분해되어버리기 때문에 수용액 전해액을 사용할 수가 없다.
   - 유기용매계 전해액은 수용액계와 비교하여 이온전도율이 낮은 결점
   - 가연성이기 때문에 안전성에 대하여 특별한 관리 필요
   - 전해액 : $LiPF_6$ (리튬염)이 용해된 유기용매

2) 전해액의 구비조건
   - 이온전도율이 높을 것, 이를 위하여 가급적 많은 리튬이온을 해리할 수 있고, 안정적으로 존재할 수 있을 것.
   - 넓은 전위창을 가질 것. 즉 넓은 전위범위에서 안정할 것.

- 양극과 음극물질과 반응하지 않을 것.

3) 유기전해액을 폴리머의 가소제로 사용 ➜ 폴리머 겔 전해질
   - 전해액을 고체로 취급하기 때문에 전해액의 누설 문제로부터 해방될 수 있는 커다란 장점

4) 소형전지에서 겔 전해질을 사용할 경우
   - 전지의 외장을 금속 켄이 아닌 고분자필름을 사용할 수 있기 때문에 전지의 경량화에 유리

5) 폴리머 젤 전해질
   - 고체이기 때문에 이온전도율은 유기용매보다 낮음
   - 이를 극복하기 위해 어느 정도 높은 온도에서 사용

• 리튬, 고온 · 공기 접촉하면 발화 / 과충전 · 심한 충격 피해야 안전

휴대폰 전지의 대부분은 각형의 리튬이온전지 또는 리튬이온폴리머 전지를 사용하고 있다. 리튬은 지구상에 존재하는 어떤 원소보다 '전위차'가 커 높은 효율의 충·방전을 가능하게 하기 때문에 최상의 전지 물질로 알려져 있다. 하지만 리튬은 폭발이나 화재의 위험이 큰 물질이기도 하다.

• 리튬이온폴리머 – 젤 형태의 전해질, 특수필름 재질로 위험성 적어

리튬이온폴리머 전지의 내부 구조는 리튬이온 전지와 유사하다. 다만 리튬이온전지의 액체의 전해액 대신에 말랑말랑한 젤 형태의 전해물질(폴리머 전해질)을 사용하며, 리튬이온전지의 외부금속 캔 대신에 플라스틱 필름재질의 파우치로 싸여있다는 것이 큰 차이이다. 리튬이온폴리머 전지는 금속 캔 대신 내부 압력에 잘 찢어지는 특수필름 재질로 되어 있으며, 전해질이 젤 형태여서 외부로 잘 흘러나오지 않기 때문에 폭발할 가능성이 거의 없어 안전하다.

(다) 리튬 이온 전지 구조

- 안전벤트(safety vent) : 가혹한 조건하에서 내부압 방출
- CID(Current Interrupt Device) : 외부 단락에 의한 급격한 전류를 정상적인 방전 전류로 낮추어주는 역할을 한다.

(라) 리튬 – 이온전지의 특성

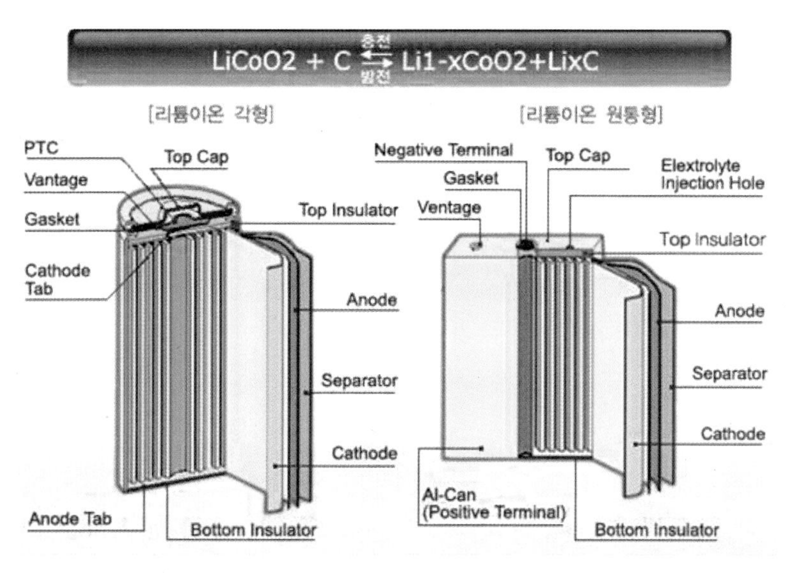

❖ **리튬이온 각형, 원통형 구조**
출처 : https://www.google.com/search?q=리튬이온전지

구분	특성
고에너지 밀도	리튬이온 전지는 같은 용량의 니카드(Ni-Cd:니켈카드늄), 혹은 니켈수소 전지에 비해 질량이 절반에 지나지 않는다. 부피는 니카드 전지에 비해 40~50% 작을 뿐 아니라 니켈수소 전지에 비해서도 20~30% 작다.
고전압	하나의 리튬이온 전지의 평균 전압은 3.7V로서 니카드나 니켈수소 전지 3개를 직렬로 연결해 놓은 것과 같은 전압이다.
고출력	리튬이온 전지는 1.5CmA까지 연속적으로 방전이 가능하다. (1CmA란 전지의 용량을 1시간 동안 모두 충전 또는 방전하는 전류를 말한다)
무공해	리튬이온 전지는 카드뮴, 납 또는 수은과 같은 오염물질을 사용하지 않는다.
금속 리튬 아님	리튬이온 전지는 리튬 금속을 사용하지 않아 더욱 안전하다.
우수한 수명	정상적인 조건하에서 리튬이온 전지는 500회 이상의 충전 / 방전 수명을 지닌다.
메모리 효과 없음	리튬이온 전지에는 메모리 효과가 없다. 반면에 니카드 전지는 불완전한 충전과 방전이 반복적으로 이루어질 때 전지의 용량이 감소하는 메모리 효과를 보인다.
고속 충전	리튬이온 전지는 정전류/정전압(CC/CV) 방식의 전용 충전기를 이용하여 4.2V의 전압으로 1~2시간 안에 완전하게 충전할 수 있다.

(마) 리튬이온전지의 역사

리튬이온 전지는 빙엄턴 대학의 위팅엄 교수와 엑슨 사(社)에 의해 1970년대에 처음 제안되었다. 위팅엄 교수는 이황화티탄을 양극으로, 금속 리튬을 음극으로 사용하였다. 이후 1980년에 야자미(Rachid Yazami)를 필두로 하는 그르노블 공과대학(INPG)과 프랑스 국립 과학 연구센터의 연구진에 의해 흑연 내에 삽입된 리튬 원소의 전기화학적 성질이 밝혀졌다. 그들은 리튬과 폴리머 전해질, 흑연으로 이루어진 반쪽 전지 구조에 대한 실험을 통하여 흑연에 리튬 원소가 가역적으로 삽입됨을 밝혀냈고, 1982년과 1983년에 해당 연구 내용이 출판되었다. 이 연구는 리튬의 흑연 내 가역적 삽입에 관해 열역학적인 내용과 이온 확산에 관련된 동역학적인 내용을 모두 포함하고 있다.

기존의 리튬 전지는 음극이 금속 리튬으로 이루어져 있었고, 그 때문에 안전성이 낮았다. 따라서 리튬이온 전지는 금속의 리튬 덩어리가 아니라 리튬 이온을 포함하는 물질을 음극과 양극으로 사용하는 방향으로 개발되었다. 1981년 벨 연구소에서는 리튬 전지에 금속 리튬 대신 사용 가능한 흑연 음극을 개발하여 특허를 획득하였다. 그 후 굿이너프(John B. Goodenough)가 이끄는 연구팀이 새로운 양극을 개발함으로써 비로소 1991년 소니에 의해 최초의 상업적 리튬이온 전지가 출시되었다. 당시의 전지는 층상 구조의 산화물(리튬코발트산화물)을 이용하였으며, 당시 가전제품 분야에 혁명을 일으켰다.

1983년 새커리와 굿이너프, 그리고 그 협력자들이 망간으로 이루어진 스피넬을 양극 물질로 사용할 수 있음을 발견하였다. 스피넬은 가격이 싸고 전기전도도와 리튬 이온 전도도가 우수하며 구조적으로 안정적이기 때문에 매우 각광 받았다. 비록 순수한 망간으로 이루어진 스피넬은 반복되는 사용으로 인해 성능이 저하되지만, 이러한 점은 스피넬을 구성하는 화학 원소에 변화를 줌으로써 해결할 수 있다. 망간 스피넬은 오늘날 상업적인 리튬이온 전지들에 사용되고 있다.

(바) 리튬 - 이온전지의 특징

리튬이온전지는 중량 에너지밀도가 크기 때문에 차량 총 중량을 가급적 가볍게 하기를 바라는 전기자동차용 전원에 적합하다.

리튬이온 이차전지의 커다란 특징 : 충·방전 효율이 높고, 에너지의 효율적인 이용이 가능한 점 과 전지시스템을 사용한 경우와 비교하여 리튬이온 이차전지를 사용하면 종합적인 에너지효율이 높아진다.

1) 메모리 효과

- 니켈-카드뮴이차전지나 니켈-수소 이차전지용의 충전기에서는 충전 전에 전지가 완전히 방전되도록 강제 방전회로(refresh회로)를 장착
- 리튬이온 이차전지는 이 메모리 효과가 전혀 존재하지 않아 이러한 불필요한 충전방법은 필요로 하지 않는다.

2) 리튬이온 이차전지의 특징

ⓐ 높은 동작 전압

- 전지 하나당 평균 동작전압이 3.6~3.8V (충전전압은 4.2V)
- 니켈-카드뮴 전지나 Ni-MH 전지의 약 3배인 고전압

ⓑ 작고 가볍고 긴 수명

- 다른 2차전지들과 비교했을 때 경량이면서 수명이 긴 전지

ⓒ 작은 자기 방전

- 리튬 이차전지의 자기방전은 10%/월 이하로, 니켈 카드뮴 전지나 Ni-MH 전지의 절반 이하로 우수

ⓓ 우수한 충·방전 사이클

- 500회 이상의 충·방전 반복이 가능

ⓔ 메모리 효과가 적다

- 리튬 이차전지의 경우는 다른 전지들에 비해 메모리 효과가 적다. 비싼 가격에도 불구하고 전기자동차의 배터리로 사용
- 리튬 이차전지의 성능은 전기자동차의 생존과 직결된다고 볼 수 있기 때문에 그 중요성이 갈수록 커지고 있다.

(9) 리튬 폴리머 전지

리튬폴리머 전지 : 액체 전해질형 리튬이온 전지의 단점해결

- 안전성 문제
- 제조비용의 고가
- 대형 전지제조의 어려움
- 고용량화의 어려움 등의 문제를 해결

(가) 리튬 폴리머 전지의 개요

전해액을 고분자물질로 대체하여 안정성을 높인 것은 전해질이 고체이기 때문에 전해질의 누수염려가 없어 안전성이 확보, 용도에 따라 다양한 크기와 모양으로 전지 팩을 제조하여 전지와 전지 사이에 전지용량과 무관한 쓸데없는 공간이 생기는 문제를 해결함으로써 에너지밀도가 높은 전지를 제조할 수 있다. 또한 자기방전율 문제, 환경오염문제, 메모리효과 문제가 거의 없는 차세대 전지라 할 수 있으며 전지제조공정이 리튬이온 전지에 비하여 비교적 용이할 것으로 예상되어 대량생산 및 대형전지 제조가 가능하다.

전지제조비용의 저렴화 및 전기자동차 전지로의 활용 가능성 높음

리튬폴리머 전지가 기술적으로 실현 가능하게 하기 위해서는 아래와 같은 문제가 선결되어야 한다.

- 전기화학적으로 안정해야 함.
  (과충방전에 견디기 위해 넓은 전압범위에서 안정)
- 전기전도도가 높아야 함. (상온에서 1 mS/cm 이상)
- 전극물질이나 전지내의 다른 조성들과 화학적, 전기화학적 호환성이 요구됨.
- 열안정성이 우수하여야 함.

(+)극과 (-)극 사이에 무엇이 있을까?

리튬이온 전지는 액체로 된 전해액이 들어 있다. 이 전해액은 유기성인데 휘발유보다 잘 타는 물질이다. 그래서 폭발의 위험이 있다. 리튬폴리머는 바로 이점을 개선한 것이다. 전해액 대신에 고분자물질로 채워서 안정성을 높인 것이다. 리튬 이온 중합체 전지(리튬이온 폴리머전지, 폴리머전지)는 중합체(폴리머)를 사용한 리튬이온전지이다.

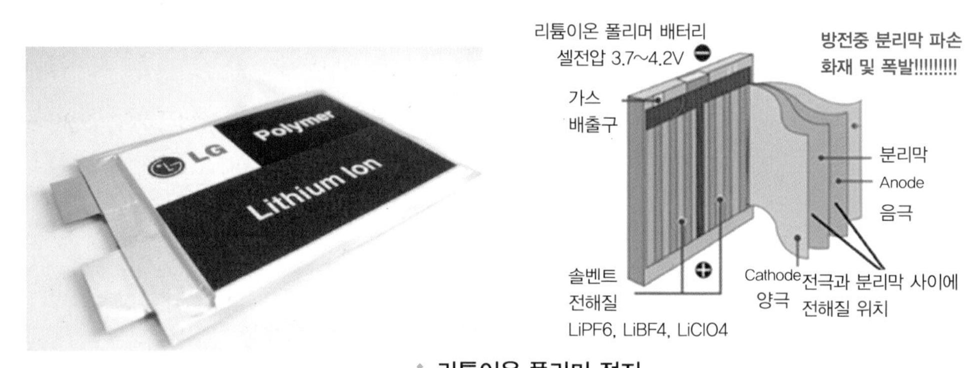

❖ 리튬이온 폴리머 전지
출처https://www.google.com/search?q=리튬이온폴리머배터리

폴리머 전지는 폴리머를 전해질로 사용한 것이며 고체나 젤 상태의 중합체를 전해질로 사용하기 때문에 안정성이 높고 무게도 가벼우며 제조과정도 간단하여 컴퓨터를 비롯한 핸드폰 등에서 주로 사용되고 있다. 앞으로 그 사용영역이 더욱 확장될 것으로 보인다.

리튬폴리머 전지는 리튬이온 전지와 동작원리는 같으나 전해액에 유기 용매와 겔상의 고분자를 사용하는 것으로 누액의 위험이 적고, 안전성이 뛰어나며 필름 형태의 재료를 중첩시켜 구성하므로 형상의 자유도가 높아 다양한 모양이 가능하다. 반면에 리튬이온 전지에 비해 체적에너지 밀도가 떨어지며 제조공정이 비교적 복잡하여 아직까지 가격이 높다.

현재 휴대기기용(디지털 카메라 등)으로 사용되고 있는 폴리머 전지는 교질화(겔화)한 것으로, 본질적으로는 리튬이온 전지와 큰 차이가 없다. 하지만 전해질이 준고체상태이기 때문에, 용액이 잘 새어나오지 않는다는 장점이 있다.

다른 방식의 2차전지에 비해 상당히 가볍고, 메모리 효과도 매우 적다. 모양도 비교적 자유롭게 만들 수 있기 때문에 이용이 증가하고 있다. 애플의 노트북인 맥북, 맥북프로에서 사용되기도 한다.

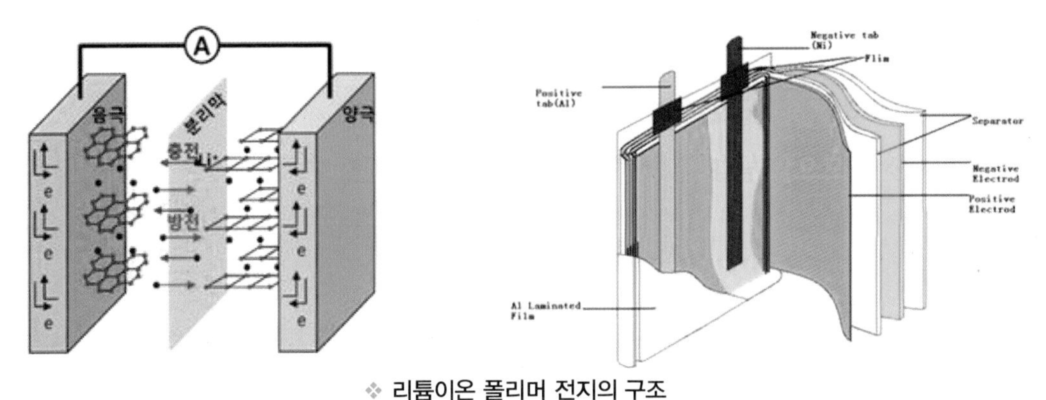

❖ 리튬이온 폴리머 전지의 구조

출처 https://www.google.com/search?q=리튬이온폴리머배터리

(나) 전기 화학적 원리

음극과 양극의 활물질(active material)이 리튬이온 전지와 유사하기 때문에 전기화학적 원리는 같다.

- 전지작동에 의한 전극의 변화는 없기 때문에 안정적인 충·방전이 가능하다.

Anode: $LiCoO_2(s) = LI_{1-n}CoO_2(s) + ne^-$

Cathode: $C(s) + nLi^+ + ne^- = CLi_x$

$LiCoO_2(s) + C(s) = LI_{1-n}CoO_2(s) + CLi_x$

(다) 고분자 분리막

고분자 분리막은 리튬의 결정성장에 의한 양 전극의 단락을 방지함과 동시에 리튬이온 이동의 통로를 제공하는 역할을 한다. 고분자 전해질의 이온전도도는 과거 상온에서 2.1× 10^{-3}S/cm에서 최근 2.29×10^{-3}S/cm 정도로 향상되고 있으나 실용화하기 위한 값인 3.0 ×10^{-3}S/cm에는 못 미치고 있다. 이를 개선하기 위해 전해액을 고분자에 함침된 상태에서 전지를 구동하는 겔형 리튬폴리머 전지의 개발에 주력하는 추세이다.

겔형 고분자 전해질의 장점은 향상된 이온전도도 외에 우수한 전극과의 접합성, 기계적 물성, 그리고 제조의 용이함 등을 들 수 있다.

전해질에 의한 전지의 구분은 다음과 같다.

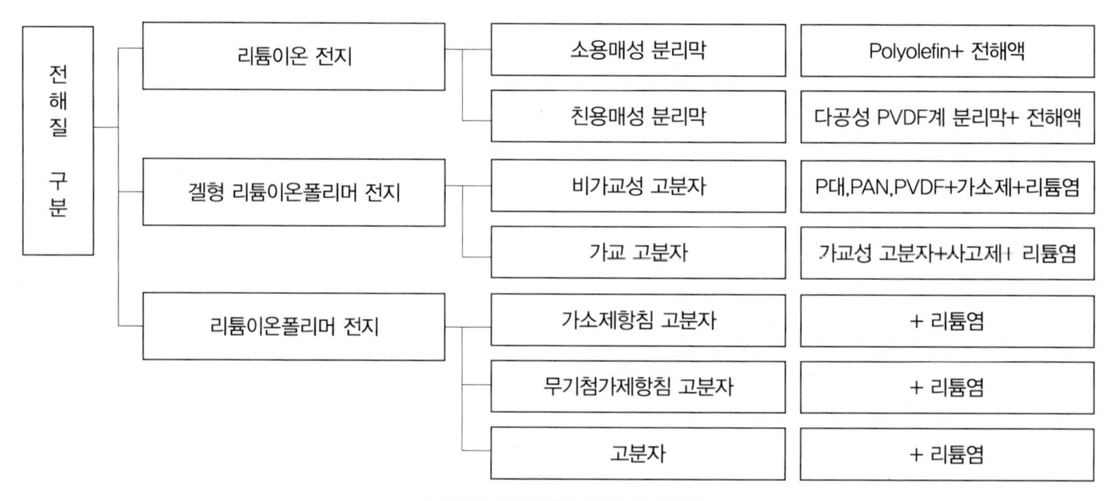

❖ 전해질에 의한 전지의 구분

(라) 리튬폴리머 전지의 종류

리튬폴리머 전지는 기존 리튬이온 전지의 양극, 전해액, 음극 중 하나에 폴리머 성분을 이용한 것을 말하며 아래의 4종류가 있다.

- 폴리머 전해질 전지 진성 폴리머 전해질 전지
- 폴리머 전해질 전지 겔 폴리머 전해질 전지
- 폴리머 양극 전지 도전성 고분자 양극 전지
- 폴리머 양극 전지 황산 폴리머계 양극 전지

양산되는 폴리머 전지는 B. 겔(GEL) 폴리머 전해질 전지/ 두 종류로 분류

- 가교 폴리머형(진정한 의미의 폴리머전지. 고온에서도 안정된 겔 구조 유지 가능)
- 비가교 폴리머형(폴리머사이의 결합이 물리적인 얽힘이거나 약한 수소 결합으로 겔 구조가 붕괴되기 쉬움)
- 가교 폴리머형는 곤약에 비유 : 끓은 물에 넣어도 아무런 반응도 하지 않고 겔 구조를 유지
- 비가교형 폴리머는 한천에 비유 : 상온에서는 견고한 겔이지만 80℃ 이상에서는 녹아버린다. / 고온에 쉽게 부풀거나 하는 것이 이런 특성때문 리튬 폴리머 전지의 공통적인 특징은 얇은 외장재에 있다.

실제로 폴리머가 들어가서 내부물질의 무게는 기존의 리튬이온 전지보다 무겁지만 외장재가 월등히 가벼워서 전체적으로 더 가볍다. 그러나 실제 용량은 리튬이온 보다 훨씬 떨어진다. 리튬이온 전지는 부피당 에너지 밀도가 300~350mAh/L, 폴리머전지는 250~300mAh/L 이다(에너지밀도 낮다). 같은 외형크기-부피일 때 리튬이온이 훨씬 오래 쓸 수 있다. 그 이유는 폴리머 전지에 첨가된 폴리머 전해질의 이온전도도가 액체 전해질보다 훨씬 낮고 반응성이 떨어지기 때문이다.

폴리머전지는 온도가 낮아지면 반응성이 더 나빠져서 전지로서의 기능을 발휘하지 못한다. 반대로 고온에서는 리튬이온 전지에 쓰인 액체 전해질의 이온전도도가 폴리머 전해질보다 높기 때문에 반응속도가 빨라져 폴리머 전지가 조금 더 안전하다. 고온에서는(90℃이상) 어떤 전지든 내부 단락 현상이 일어나는데

- 폴리머전지는 외장재가 약해 보다 일찍 옆구리가 터져 피식하고 새는 식으로 폭발
- 리튬이온 전지는 외장재가 두꺼워 견딜 수 있는 압력까지 견디다 보다 크게 폭발할 위험이 있다.

(마) 리튬폴리머 전지의 특성

[리튬이온 전지와 리튬폴리머 전지와의 차이점]

1) 구조상의 특징에서 판상 구조이기 때문에 리튬이온전지의 공정에서 나오는 구불구불한 작업이 필요 없으며, 각형의 구조에 매우 알맞은 형태를 얻을 수 있다.
2) 전해액이 모두 일체화된 셀 내부에 주입되어 있기 때문에 외부에 노출되는 전해액은 존재하지 않는다.

3) 자체가 판상 구조로 되어 있기 때문에 각형을 만들 때 압력이 필요 없다. 그래서 캔(can)을 사용한 것 보다 팩을 사용하는 것이 용이 하다.

리튬폴리머 전지의 장단점

단 점	장 점
리튬이온보다 용량이 작다	리튬이온보다 안전하다
리튬이온보다 수명이 짧다	리튬이온보다 가볍다.

* 리튬이온 전지는 액체로 된 전해액으로 유기성, 휘발유보다 더 잘 타는 물질을 사용. 그래서 폭발의 위험이 있다. (이것을 가슴에 품고 다니고 있음) 전지 뒤에 안전관련 문장이 있다.
* 리튬폴리머 전지는 이점을 개선한다. 전해액 대신에 고분자물질로 채워서 안정성을 높이다.

리튬폴리머 전지의 특징

특징	비 고
초경량. 고에너지 밀도	무게 당 에너지 밀도가 기존전지에 비해 월등하여 초경량 전지를 구현
안전성	고분자 전해질을 사용하여 Hard Case가 별도로 필요치 않아 1mm이하의 초 Slim 전지를 만들 수 있으며 어떠한 크기 및 모양도 가능한 유연성
고출력 전압	셀 당 평균 전압은 3.6V로 니카드전지나 니켈수소전지의 평균전압이 1.2V이므로 3배의 Compact 효과
낮은 자가 방전율	자가방전율은 20℃에서 한달에 약 5%미만 니카드전지나 니켈수소전지 대비 약 1/3 수준
환경 친화적 Battery	카드뮴이나 수은 같은 환경을 오염시키는 중금속을 사용하지 않음
긴수명	정상적인 상태에서 1000회 이상의 충·방전을 거듭할 수 있음

종류	장점	단점
리튬이온 전지	· 고용량/ 고에너지밀도 · 좋은 저온 성능 · 외장재의 견고함-기계적 충격 등에 강하다.	· 폴리머전지보다 무겁다. · 금속 외장재의 특성상 일반적으로 4~5mm 이하의 박형 얇은 전지와 광면적 전지를 제조하기가 어렵다
리튬폴리머 전지	· 고온에서의 안전성. · 얇은 외장재에 따른 무게의 경량화	· 얇은 외장재 – 기계적 충격에 약한다. · 저온에서 성능저하 · 용량/에너지 밀도가 매우 낮다

(바) 리튬폴리머 전지의 이용분야

- 휴대용 전자기기인 핸드폰, hand held PC, 스마트 카드 등
- 향후 고출력 전지로 설계하여 전기 자전거, 전기자동차용으로 응용 개발
- 산업-군사용 MAV(micro air vehicle), 의료처치용 분야에서 마이크로 수술 시스템과 진단시스템,
- 초미세 자동 투약 시스템과 같은 마이크로 로보틱스 분야

(사) 리튬폴리머 전지의 개선점

리튬폴리머 전지는 전지 제조공정이 리튬이온전지에 비하여 비교적 용이할 것으로 예상되어 대량생산 및 대형전지 제조가 가능할 것으로 보이므로 전지제조비용의 저렴화 및 전기자동차 전지로의 활용 가능성이 매우 높은 전지라 할 수 있다.

리튬폴리머 전지가 기술적으로 완벽한 실현이 가능하려면 아래와 같은 문제가 선결되어야 한다.

1) 과 충·방전에 견디기 위해 넓은 전압 범위에서 안정해야 한다.

2) 전지전도도가 높아야 한다.

3) 전극물질이나 전지내의 다른 조성들과 화학적, 전기화학적 호환성이 요구된다.

4) 열 안정성이 우수해야 한다.(특히 리튬전극과 접촉할 때 중요)

전 고체형 전지에서 기계적 성질은 가끔 무시되어지나 역시 중요한 인자이다. 이러한 것은 실험실 수준에서 양산 수준으로 이전될 때 더욱 중요하다. 또한 원재료는 쉽고 값싸게 구입할 수 있어야 한다.

근래 대부분의 연구는 상온에서 높은 이온전도도를 나타내는 고체 고분자 전해질의 개발에 초점이 맞추어져 있으며, 겔-고분자전해질 및 Hybrid 고분자전해질의 개발로 이것이 실현화되었다.

(아) 리튬폴리머 전지의 향후 연구개발 방향

Hybrid 고분자 전해질과 젤-고분자 전해질을 이용한 리튬폴리머 전지가 상용화 단계에 와 있으나 이러한 전지시스템은 전해질로 액체 전해질과 고체고분자 전해질의 중간형태를 사용하는 것으로 진정한 의미의 전 고체형 전지가 아니라는 것이다.

따라서 앞으로는 복합 고분자형태의 고체고분자 전해질에 대한 연구가 많이 이루어질 것

으로 전망되는데, 예를 들면 “고분자-합금”개념의 고체고분자 전해질이다.

“고분자-합금” 개념은 각 성분들이 서로 화학적으로 작용하는 다성분계 고분자를 의미하는 것으로 이러한 상호작용은 상분리 및 결정화가 일어나지 않도록 충분히 강하여야 한다.

더구나 고분자합금은 고 이온전도도를 유지하면서 전해질 내에 있는 이온종들의 이동도를 더 잘 조절할 가능성이 있다. 이외에도 고분자 전해질의 제조공정 및 전지 제조 공정상에서 더욱 많은 진전이 요구되며, 이와 아울러 계면 특성에 대한 보다 체계적인 연구가 이루어져야 할 것으로 사료된다.

연구수행 방법론적으로 보면 리튬폴리머전지 개발에 있어서는 전기화학, 화학, 화공, 고분자, 재료, 금속 등 다방면의 전문가가 요구되는 분야로 국가 차원의 집중적 지원이 지속적으로 이루어져야 할 것이다.

05 고전압 배터리 관리 요소

1. 개요

고전압 배터리 컨트롤 시스템은 컨트롤 모듈인 BMU, 파워 릴레이 어셈블리(PRA ; Power Relay Assembly)로 구성되어 있으며, 고전압 배터리의 SOC(State Of Charge), 출력, 고장 진단, 배터리 셀밸런싱(Cell Balancing), 시스템 냉각, 전원 공급 및 차단을 제어한다.

파워 릴레이 어셈블리는 메인 릴레이(+, -), 프리차지 릴레이, 프리차지 레지스터, 배터리 전류 센서, 고전압 배터리 히터 릴레이로 구성되어 있으며, 부스바(Busbar)를 통해서 배터리 팩과 연결되어 있다.

SOC(배터리 충전율)는 배터리의 사용 가능한 에너지를 표시한다.

SOC = 방전 가능한 전류량 ÷ 배터리 정격 용량 × 100%

2. 주요기능

셀 모니터링 유닛(CMU; Cell Monitoring Unit)은 각 고전압 배터리 모듈의 측면에 장착되어 있으며, 각 고전압 배터리 모듈의 온도, 전압, 화학적 상태(VDP, Voronoi-irichlet partitioning)를 측정하여 BMU(Battery Management Unit)에 전달하는 기능을 한다.

3. 구조

(1) 리튬이온 폴리머(Lithium Polymer) 고전압 배터리 팩 어셈블리

1) **셀** : 전기적 에너지를 화학적 에너지로 변환하여 저장하거나 화학적 에너지를 전기적 에너지로 전환하는 장치의 최소 구성단위
2) **모듈** : 직렬 연결된 다수의 셀을 총칭하는 단위
3) **팩** : 직렬 연결된 다수의 모듈을 총칭하는 단위

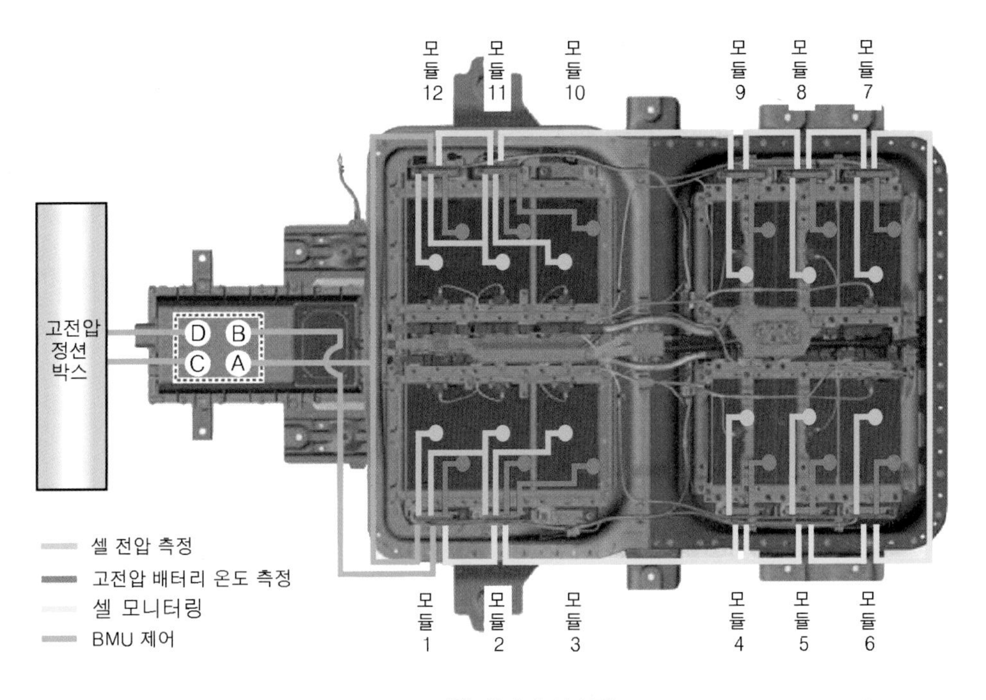

❖ **고전압 배터리 시스템**

출처 : ㈜ 골든벨(2021), [전기자동차매뉴얼 이론&실무]

(2) 고전압 배터리 팩 어셈블리의 기능

1) 전기 모터에 직류 360V의 고전압 전기 에너지를 공급한다.

2) 회생 제동 시 발생된 전기 에너지를 저장한다.

3) 급속 충전 또는 완속 충전 시 전기 에너지를 저장한다.

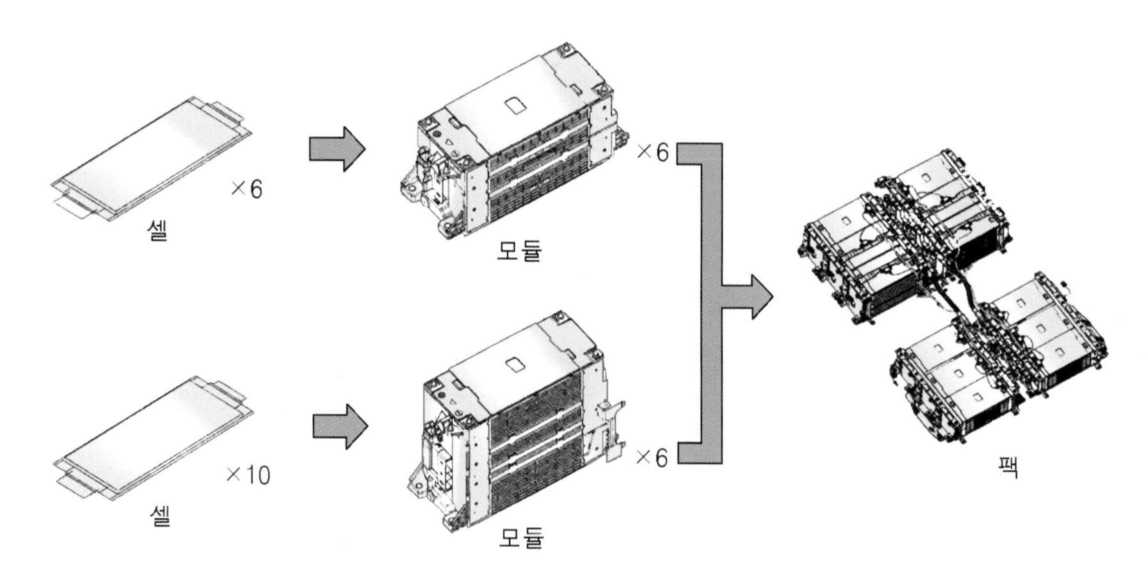

❖ **고전압 배터리팩 구성**

출처 : ㈜ 골든벨(2021), [전기자동차매뉴얼 이론&실무]

4. BMU 입·출력 요소

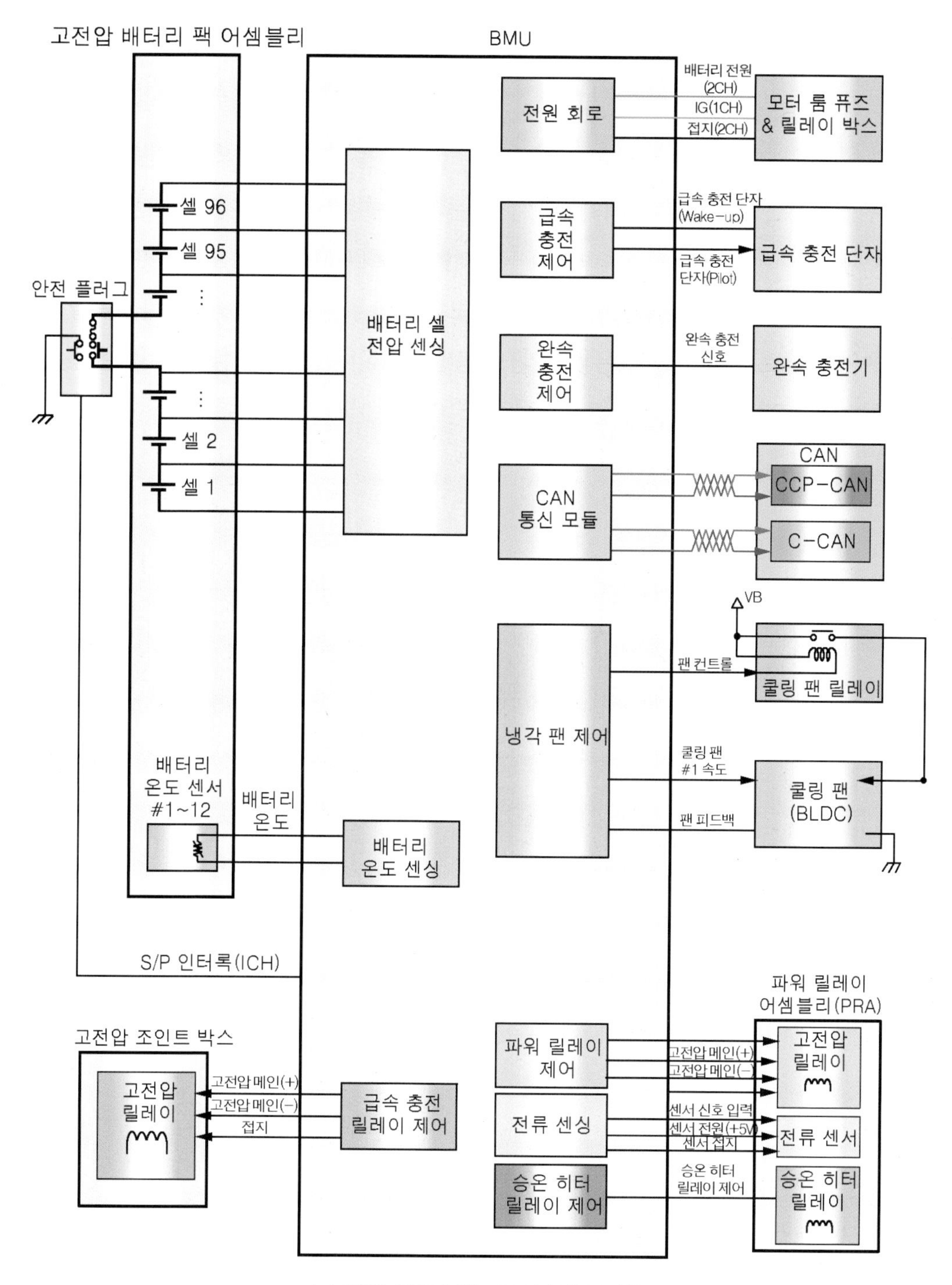

❖ **고전압 배터리 컨트롤 시스템 등가회로**

출처 : ㈜ 골든벨(2021), [전기자동차매뉴얼 이론&실무]

5. 고전압 배터리 컨트롤 시스템의 주요 기능

(1) 배터리 충전율(SOC) 제어

- 전압·전류·온도 측정을 통해 SOC를 계산하여 적정 SOC 영역으로 제어함 배터리 출력 제어
- 시스템 상태에 따른 입·출력 에너지 값을 산출하여 배터리 보호, 가용 파워예측, 과충전·과방전 방지, 내구 확보 및 충·방전 에너지를 극대화함

(2) 파워 릴레이 제어

- IG ON·OFF 시, 고전압 배터리와 관련 시스템으로의 전원 공급 및 차단 고전압 시스템 고장으로 인한 안전사고 방지

(3) 냉각 제어

- 쿨링팬 제어를 통한 최적의 배터리 동작 온도 유지 (배터리 최대 온도 및 모듈간 온도 편차량에 따라 팬 속도를 가변 제어함)

(4) 고장 진단

- 시스템 고장 진단, 데이터 모니터링 및 소프트웨어 관리 및 페일-세이프(Fail-Safe) 레벨을 분류하여 출력 제한치를 규정 하고 릴레이 제어를 통하여 관련 시스템 제어 이상 및 열화에 의한 배터리 관련 안전사고 방지한다.

6. 고전압 배터리 컨트롤 시스템의 주요 구성

(1) 안전 플러그

1) 개요

안전 플러그는 리어시트 하단에 장착되어 있으며, 기계적인 분리를 통하여 고전압 배터리 내부의 회로 연결을 차단하는 장치이다. 구성부품으로는 메인퓨즈, 인터록스위치, 안전스위치(플러그) 등이 있다.

안전 플러그
출처 : ㈜ 골든벨(2021), [전기자동차매뉴얼 이론&실무]

2) 회로 구성

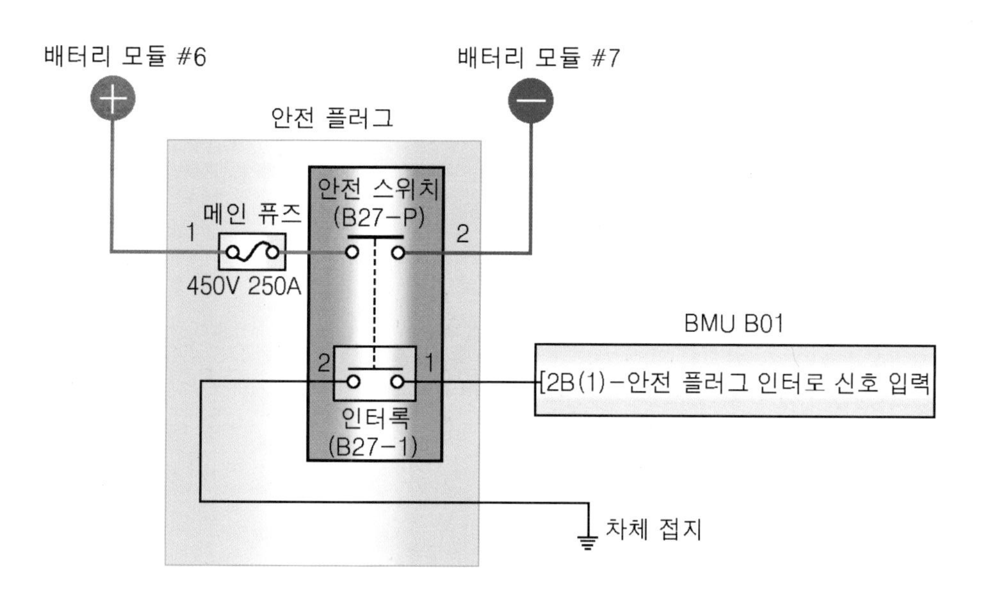

❖ **안전 플러그 회로도**
출처 : ㈜ 골든벨(2021), [전기자동차매뉴얼 이론&실무]

(2) 고전압 배터리 모듈

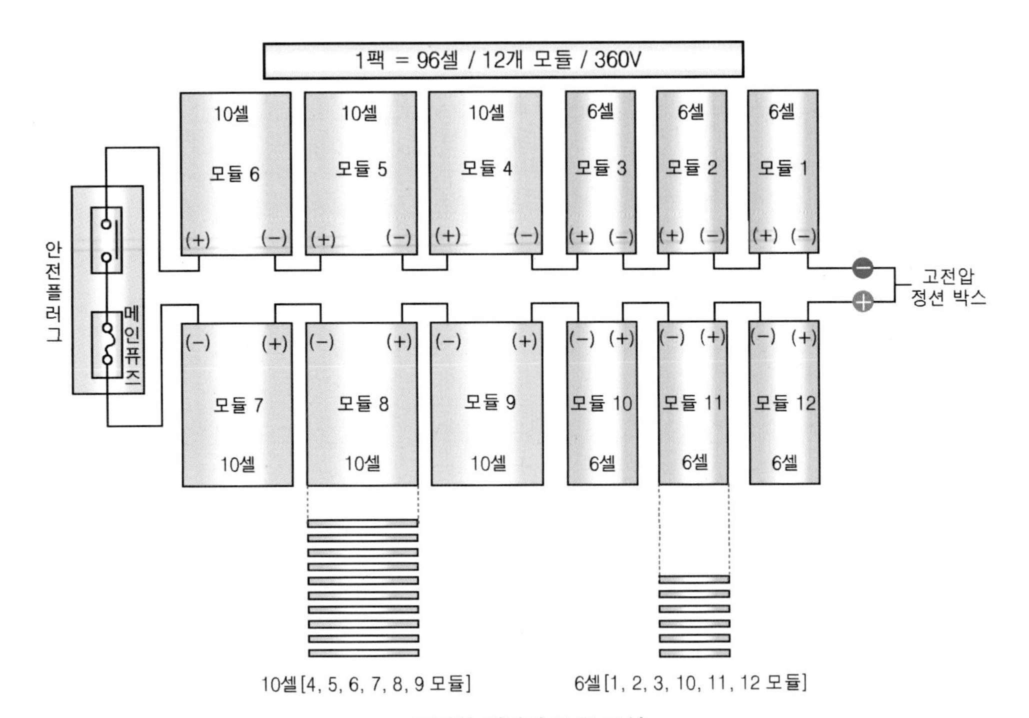

❖ **고전압 배터리 모듈 구성**

출처 : ㈜ 골든벨(2021), [전기자동차매뉴얼 이론&실무]

(가) 배터리 모듈 번호

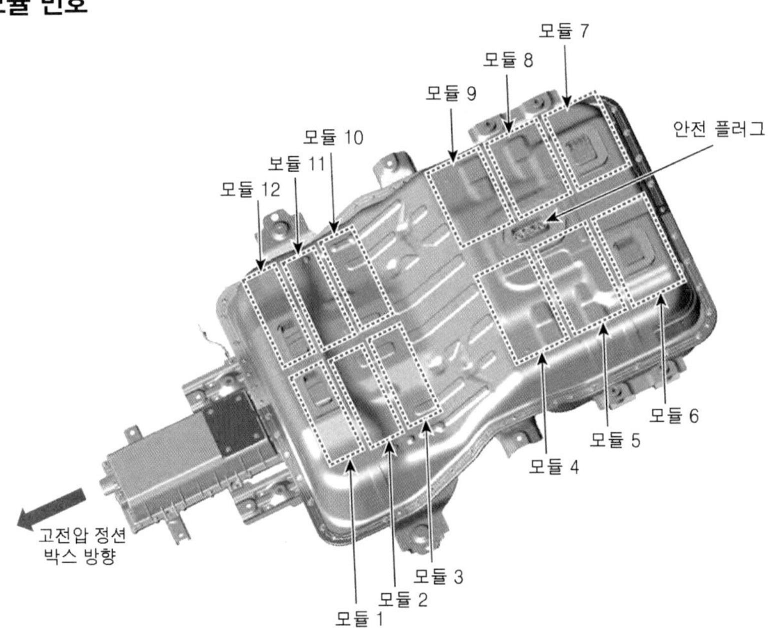

❖ **고전압 배터리 장착 위치별 모듈번호**

출처 : ㈜ 골든벨(2021), [전기자동차매뉴얼 이론&실무]

(나) 고전압 배터리 시스템별 위치

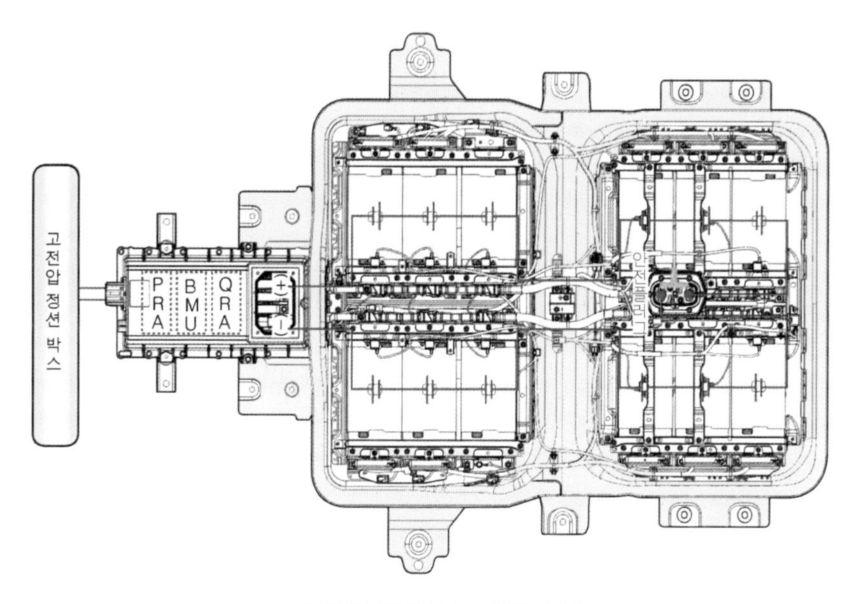

❖ **고전압 배터리 시스템별 위치**

출처 : ㈜ 골든벨(2021), [전기자동차매뉴얼 이론&실무]

(다) 고전압 배터리 컨트롤 시스템 구성품

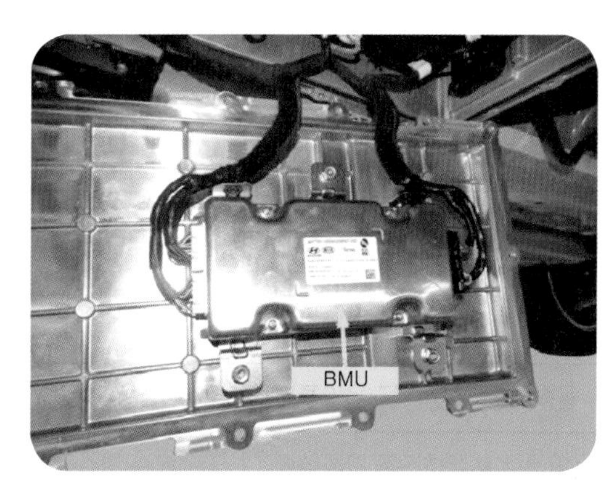

❖ BMU

❖ **안전 플러그**

출처 : ㈜ 골든벨(2021), [전기자동차매뉴얼 이론&실무]

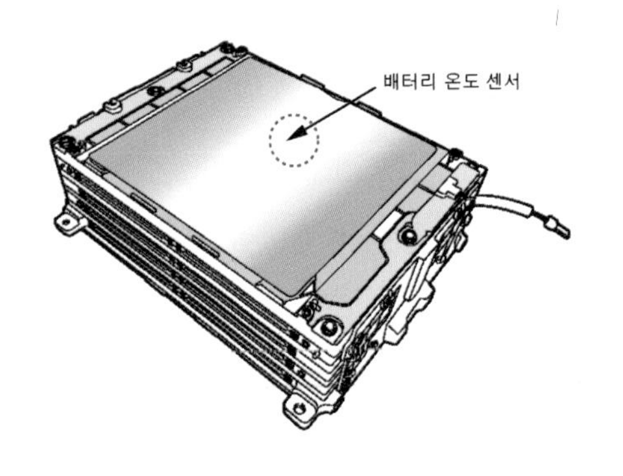

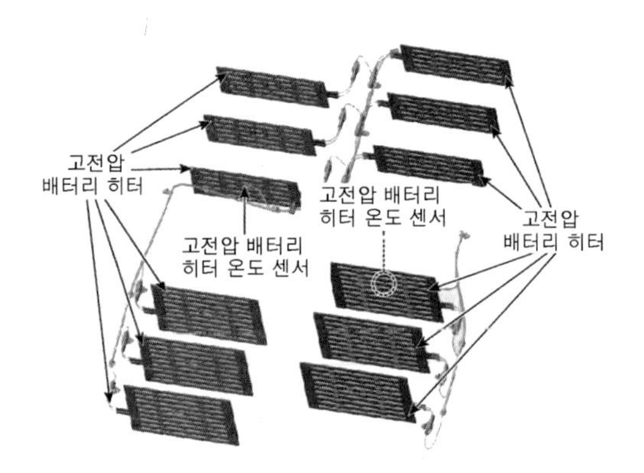

❖ 고전압 배터리 온도 센서

❖ 고전압 배터리 히터 및 온도 센서

출처 : ㈜ 골든벨(2021), [전기자동차매뉴얼 이론&실무]

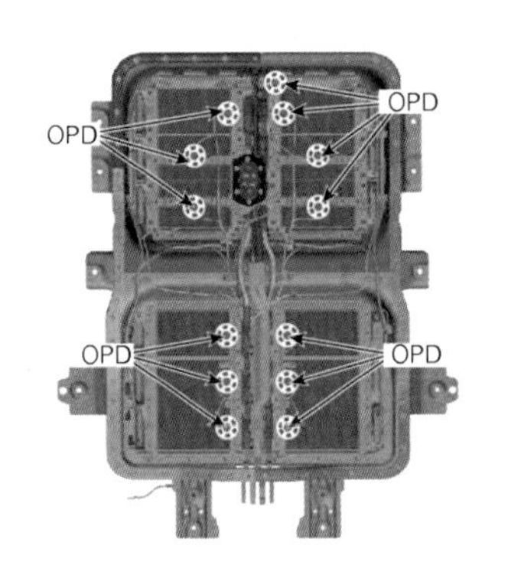

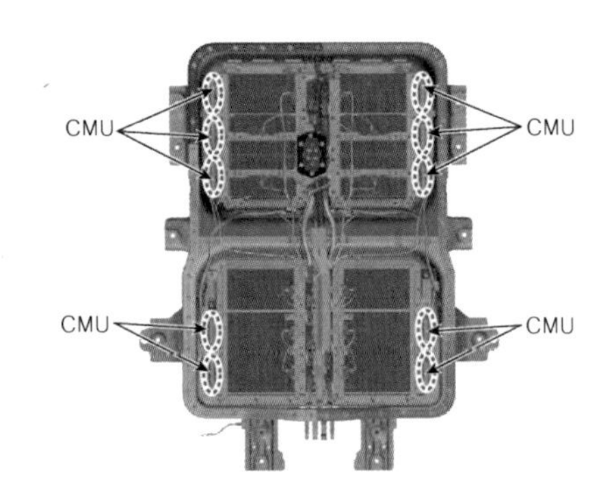

❖ 고전압 차단 릴레이

❖ 배터리 셀 모니터링 유닛

출처 : ㈜ 골든벨(2021), [전기자동차매뉴얼 이론&실무]

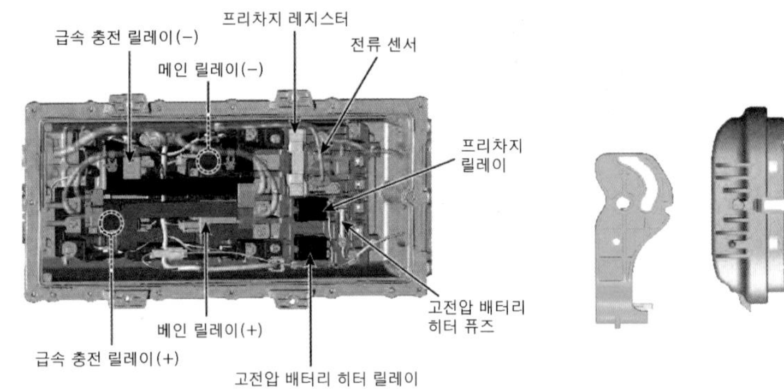

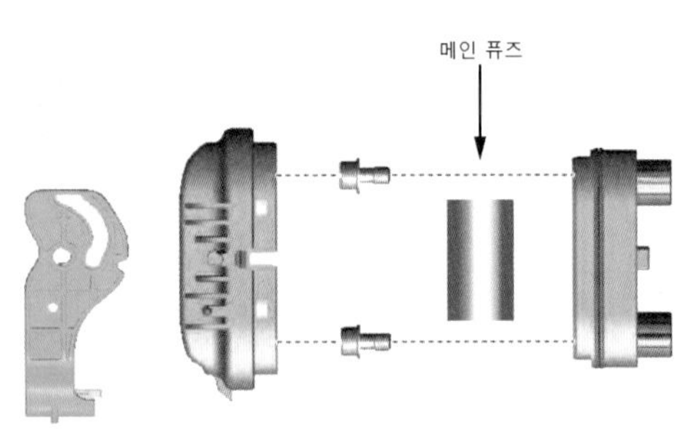

❖ 파워 릴레이 어셈블리

❖ 메인 퓨즈

출처 : ㈜ 골든벨(2021), [전기자동차매뉴얼 이론&실무]

(3) 파워 릴레이 어셈블리

(가) 개요

파워 릴레이 어셈블리(PRA)는 고전압 배터리 시스템 어셈블리 내에 장착되어 있으며 (+) 고전압 제어 메인 릴레이, (-) 고전압 제어 메인 릴레이, 프리차지 릴레이, 프리차지 레지스터, 배터리 전류 센서로 구성되어 있다. 그리고 BMU의 제어 신호에 의해 고전압 배터리 팩과 고전압 조인트 박스 사이의 DC 360V 고전압을 ON, OFF 및 제어하는 역할을 한다.

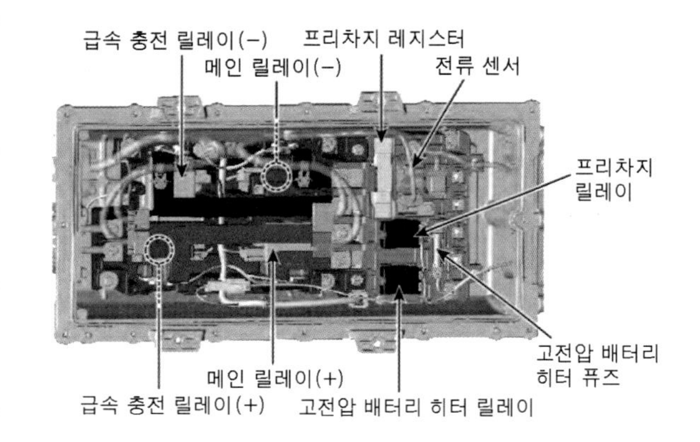

❖ **파워 릴레이 어셈블리 구성**
출처 : ㈜ 골든벨(2021), [전기자동차매뉴얼 이론&실무]

(나) 차량 사양에 따른 분류

1) 배터리 히팅 시스템 미적용

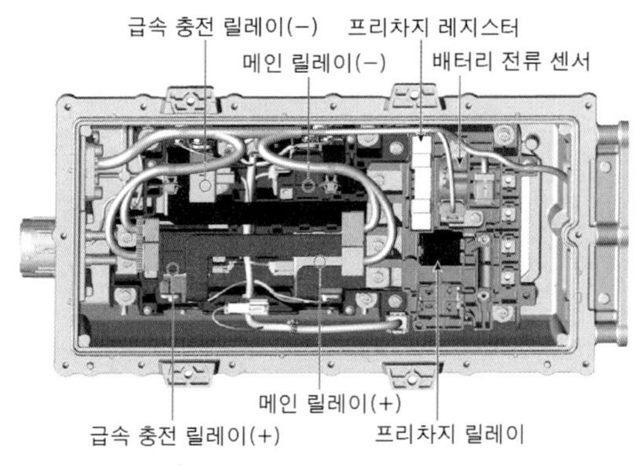

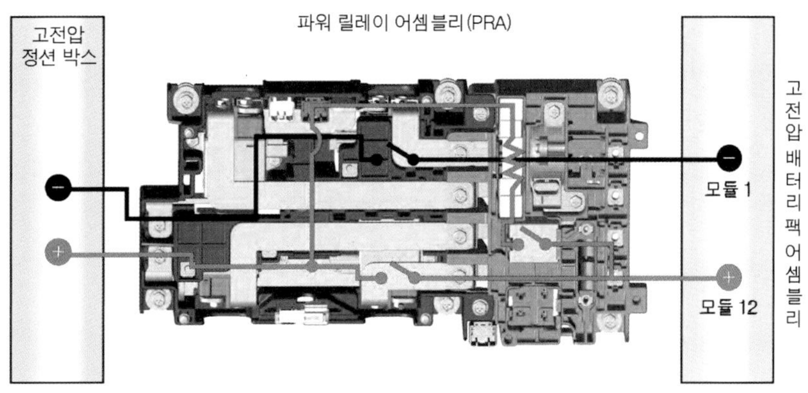

출처 : ㈜ 골든벨(2021), [전기자동차매뉴얼 이론&실무]

2) 배터리 히팅 시스템 적용

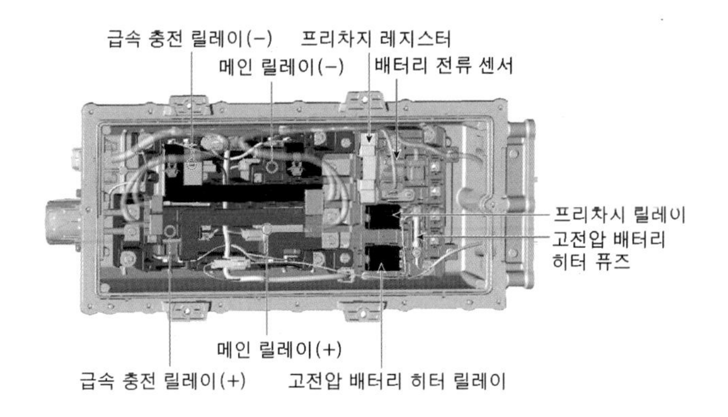

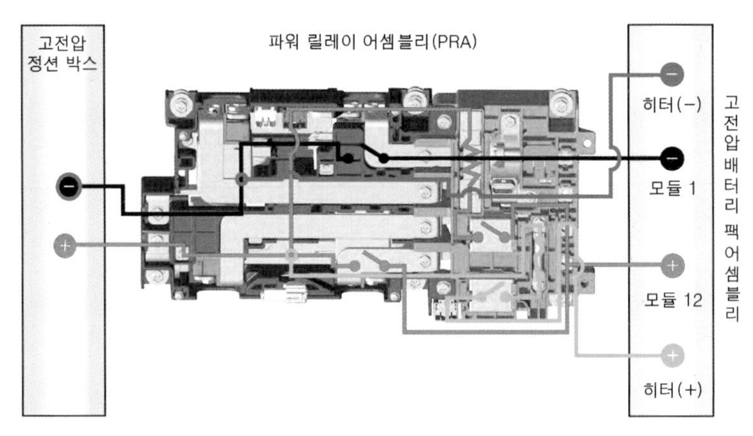

출처 : ㈜ 골든벨(2021), [전기자동차매뉴얼 이론&실무]

(4) 고전압 배터리 히터 릴레이 및 히터 온도 센서

(가) 개요

DC 고전압 배터리 히터 릴레이는 파워 릴레이 어셈블리(PRA) 내부에 장착 되어 있다. 고전압 배터리에 히터 기능을 작동해야 하는 조건이 되면 제어 신호를 받은 히터 릴레이는 히터 내부에 고전압을 흐르게 함으로써 고전압 배터리의 온도가 조건에 맞추어서 정상적으로 작동할 수 있도록 작동된다.

(나) 히터 릴레이 제원

항목		제원
작동시	정격 전압(V)	450
	정격 전류(A)	10
	전압 강하(V)	0.5이하(10A)
여자 코일	작동 전압(V)	12
	저항(Ω)	54~66(20℃)

(다) 히터 작동 시스템 회로

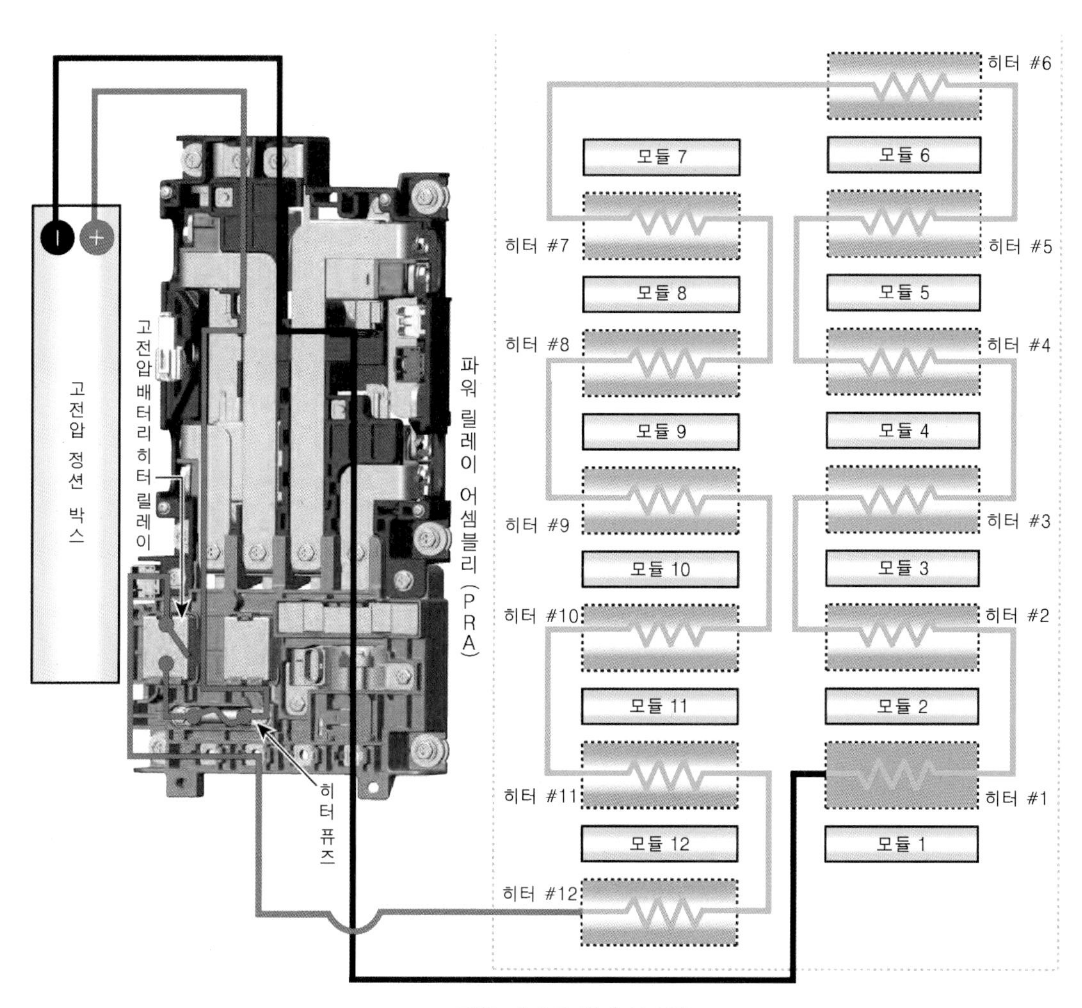

❖ **고전압 배터리 히터 시스템**
출처 : ㈜ 골든벨(2021), [전기자동차매뉴얼 이론&실무]

(5) 고전압 배터리 인렛 온도 센서

(가) 개요

인렛 온도 센서는 고전압 배터리 1번 모듈 상단에 장착되어 있으며, 배터리 시스템 어셈블리 내부의 공기 온도를 감지하는 역할을 한다. 인렛 온도 센서 값에 따라 쿨링팬의 작동 유무가 결정 된다.

(나) 배터리 인렛 온도센서 장착 위치

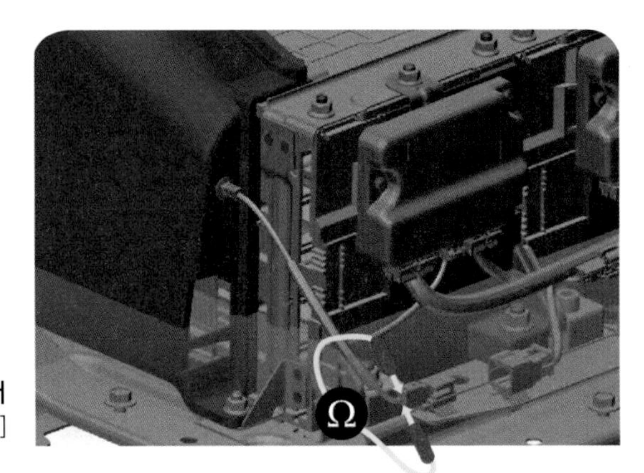

❖ 인렛 온도센서
출처 : ㈜ 골든벨(2021), [전기자동차매뉴얼 이론&실무]

(6) 프리차지 릴레이(Pre-Charge Relay)

(가) 개요

인프리차지 릴레이(Pre-Charge Relay)는 파워 릴레이 어셈블리에 장착되어 있으며, 인버터의 커패시터를 초기 충전할 때 고전압 배터리와 고전압 회로를 연결하는 기능을 한다. IG ON을 하면 프리차지 릴레이와 레지스터를 통해 흐른 전류가 인버터 내에 커패시터에 충전이 되고, 충전이 완료되면 프리차지 릴레이는 OFF 된다.

(나) 프리차지 릴레이 제원

항목		제원
작동시	정격 전압(V)	450
	정격 전류(A)	20
	전압 강하(V)	0.5이하(10A)
여자 코일	작동 전압(V)	12
	저항(Ω)	54~66(20℃)

(다) 작동 프로세스

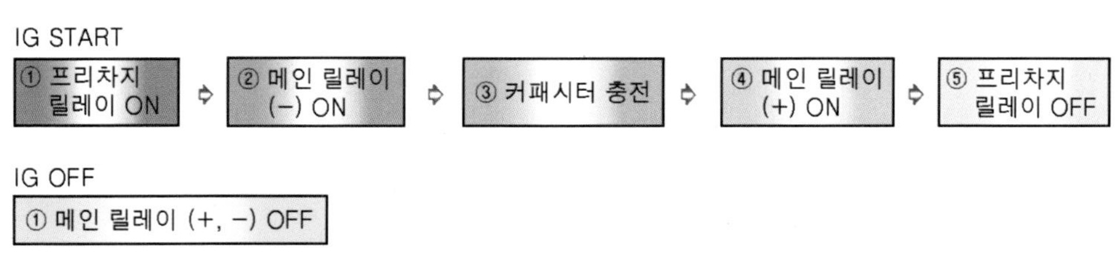

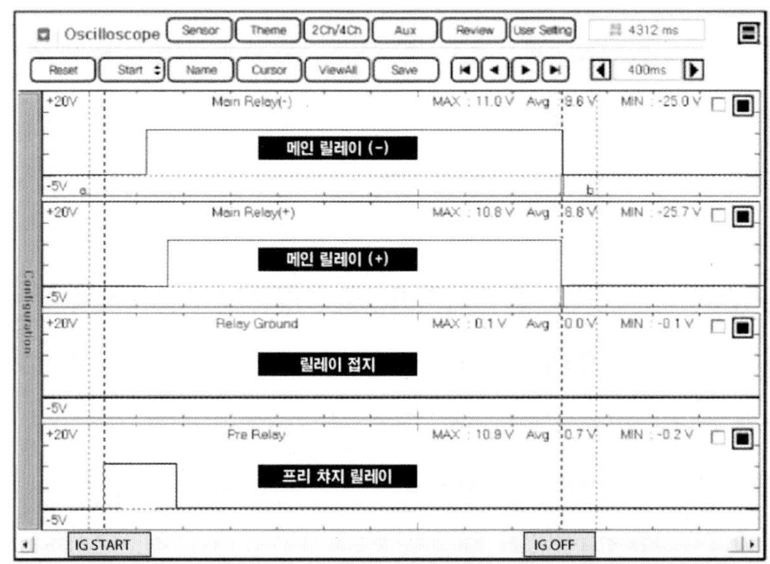

❖ **파워릴레이 작동**

출처 : ㈜ 골든벨(2021), [전기자동차매뉴얼 이론&실무]

(7) 프리차지 레지스터

(가) 개요

프리차지 레지스터(Pre-Charge Resistor)는 파워 릴레이 어셈블리에 장착되어 있으며, 인버터의 커패시터를 초기 충전할 때 충전 전류를 제한하여 고전압 회로를 보호하는 기능을 한다. 프리차지 레지스터는 정격용량 60W, 저항 40Ω으로 되어 있다.

(나) 작동 원리

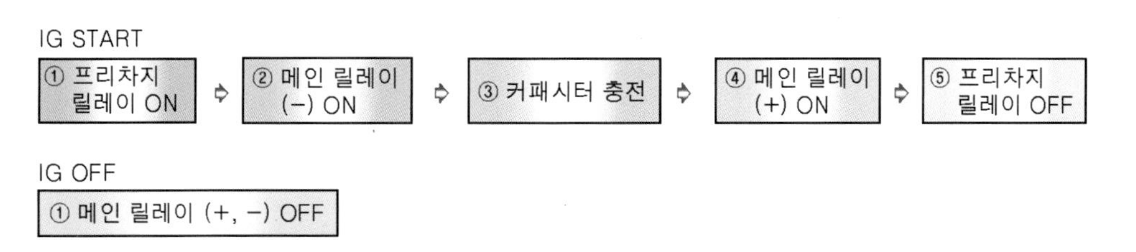

(8) 메인 퓨즈

(가) 개요

메인 퓨즈(250A 퓨즈)는 안전 플러그 내에 장착되어 있으며, 고전압 배터리 및 고전압 회로를 과전류로부터 보호하는 기능을 한다.

(나) 메인 퓨즈 제원

항목	제원
정격 전압(V)	450 (DC)
정격 전류(A)	420 (DC)
안전 플러그 케이블 측 저항(Ω)	1 이하 (20℃)
메인 퓨즈 저항(Ω)	1 이하 (20℃)

(다) 메인 퓨즈 회로도

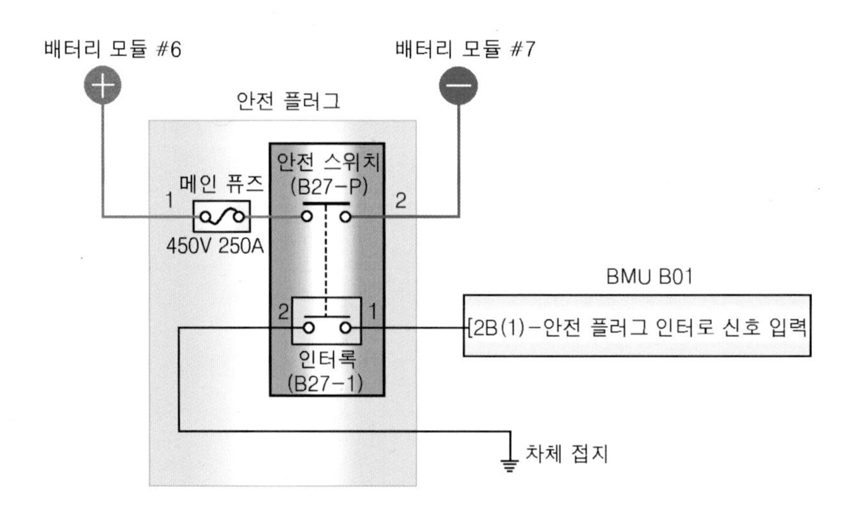

❖ **메인 퓨즈회로**
출처 : ㈜ 골든벨(2021), [전기자동차매뉴얼 이론&실무]

(9) 급속충전 릴레이 어셈블리

(가) 개요

급속 충전 릴레이 어셈블리(QRA)는 파워 릴레이 어셈블리 내에 장착되어 있으며, (+) 고전압 제어 메인 릴레이, (-) 고전압 제어 메인 릴레이로 구성되어 있다. 그리고 BMU 제어 신호에 의해 고전압 배터리 팩과 고압 조인트 박스 사이에서 DC 360V 고전압을 ON, OFF

및 제어한다. 급속 충전 릴레이 어셈블리(QRA) 작동 시에는 파워 릴레이 어셈블리(PRA)는 작동한다.

(나) 작동 원리

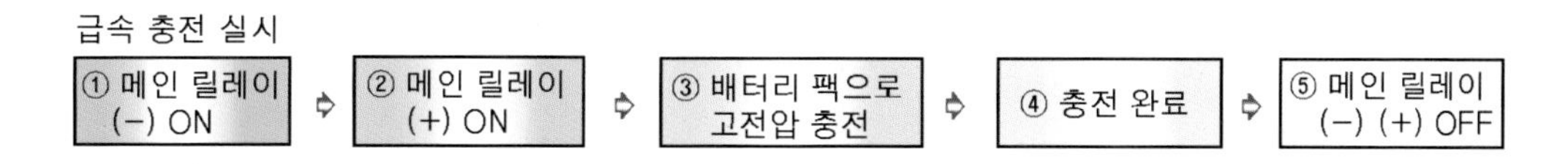

(10) 메인 릴레이

(가) 개요

메인 릴레이(Main Relay)는 파워 릴레이 어셈블리에 장착되어 있으며, 고전압 (+) 라인을 제어하는 메인 릴레이와 고전압 (-) 라인을 제어하는 메인 릴레이, 이렇게 2개의 메인 릴레이로 구성되어 있다. 그리고 BMU의 제어 신호에 의해 고전압 조인트 박스와 고전압 배터리 팩 간의 고전압 전원, 고전압 접지 라인을 연결시켜주는 역할을 한다.

단, 고전압 배터리 셀이 과충전에 의해 부풀어 오르는 상황이 되면 고전압 보호 장치인 OPD(Overvoltage Protection Device)에 의해 메인 릴레이 (+), 메인 릴레이(-), 프리차지 릴레이 코일 접지 라인을 차단함으로써 과충전 시엔 메인 릴레이 및 프리차지 릴레이의 작동을 금지시킨다. 고전압 배터리가 정상적인 상태일 경우에는 VPD는 작동하지 않고 항상 연결되어 있다. OPD 장착 위치는 12개 배터리 모듈 상단에 장착되어 있다.

(나) 메인 릴레이 제원

항목		제원
작동 시	정격 전압(V)	450
	정격 전류(A)	150
	전압 강하(V)	0.1이하(150A)
여자 코일	작동 전압(V)	12
	저항(Ω)	21.6~26.4(20℃)

(11) 고전압 배터리 온도 센서

(가) 개요

배터리 온도 센서는 각 고전압 배터리 모듈에 장착되어 있으며, 각 배터리 모듈의 온도를 측정하여 BMU에 전달하는 역할을 한다.

(나) 고전압 배터리 온도 센서 장착 위치

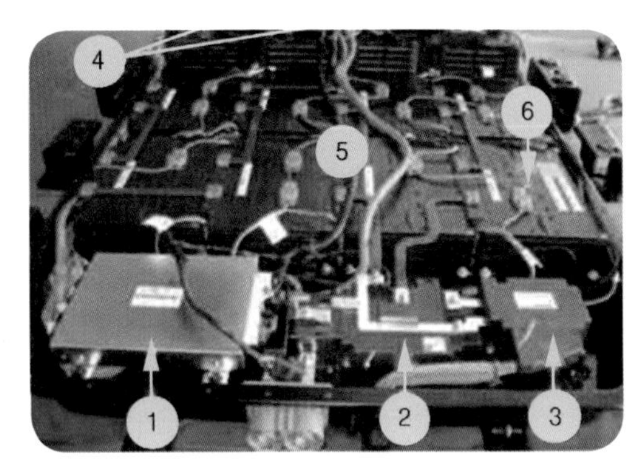

❖ 고전압 배터리 온도센서 장착 위치

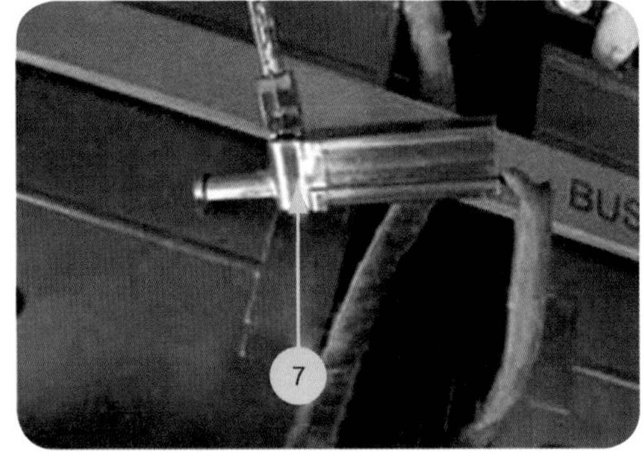

❖ 고전압 배터리 온도 센서

출처 : ㈜ 골든벨(2021), [전기자동차매뉴얼 이론&실무]

(12) 고전압 배터리 전류 센서

(가) 개요

배터리 전류 센서는 파워 릴레이 어셈블리에 장착되어 있으며, 고전압 배터리의 충전·방전 시 전류를 측정하는 역할을 한다.

(나) 고전압 배터리 전류 센서 제원

항 목		제 원
대 전류(A)	−350(충전)	0.5
	−200(충전)	1.375
	0	2.5
	+200(방전)	3.643
	+350(방전)	4.5
소 전류(A)	−30	0.5
	−15	1.5
	0	2.5
	+12	3.5
	+30	4.5
전류 센서 출력 단자 전압값(V)		약 2.5 ± 0.1
전류 센서 전원 단자 전압값(V)		약 5 ± 0.1

(13) 과충전 방지 스위치 (VPD : Voltage Protect Device)

(가) 개요

고전압 릴레이 차단 스위치(VPD)는 각 모듈 상단에 장착되어 있으며, 고전압 배터리 셀이 과충전에 의해 부풀어 오르는 상황이 되면 VPD에 의해 메인 릴레이 (+), 메인 릴레이 (-), 프리차지 릴레이 코일의 접지 라인을 차단함으로써 과충전 시 메인 릴레이 및 프리차지 릴레이의 작동을 금지시킨다. 고전압 배터리가 정상일 경우에는 항상 스위치는 붙어 있으며, 셀이 과충전이 될 때 스위치는 차단되면서 차량은 주행이 불가능하다.

(나) 과충전 방지 스위치 제원

항목	제원
VPD 단자간 합성 저항 (Ω)	3 이하 (20℃)
VPD 단자 저항 (Ω)	0.375 이하 (20℃)
VPD 스위치 단자 위치	아래 방향

(다) 과충전 방지 스위치 단품 및 장착 위치

❖ VPD 단품

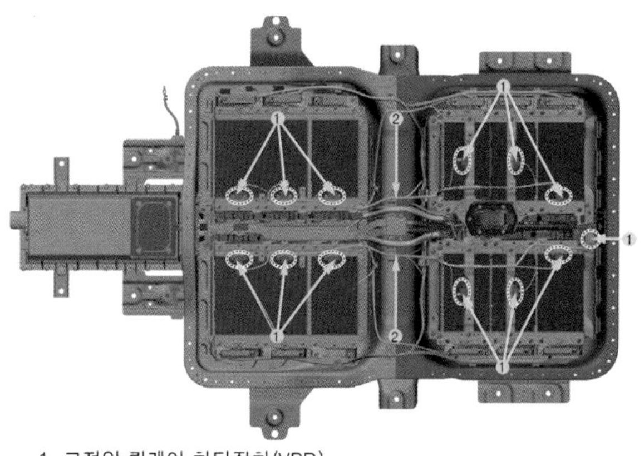

1. 고전압 릴레이 차단장치(VPD)

❖ VPD 장착 위치

출처 : ㈜ 골든벨(2021), [전기자동차매뉴얼 이론&실무]

(라) 과충전 방지 스위치(VPD) 작동원리

배터리 모듈 상태	정 상	과 충전
전류 흐름	ON(연결)	OFF(차단)
VPD	스위치 미작동	스위치 상승
고전압 상태	정상	흐르지 않음
현상	정상	프리차징 실패에 의한 시동불가 및 경고등 점등

1) 작동

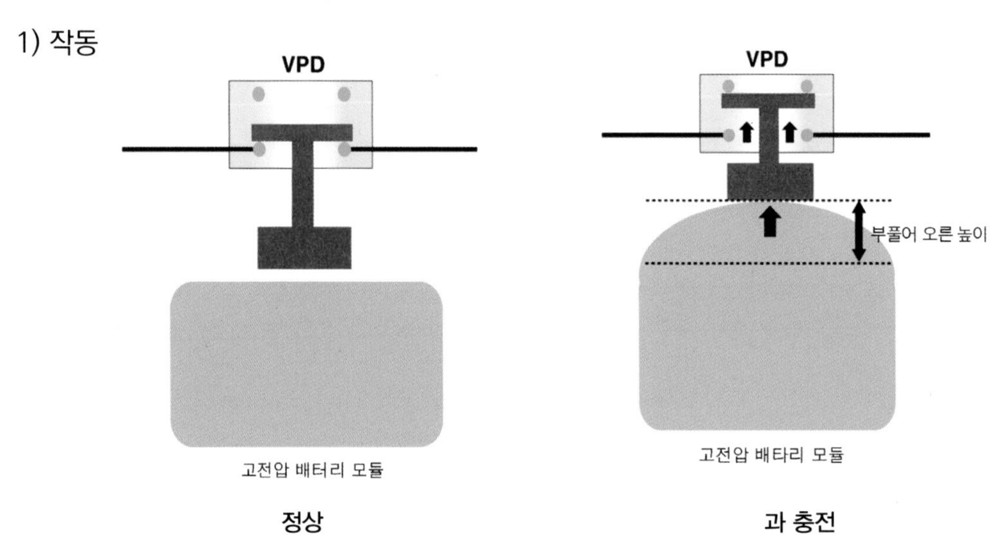

출처 : ㈜ 골든벨(2021), [전기자동차매뉴얼 이론&실무]

2) 회로도

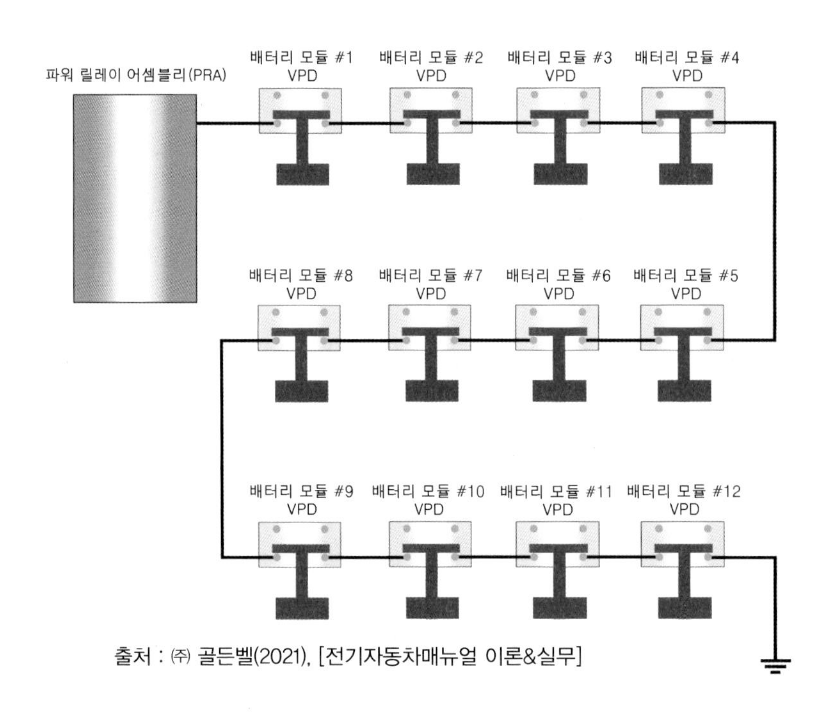

출처 : ㈜ 골든벨(2021), [전기자동차매뉴얼 이론&실무]

7. 고전압 배터리 히팅 시스템

(1) 개요

고전압 배터리 팩 어셈블리의 내부 온도가 급격히 감소하게 되면 배터리 동결 및 출력 전압의 감소로 이어질 수 있으므로 이를 보호하기 위해 배터리 내부의 온도 조건에 따라 모듈 측면에 장착된 고전압 배터리 히터가 자동제어 된다.

고전압 배터리 히터 릴레이가 ON이 되면 각 고전압 배터리 히터에 고전압이 공급된다. 릴레이의 제어는 BMU에 의해서 제어가 되며, 점화 스위치가 OFF되더라도 VCU는 고전압 배터리의 동결을 방지하기 위해 BMU를 정기적으로 작동시킨다.

고전압 배터리 히터가 작동하지 않아도 될 정도로 온도가 정상적으로 되면 BMU 는 다음 작동의 시점을 준비하게 되며, 그 시점은 VCU의 CAN 통신을 통해서 전달 받는다.

출처 : ㈜ 골든벨(2021), [전기자동차매뉴얼 이론&실무]

고전압 배터리 히터가 작동하는 동안 고전압 배터리의 충전 상태가 낮아지면, BMU의 제어를 통해서 고전압 배터리 히터 시스템을 정지 시킨다. 고전압 배터리의 온도가 낮더라도 고전압 배터리충전상태가 낮은 상태에서는 히터 시스템은 작동하지 않는다.

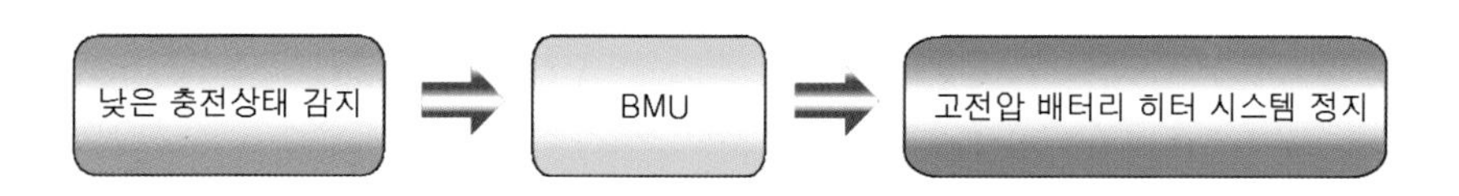

출처 : ㈜ 골든벨(2021), [전기자동차매뉴얼 이론&실무]

(2) 고전압 배터리 히터 제원

구분	항목	제원
10셀 LH / RH	저항(Ω)	34 ~ 38
6셀 LH / RH	저항(Ω)	20 ~ 22.4

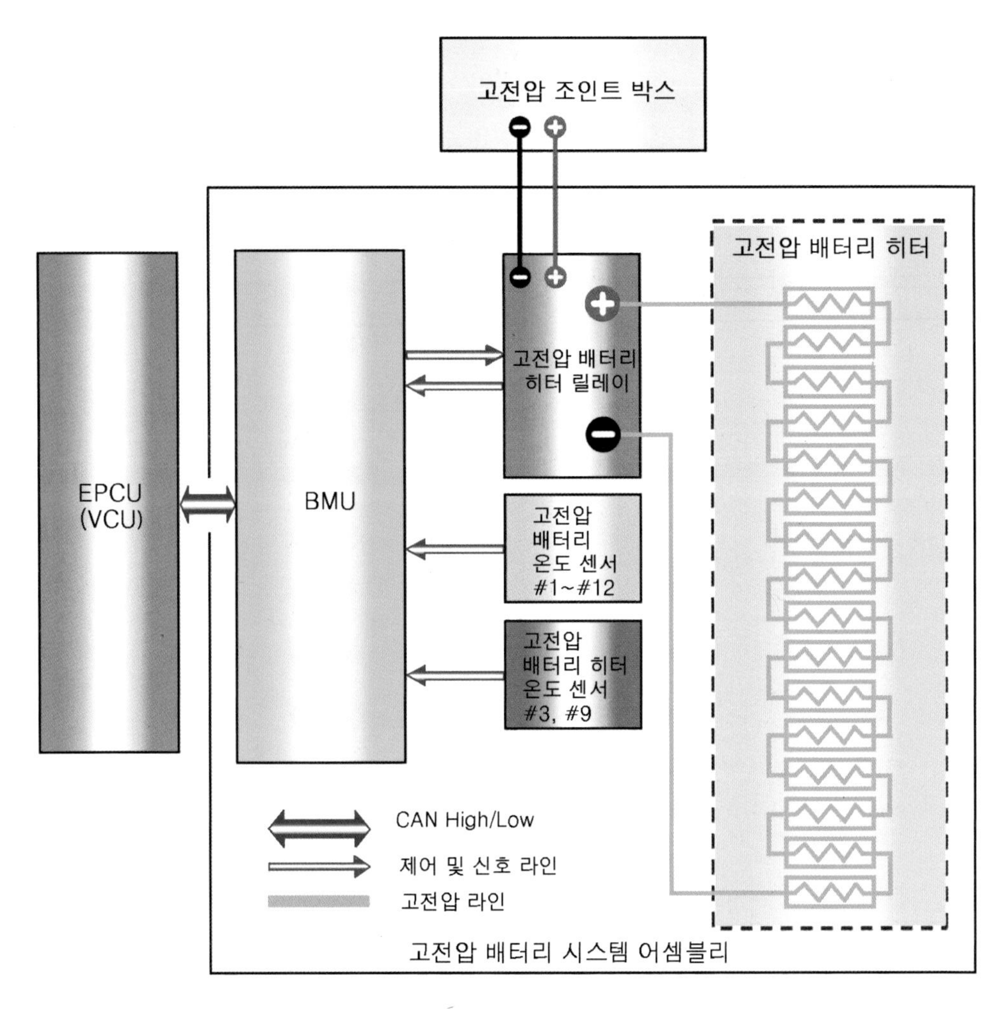

❖ **고전압 배터리 히팅 시스템 구성 회로**
출처 : ㈜ 골든벨(2021), [전기자동차매뉴얼 이론&실무]

(3) 고전압 배터리 히팅 시스템 구성 부품

1) 고전압 배터리 히터

2) 고전압 배터리 히터 릴레이

3) 고전압 배터리 히터 퓨즈

4) 고전압 배터리 히터 온도 센서

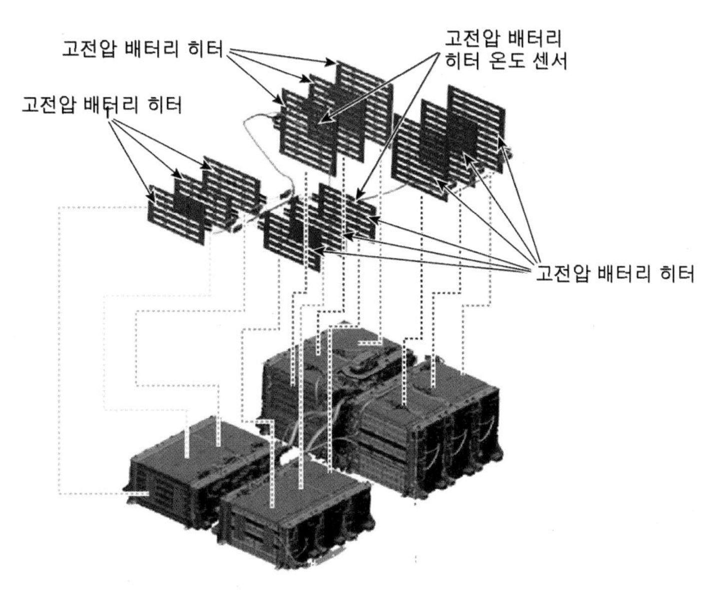

❖ **고전압 배터리 시스템 구성**
출처 : ㈜ 골든벨(2021), [전기자동차매뉴얼 이론&실무]

(4) 고전압 배터리 히팅 시스템 작동 원리

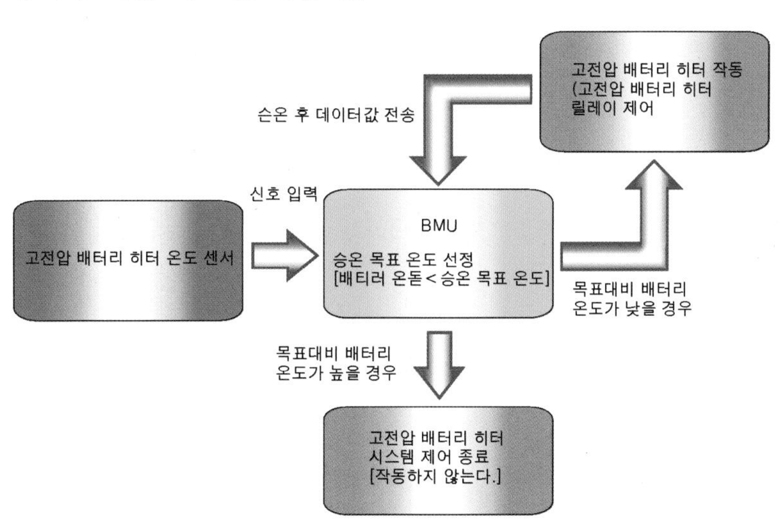

❖ **고전압 배터리 히터 작동원리**
출처 : ㈜ 골든벨(2021), [전기자동차매뉴얼 이론&실무]

8. 고전압 배터리 쿨링 시스템

(1) 개요

고전압 배터리 쿨링 시스템은 공냉식과 수냉식을 적용하고 있으며, 공냉식은 실내의 공기를 쿨링팬을 통하여 흡입한 후 고전압 배터리 팩 어셈블리를 냉각을 시키고 수냉식은 별도의 냉각수를 이용하여 고전압 배터리 팩 아래 냉각 쿨러를 만들고 쿨러에 냉각수를 주입하여 배터리 모듈을 냉각하는 역할을 한다.

공냉식의 경우 쿨링팬, 쿨링 덕트, 인렛온도 센서로 구성되어 있으며, 시스템 온도는 1번~12번 모듈에 장착된 12개의 온도 센서 신호를 바탕으로 BMU에 의해 계산되며, 고전압 배터리 시스템이 항상 정상의 작동 온도를 유지할 수 있도록 제어한다. 또한 쿨링팬은 차량의 상태와 소음·진동 상태에 따라 9단으로 제어한다. 수냉식에서는 배터리의 온도가 높으면 에어컨 라인을 가동하여 배터리 칠러와 열교환 후 냉각하고 배터리 온도가 낮으면 승온 히터를 이용하여 냉각수를 가열하여 배터리의 온도를 높인다.

(2) 작동 원리

(가) 전기적 제어 흐름도

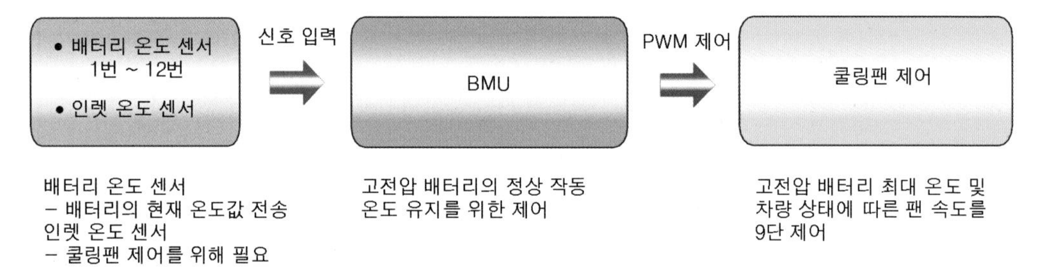

출처 : ㈜ 골든벨(2021), [전기자동차매뉴얼 이론&실무]

(나) 냉각공기 흐름도

1) 쿨링팬이 작동한다.

2) 차량 실내 공기가 쿨링 덕트(인렛)로 유입된다.

3) 화살표로 표기한 냉각 순환 경로를 통해서 고전압 배터리를 냉각시킨다.

4) 쿨링 덕트(아웃렛)를 통해서 차량의 외부로 공기를 배출한다.

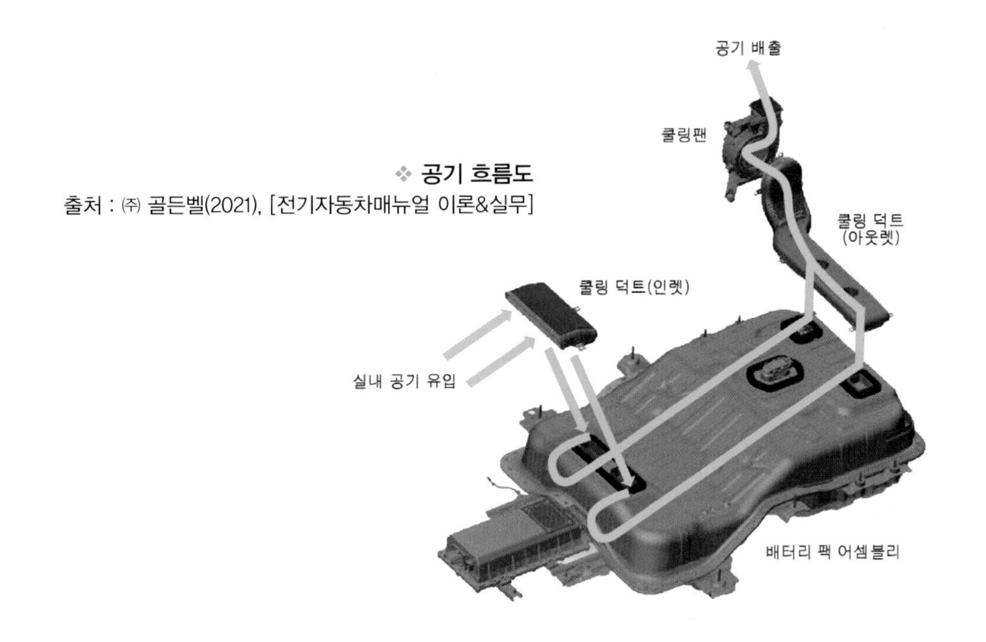

❖ 공기 흐름도
출처 : ㈜ 골든벨(2021), [전기자동차매뉴얼 이론&실무]

(3) 고전압 배터리 컨트롤 시스템 및 작동 원리

1) 셀 전압, 온도, 전류, 저항값을 측정한다.

2) BMS 제어를 통해 데이터 값을 VCU에 전달하거나 구동부를 제어한다.

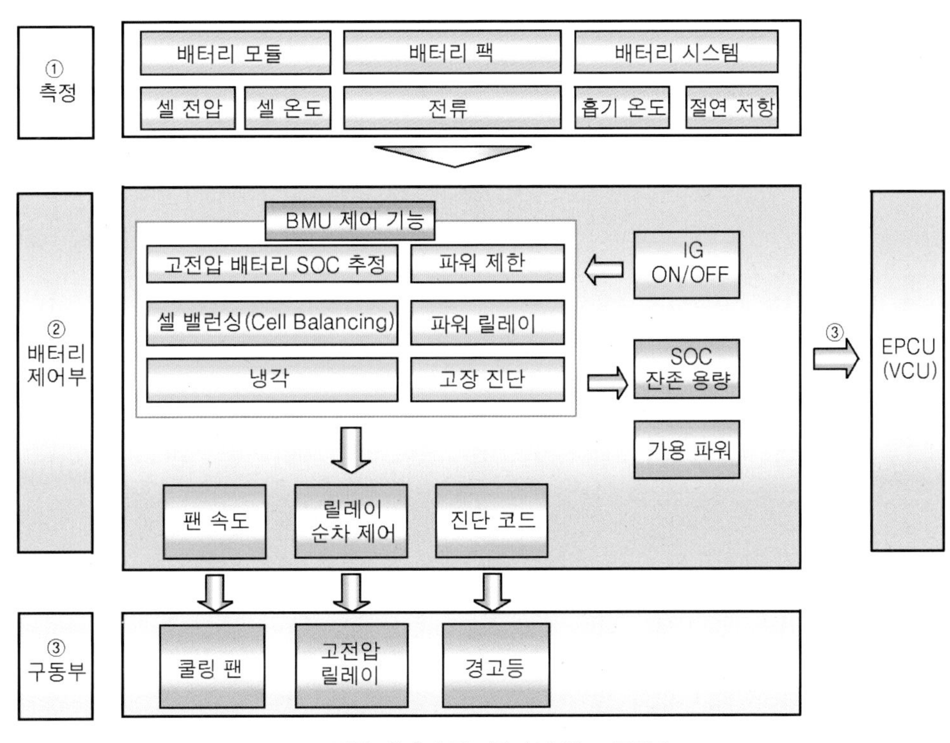

❖ 고전압 배터리 컨트롤 시스템 프로세스
출처 : ㈜ 골든벨(2021), [전기자동차매뉴얼 이론&실무]

06 배터리 팩 어셈블리 점검

1. 고전압 배터리 점검 전 조치 사항

고전압 배터리 시스템 관련 작업 시 반드시 “안전사항 및 주의, 경고” 내용을 숙지하고 준수해야 한다. 미 준수 시 감선 또는 누전 등으로 인한 심각한 사고를 초래할 수 있다.

고전압 배터리 관련 시스템을 점검하기 위해 고전압 배터리 팩 어셈블리를 탈착한 경우는 장착 작업 이전에 플로우 잭을 이용하여 가장착 후 고전압 배터리의 이상 유무를 판단한 후 조치가 완료되면 고전압 배터리 팩 어셈블리를 차량에 장착한다.

점검 사항		규정값	점검 방법
단선			육안
녹			
변색			
장착 상태			
배터리 균열 및 누유 흔적			
BMU 관련 DCT		DCT 가이드 참조	DCT 진단 수행
SOC		5 ~ 95%	Current Data값 확인
전압	셀	2.5 ~ 4.3V	Current Data값 확인
	팩	240 ~ 413V	
	셀간 전압편차	40mV이하	
절연저항		300 ~ 1000kΩ	실차 측정(메가 옴 테스터기 이용)
		2MΩ 이상	
		2MΩ 이상	

(1) 안전사항을 확인한다.

가) 전압 시스템 관련 작업 시 “안전사항 및 주의, 경고” 내용 미 준수 시 감전 또는 누전 등으로 인한 심각한 사고를 초래할 수 있으므로 주의 한다.

나) 고전압 시스템 관련 작업 시 “고전압 차단절차”에 따라 반드시 고전압을 먼저 차단해야 한다.

(2) 외관 점검 후 일반 고장수리 또는 사고 차량 수리 해당 여부를 판단한다.

(3) 일반적인 고장수리 시 DTC 코드 별 수리 절차를 준수하여 고장수리를 진행한다.

(4) 사고로 인한 차량수리 시 아래와 같이 사고 유형을 판단하여 차량 수리를 진행한다.

2. 고전압 배터리 점검

(1) **과충전·과방전**: 서비스 데이터 및 자기진단을 실시하여 " 배터리 과전압(P0DE7)·저전압 (P0DE6)" 코드 표출 등을 확인한다.

(2) **단락**: 서비스 데이터 및 자기진단을 실시하여 "고전압 퓨즈의 단선 관련 진단(P1B77, P1B25) 코드"를 확인한다.

3. 사고 차량의 점검

(1) 화재 차량 점검

<table>
<tr><th>구분</th><th>점검 방법</th><th colspan="2">점검 결과</th><th>조치 사항</th></tr>
<tr><td rowspan="3">고전압 배터리 탑재 부위 외 화재
※예) 차량 모터룸 화재</td><td rowspan="3">1. 외관 점검 (변형, 부식, 와이어링 피복상태, 냄새, 커넥터)
2. 고전압 차단 후 메인 퓨즈 단선 유무 점검 ("고전압 차단 절차" 참조)
3. 고전압 메인 릴레이 융착 유무 점검
4. 고전압 배터리·섀시 절연 저항 측정
5. 기타 부품 고장 확인
6. BMU의 DTC 코드 확인</td><td colspan="2">고전압 배터리 절연파괴 및 손상</td><td>고전압 배터리 탈착 후 절연 처리·절연 포장</td></tr>
<tr><td rowspan="2">고전압 배터리 미손상</td><td>DTC 발생</td><td>DTC 코드 발생 시 DTC 진단가이드 수리 절차 준수</td></tr>
<tr><td>DTC 미발생 및 배터리 외관 정상</td><td>고전압 배터리 미교체(단, 차량 폐차 필요 수준으로 파손 시 필요에 따라 고전압 배터리 폐기 절차 수행)</td></tr>
<tr><td rowspan="4">고전압 배터리 탑재 부위 화재
※예) 트렁크 룸 화재</td><td rowspan="4">1. 외관 점검 (변형, 부식, 와이어링 피복상태, 냄새, 커넥터)
2. 고전압 배터리 외관 손상 유무 점검
3. 고전압 배터리 외관 미손상 시 고전압 차단 후 고전압 메인 릴레이 융착 유무 점검("고전압 차단 절차" 참조)
4. 고전압 배터리·섀시 절연저항 측정
5. 기타부품 고장 확인
6. BMU의 DTC 코드 확인</td><td colspan="2">고전압 배터리 외관 손상 (열흔, 그을음 등)</td><td>안전 플러그 탈착 후 염수 침전하여 고전압 배터리 폐기절차 수행</td></tr>
<tr><td colspan="2">고전압 배터리 절연 파괴</td><td>고전압 배터리 탈착 후 절연처리/절연포장</td></tr>
<tr><td rowspan="2">고전압 배터리 미손상</td><td>DTC 발생</td><td>DTC 코드 발생 시 DTC 진단가이드 수리절차 준수</td></tr>
<tr><td>DTC 미발생 및 배터리 외관 정상</td><td>고전압 배터리 미교체(단, 차량 폐차필요 수준으로 파손 시, 필요에 따라 고전압 배터리 폐기 절차수행)</td></tr>
</table>

출처 : ㈜ 골든벨(2021), [전기자동차매뉴얼 이론&실무]

(2) 충돌 사고 차량 점검

<table>
<tr><th>구분</th><th>점검 방법</th><th colspan="2">점검 결과</th><th>조치 사항</th></tr>
<tr><td rowspan="3">고전압 배터리 탑재 부위 외 충돌
※예)
정면·측면 충돌</td><td rowspan="3">1. 외관 점검 (변형, 부식, 와이어링 피복상태, 냄새, 커넥터)
2. 고전압 차단 후 메인 퓨즈 단선 유무 점검("고전압 차단 절차" 참조)
3. 고전압 메인 릴레이 융착 유무 점검
4. 고전압 배터리·섀시 절연 저항 측정
5. 기타 부품 고장 확인
6. BMU의 DTC 코드 확인</td><td colspan="2">고전압 배터리 절연 파괴 및 손상</td><td>고전압 배터리 탈착 후 절연 처리·절연 포장</td></tr>
<tr><td rowspan="2">고전압 배터리 미손상</td><td>DTC 발생</td><td>DTC 코드 발생시 DTC 진단가이드 수리 절차 준수</td></tr>
<tr><td>DTC 미발생 및 배터리 외관 정상</td><td>고전압 배터리 미교체(단, 차량 폐차 필요 수준으로 파손 시 필요에 따라 고전압 배터리 폐기 절차 수행)</td></tr>
<tr><td rowspan="3">고전압 배터리 탑재부위 충돌
※예) 후방 충돌</td><td rowspan="3">1. 외관 점검 (변형, 부식, 와이어링 피복상태, 냄새, 커넥터)
2. 고전압 차단 후, 메인 퓨즈 단선 유무 점검 ("고전압 차단 절차" 참조)
3. 고전압 메인 릴레이 융착 유무 점검
4. 고전압 배터리/섀시 절연저항 측정
5. 기타부품 고장 확인
6. BMU의 DTC 코드 확인</td><td colspan="2">고전압 배터리 절연파괴 및 손상</td><td rowspan="2"></td></tr>
<tr><td rowspan="2">고전압 배터리 미손상</td><td>DTC 발생</td></tr>
<tr><td>DTC 미발생 및 배터리 외관 정상</td><td>● 위와 동일한 기준으로 조치
※ 단, 트렁크 및 차량 도어 손상으로 고전압 배터리 탑재부위로 접근 불가 시 고전압 시스템이 손상되지 않도록 차량 외부를 변형 및 절단하여 점검 및 수리 절차 수행</td></tr>
</table>

출처 : ㈜ 골든벨(2021), [전기자동차매뉴얼 이론&실무] 174p

(3) 침수 사고 차량 점검

차량이 절반 이상 침수 상태인 경우, 서비스 인터록 커넥터 등 고전압 관련 부품에 절대 접근하지 않는다. 불가피한 경우라도 차량을 안전한 곳으로 완전히 이동시킨 후 조치한다.

구분	점검 방법	점검 결과		조치사항
고전압 배터리 탑재부위 외 침수	1. 외관 점검(변형, 부식, 와이어링 피복 상태, 냄새, 커넥터) 2. 고전압 차단 후 메인 퓨즈 단선 유무 점검("고전압 차단 절차" 참조) 3. 고전압 메인 릴레이 융착 유무 점검 4. 고전압 배터리·섀시 절연 저항 측정 5. 기타부품 고장 확인 6. BMU의 DTC 코드 확인	고전압 배터리 절연파괴 및 손상		고전압 배터리 절연파괴 및 손상
		고전압 배터리 미손상	DTC 발생	DTC 코드 발생 시 DTC 진단가이드 수리 절차 준수
			DTC 미발생 및 배터리 외관 정상	고전압 배터리 미교체(단, 차량 폐차 필요 수준으로 파손 시 필요에 따라 고전압 배터리 폐기 절차 수행)
고전압 배터리 탑재부위 침수	1. 고전압 차단 후 메인 퓨즈 단선 유무 점검 ("고전압 차단 절차" 참조) 2. 고전압 메인 릴레이 융착 유무 점검 3. 배터리·섀시 절연저항 측정 4. BMU의 DTC 코드 확인	점검 결과와 무관하게 조치사항 수행		고전압 배터리 탈착 후 절연 처리·절연 포장

출처 : ㈜ 골든벨(2021), [전기자동차매뉴얼 이론&실무] 174p

4. 고전압 배터리 육안 점검

1) **점검 항목** – 전장 부품, 냉각 부품, 고전압 배터리 팩 어셈블리

2) **점검 내용** – 단선, 녹, 변색, 장착 상태, 균열에 의한 누유 상태

5. 배터리의 SOC 점검

배터리 팩의 만충전 용량 대비 배터리 사용 가능 에너지를 백분율로 표시한 양 즉, 배터리 충전 상태를 SOC(State Of Charge)라고 하며, 다음과 같이 점검한다.

1) 점화 스위치를 "OFF"시킨다.

2) GDS를 자기진단 커넥터(DLC)에 연결한다.

3) 점화 스위치를 ON시킨다.

4) GDS 서비스 데이터의 SOC 항목을 확인하며, SOC 값이 5~95% 내에 있는지 확인한다.

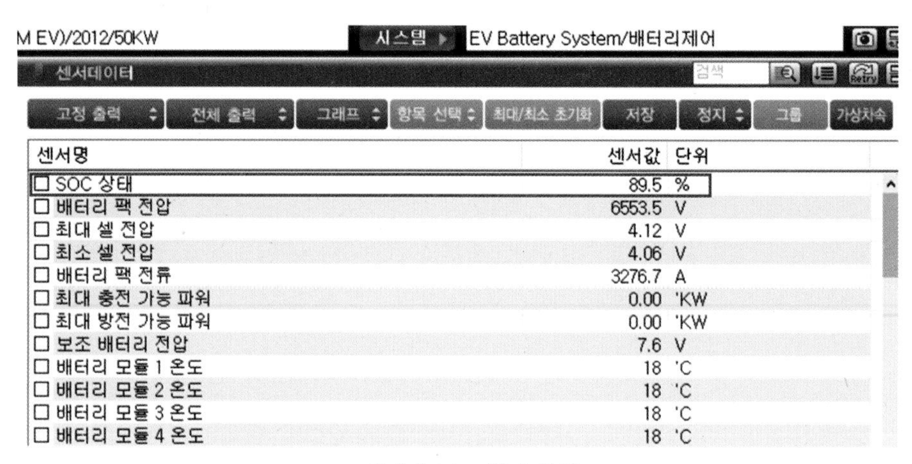

❖ **배터리 SOC 상태 확인**

출처 : ㈜ 골든벨(2021), [전기자동차매뉴얼 이론&실무]

6. 배터리 전압 점검

1) 점화 스위치를 "OFF"시킨다.

2) GDS를 자기진단 커넥터(DLC)에 연결한다.

3) 점화 스위치를 ON시킨다.

4) GDS 서비스 데이터의 "셀 전압" 및 "팩 전압"을 점검한다.

가) 셀 전압 : 2.5 ~ 4.3V

나) 팩 전압 : 240 ~ 413V

다) 셀간 전압편차 : 40mV이하

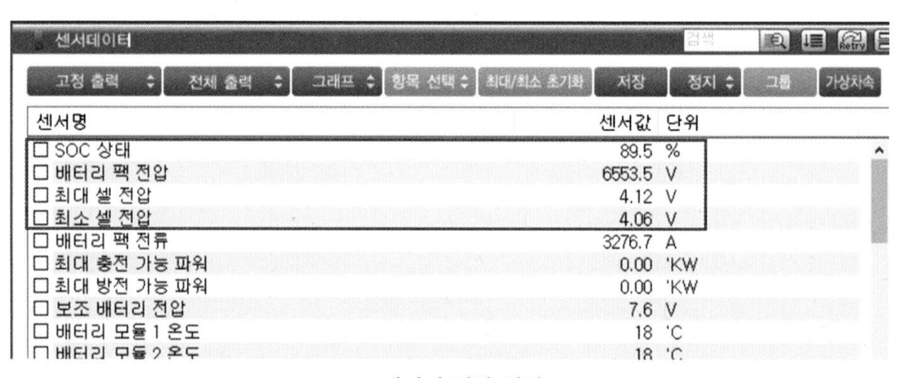

❖ **배터리 전압 점검**

출처 : ㈜ 골든벨(2021), [전기자동차매뉴얼 이론&실무]

7. 전압 센싱 회로 점검

1) 고전압 배터리 팩 어셈블리를 탈착한다.

2) 고전압 배터리 전압 & 온도 센서 와이어링 하니스를 탈착한다.

3) 고전압 배터리 모듈과 BMU 하니스 커넥터의 와이어링 통전 상태를 확인하여 규정값인 1Ω 이하(20°C) 여부를 확인한다.

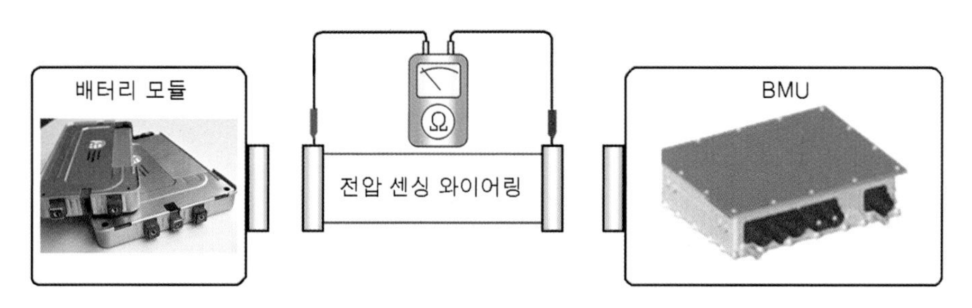

❖ **고전압 센싱 회로 점검**
출처 : ㈜ 골든벨(2021), [전기자동차매뉴얼 이론&실무]

4) BMU를 하부 케이스에 장착한다.

5) 고전압 배터리 전압 & 온도 센서 와이어링 하니스를 BMU에 연결한다.

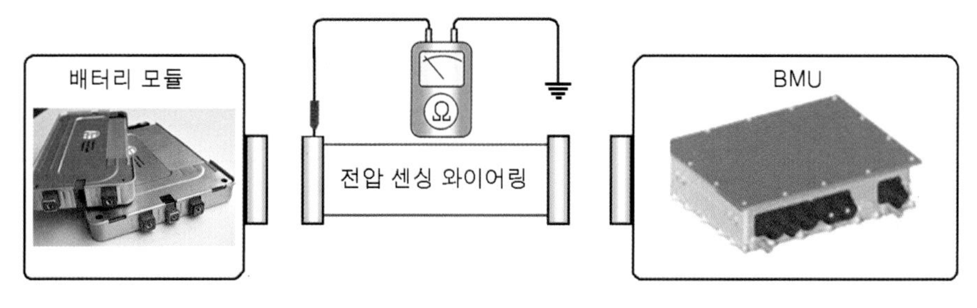

❖ **커넥터와 케이스의 절연 저항 점검**
출처 : ㈜ 골든벨(2021), [전기자동차매뉴얼 이론&실무]

8. 메인 퓨즈 점검

1) 안전 플러그를 탈착한다.

2) 안전 플러그 레버(A)를 탈착하고 메인 퓨즈와 연결되는 안전 플러그 저항을 멀티 테스터기를 이용하여 저항값이 규정값 범위인1Ω 이하(20℃) 여부를 점검한다.

3) 안전 플러그 커버(B)를 탈착한 후 메인 퓨즈(C)를 탈착한다.

4) 메인 퓨즈 양 끝단 사이의 저항이 규정 값인 1Ω 이하 (20°C)인지를 점검한다.

5) 탈착 절차의 역순으로 메인 퓨즈를 장착한다.

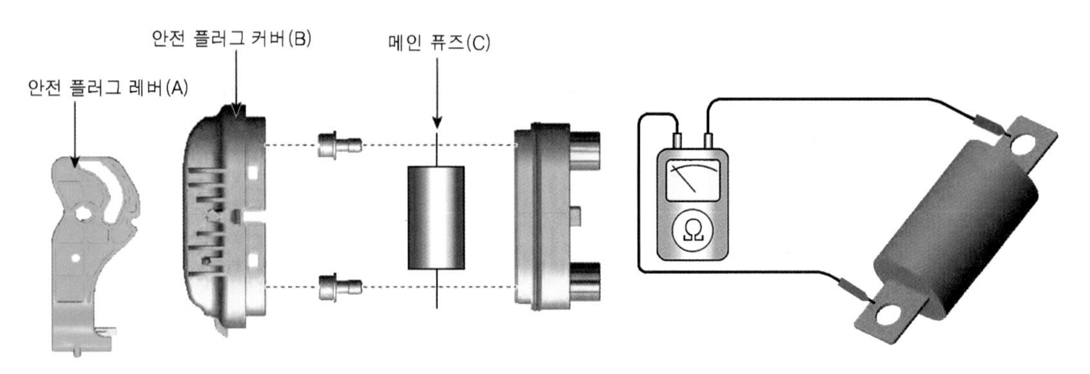

❖ **안전 플러그와 메인 퓨즈 저항 점검**

출처 : ㈜ 골든벨(2021), [전기자동차매뉴얼 이론&실무]

9. 고전압 메인 릴레이 점검(융착 상태 점검)

1) GDS 장비를 이용한 점검

가) GDS를 자기진단 커넥터(DLC)에 연결한다.

나) 점화 스위치를 ON시킨다.

다) GDS 서비스 데이터의 [BMU 융착 상태 'NO'] 인지를 확인한다.

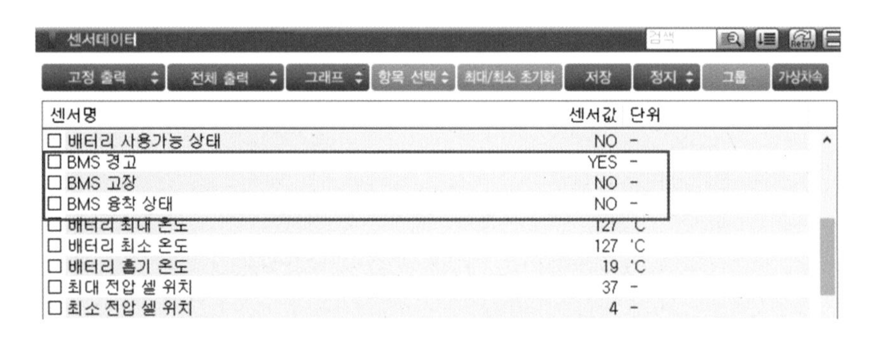

❖ **BMU 융착 상태 점검**

출처 : ㈜ 골든벨(2021), [전기자동차매뉴얼 이론&실무]

2) GDS를 이용한 메인 릴레이 점검

가) 고전압 회로를 차단한다.

나) 고전압 배터리 상부 케이스를 탈착한다.

다) 고전압 배터리 팩을 플로우 잭을 이용하여 차량에 가장착 한다.

라) GDS 장비를 자기진단 커넥터(DLC)에 연결한다.

마) 점화 스위치를 ON시킨다.

바) GDS 강제 구동 기능을 이용하여, 고전압 배터리를 제어하는 메인 릴레이 (-)를 ON 하면서 릴레이 ON 시 "틱" 또는 "톡"하는 릴레이 작동 음을 확인한다.

3) 멀티미터를 이용한 점검

가) 고전압 차단 절차를 수행한다.

나) 리프트를 이용하여 차량을 들어올린다.

다) 장착 너트를 푼 후 고전압 배터리 하부 커버 를 탈착한다.

라) 장착 볼트를 푼 후 PRA 및 BMU 고전압 정션 박스 어셈블리 브래킷 및 커버를 탈착한다.

사) 그림과 같이 고전압 메인 릴레이의 저항이 ∞Ω(20℃)이 검출되는지 여부를 점검한다.

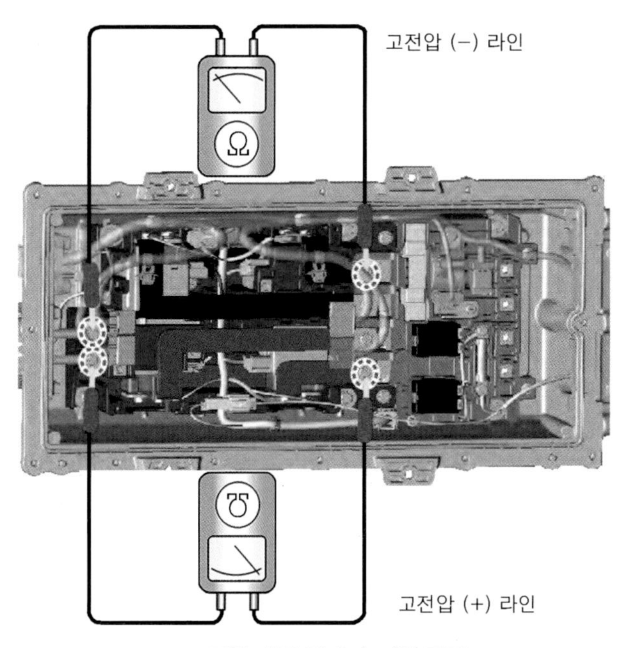

❖ **고전압 메인 릴레이 저항 점검**

출처 : ㈜ 골든벨(2021), [전기자동차매뉴얼 이론&실무]

10. 고전압 배터리 절연 저항 점검

1) GDS 장비를 이용한 점검

가) GDS를 자기진단 커넥터(DLC)에 연결한다.

나) 점화 스위치를 ON시킨다.

다) GDS 서비스 데이터의 "절연 저항 규정값 : 300~1000 kΩ"여부를 확인한다.

EV)/2012/50KW | 시스템 ▶ | EV Battery System/배터리제어

센서데이터

고정 출력 | 전체 출력 | 그래프 | 항목 선택 | 최대/최소 초기화 | 저장 | 정지 | 그룹 | 가상차속

센서명	센서값	단위
☑ 절연 저항	6572	kOhm
☐ MCU 준비 상태	YES	-
☐ MCU 메인릴레이 OFF 요청	YES	-
☐ MCU 제어가능 상태	NO	-
☐ HCU 준비	YES	-
☐ 인버터 커패시터 전압	4	V
☐ 모터 회전수	0	RPM

❖ **장비를 이용한 고전압 배터리 절연 저항 점검**
출처 : ㈜ 골든벨(2021), [전기자동차매뉴얼 이론&실무]

2) 메가 옴 테스터기를 이용한 점검

가) 고전압 차단 절차를 수행한다.

나) 절연 저항계의 (-) 단자 (A)를 차량측 차체 접지 부분에 연결한다.

다) 절연 저항계의 (+) 단자를 고전압 배터리 (+)에 각각 연결한 후 저항 값을 측정한다.

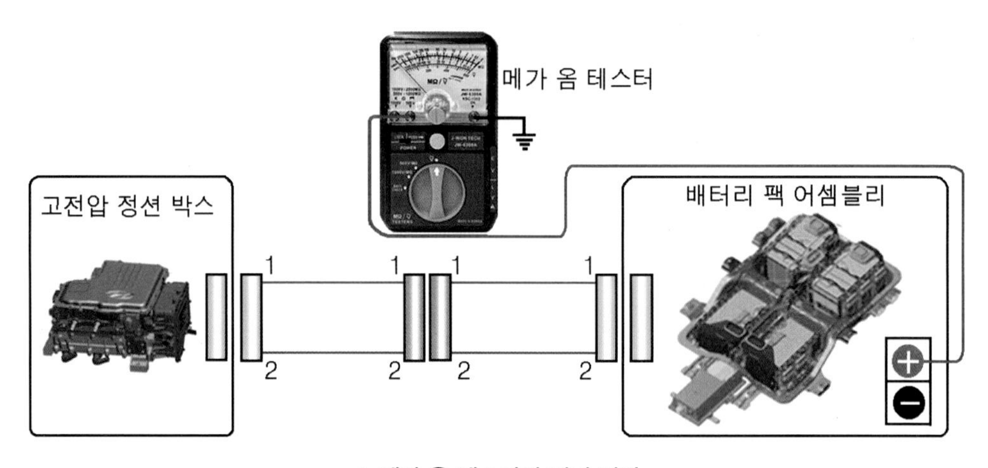

❖ **메가 옴 테스터기 접지 점검**
출처 : ㈜ 골든벨(2021), [전기자동차매뉴얼 이론&실무]

㉠ 절연 저항계의 (+) 단자를 고전압 배터리 팩 (+)측에 연결한다.

㉡ 절연 저항계를 통해 500V 전압을 인가한 후 안정된 저항 값을 측정하기 위해 약 1분간 대기한다.

㉢ 절연 저항값이 규정 값인 2MΩ 이상(20℃)인지 확인한다.

라) 절연 저항계의 (+) 단자를 고전압 배터리 (-)에 각각 연결한 후 저항 값을 측정 한다.
설명 내용과 그림의 (-) 아닌 (+)에 탐침봉을 그려 놓음.

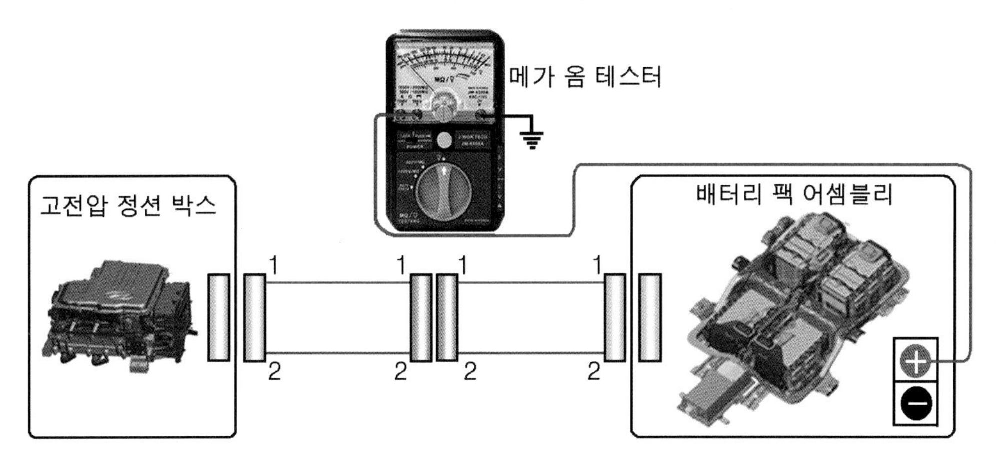

❖ **고전압 배터리 (–) 단자 절연 저항 점검**
출처 : ㈜ 골든벨(2021), [전기자동차매뉴얼 이론&실무]

㉠ 절연 저항계의 (+) 단자를 고전압 배터리 팩(-)측에 연결한다.

㉡ 절연 저항계를 통해 500V 전압을 인가한 후 안정된 저항 값을 측정하기 위해 약 1분간 대기한다.

㉢ 절연 저항 값이 규정 값인 2MΩ 이상 (20℃)인지 확인한다.

11. 고전압 배터리 팩 어셈블리 절연 저항 점검

1) 절연 저항계(메가 옴 테스터) 이용

가) 고전압 차단 절차를 수행한다.

나) 절연 저항계의 (-) 단자 (A)를 하부 배터리 케이스 또는 접지부에 연결한다.

다) 절연 저항계의 (+) 단자를 고전압 배터리 (+), (-)에 각각 연결한 후 저항 값을 측정한다.

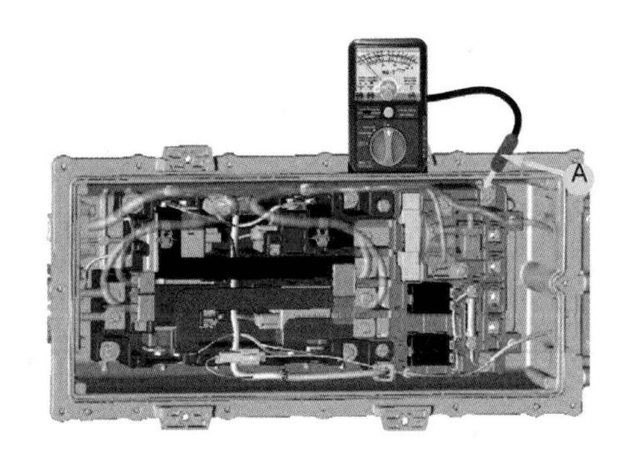

❖ **고전압 배터리 케이스 절연 저항 점검**
출처 : ㈜ 골든벨(2021), [전기자동차매뉴얼 이론&실무]

12. 파워 릴레이 어셈블리 고전압 파워 단자 (+) 측 절연 저항 점검

1) PRA 고전압 파워 단자 (+) 측에 절연 저항계의 (+)단자(A)를 연결한다.
2) 절연 저항계를 통해 500V 전압을 인가한 후 안정된 저항 값을 측정하기 위해 약 1분간 대기한다.
3) 절연 저항 값이 규정 값인 2MΩ 이상 (20℃)인지를 확인한다.

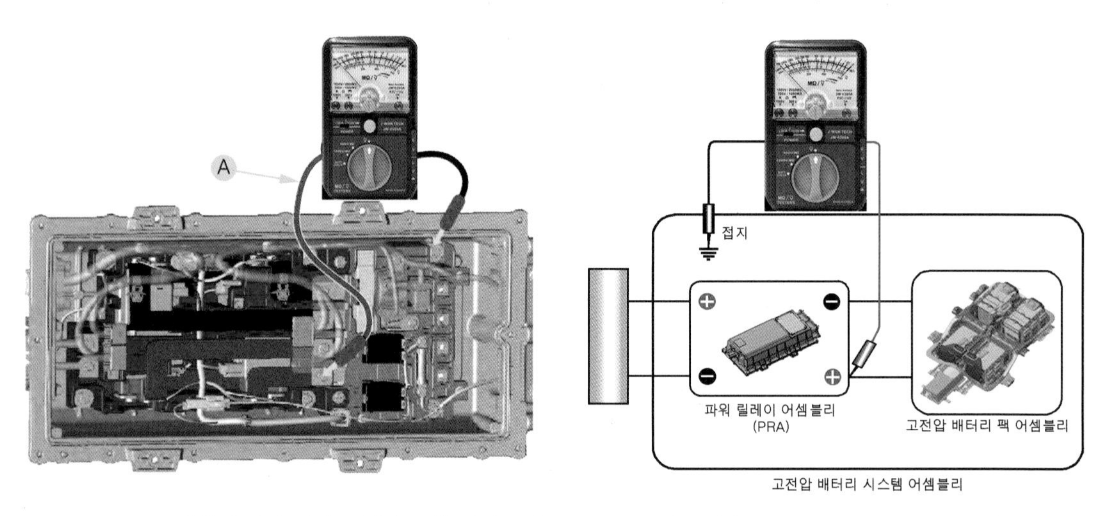

❖ **고전압 배터리 케이스 절연 저항 점검** 출처 : ㈜ 골든벨(2021), [전기자동차매뉴얼 이론&실무]

13. 파워 릴레이 어셈블리 고전압 파워 단자 (-) 측 절연 저항 점검

1) PRA 고전압 파워 단자 (-) 측에 절연 저항계의 (+)단자(A)를 연결한다.
2) 절연 저항계를 통해 500V 전압을 인가한 후 안정된 저항 값을 측정하기 위해 약 1분간 대기한다.
3) 절연 저항 값이 규정 값인 2MΩ 이상 (20℃)인지를 확인한다.

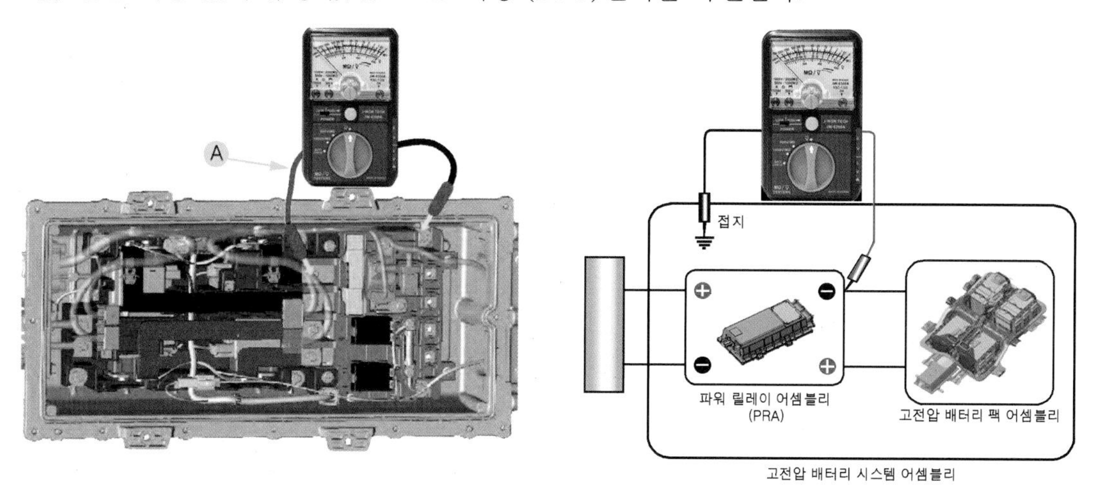

❖ **고전압 파워 (-) 단자 절연 저항 점검** 출처 : ㈜ 골든벨(2021), [전기자동차매뉴얼 이론&실무]

14. 파워 릴레이 어셈블리 인버터 파워 단자 (+) 측 절연 저항 점검

1) PRA 인버터 파워 단자 (+) 측에 절연 저항계의 (+)단자 (A)를 연결한다.
2) 절연 저항계를 통해 500V 전압을 인가한 후 안정된 저항 값을 측정하기 위해 약 1분간 대기한다.
3) 절연 저항 값이 규정 값인 2MΩ 이상 (20℃)인지를 확인한다.

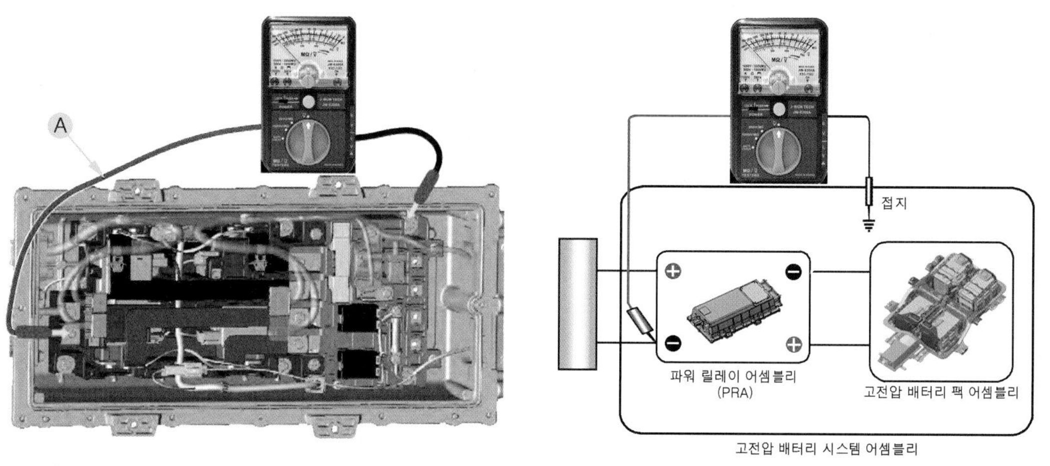

❖ **파워 릴레이 어셈블리 인버터 파워 (+) 단자 절연 저항 점검** 출처 : ㈜ 골든벨(2021), [전기자동차매뉴얼 이론&실무]

15. 파워 릴레이 어셈블리 인버터 파워 단자 (−) 측 절연 저항 값 점검

1) PRA 인버터 파워 단자 (-) 측에 절연 저항계의 (+)단자(A)를 연결한다.

2) 절연 저항계를 통해 500V 전압을 인가한 후 안정된 저항 값을 측정하기 위해 약 1분간 대기한다.

3) 절연 저항 값이 규정 값인 2MΩ 이상 (20℃)인지를 확인한다.

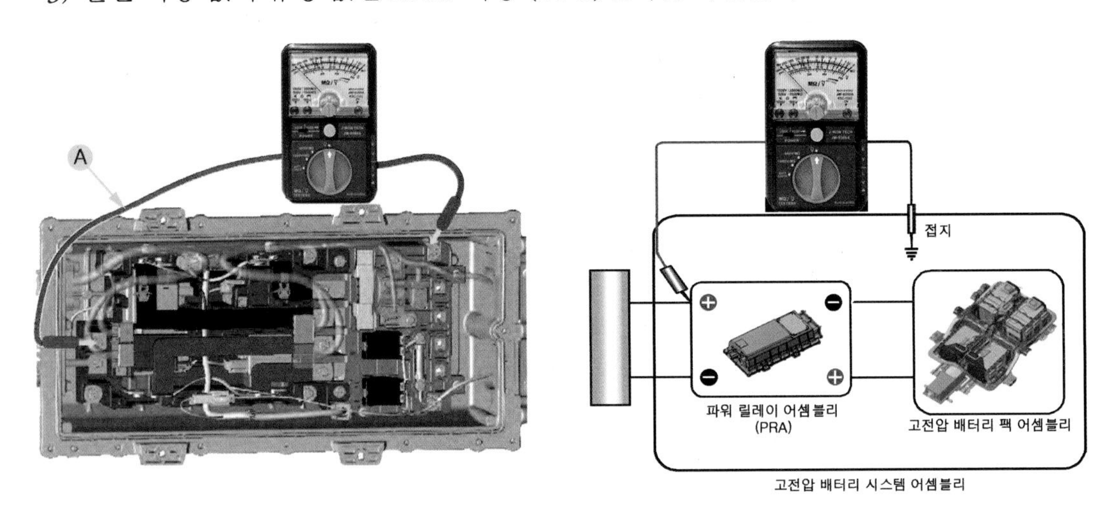

❖ **파워 릴레이 어셈블리 인버터 파워 (−) 단자 절연 저항 점검**
출처 : ㈜ 골든벨(2021), [전기자동차매뉴얼 이론&실무]

16. 고전압 메인 릴레이 (−) 스위치 저항 점검

1) 멀티미터 이용 (릴레이 OFF)

멀티 테스터를 이용하여 고전압 (-) 릴레이 OFF 상태에서 실시하는 점검 방법이며, 고전압 배터리 관련 시스템을 점검하기 위해 고전압 배터리 팩 어셈블리를 탈착한 경우는 장착하기 전에 플로우 잭을 이용하여 가장착 후 고전압 배터리의 이상 유무를 판단한 후 조치가 완료되면 고전압 배터리 팩 어셈블리를 차량에 장착한다.

가) 장착 스크루를 푼 후 PRA 톱 커버(A)를 탈착한다.

나) 그림과 같이 고전압 메인 릴레이의 저항을 측정하여 ∞Ω(20℃)의 규정 값 범주 내에 있는지 확인한다.

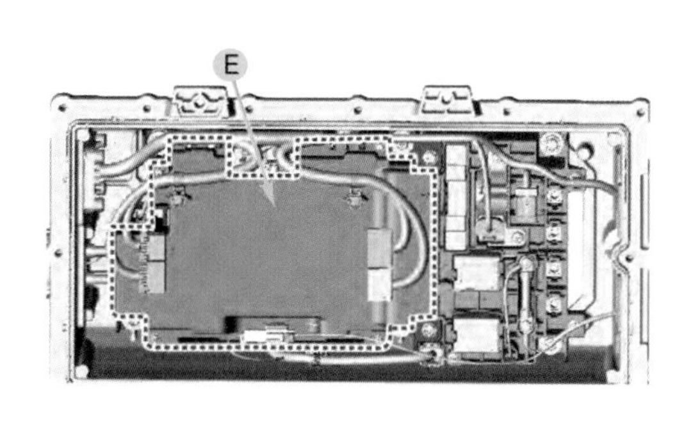

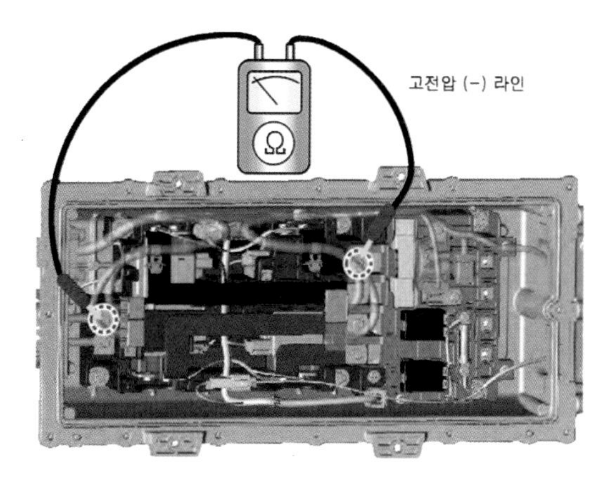

❖ 메인 릴레이 (-) 단자 저항 점검
출처 : ㈜ 골든벨(2021), [전기자동차매뉴얼 이론&실무]

2) GDS 이용 (릴레이 ON)

가) 고전압 회로를 차단한다.

나) 고전압 배터리 상부 케이스를 탈착한다.

다) 고전압 배터리 팩을 플로우 잭을 이용하여 차량에 가장착 한다.

라) GDS 장비를 자기진단 커넥터(DLC)에 연결한다.

마) 점화 스위치를 ON시킨다.

바) GDS의 강제 구동 기능을 이용하여, 메인 릴레이 (-)를 ON시킨다.

사) 릴레이 ON 시 "틱" 또는 "톡" 하는 릴레이 작동음을 확인한다.

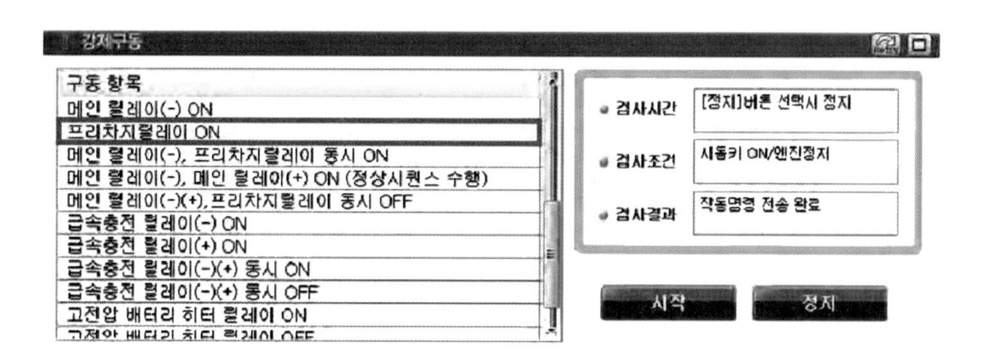

❖ GDS 장비를 이용 프리차지 릴레이 ON
출처 : ㈜ 골든벨(2021), [전기자동차매뉴얼 이론&실무]

17. 배터리 온도 센서 점검

배터리 온도 센서는 1~8번 모듈에 내장되어 있으며, 분해가 불가능하다.

1) 점화 스위치를 OFF 시킨다.

2) 고전압 회로를 차단한다.

3) 고전압 배터리 시스템 어셈블리를 탈착한다.

4) 고전압 배터리 팩 상부 케이스를 탈착한다.

5) 고전압 배터리 팩을 플로우 잭을 이용하여 차량에 가장착 한다.

6) GDS 장비를 자기진단 커넥터(DLC)에 연결한다.

7) 점화 스위치를 ON 시킨다.

8) GDS 서비스 데이터의 "배터리 모듈 온도"를 점검한다.

9) 점화 스위치를 OFF 시킨다.

10) 고전압 배터리 케이블 및 BMU 점검 단자를 분리한다.

11) 온도 센서별 저항 값을 정비지침서를 참조하여 확인한다.

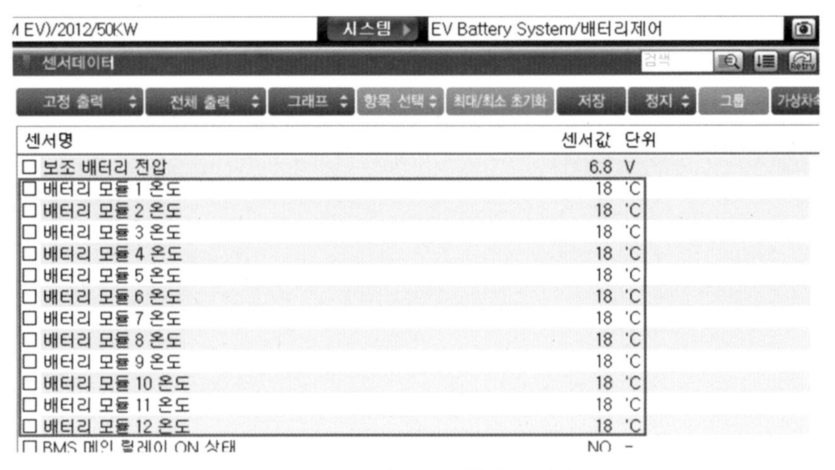

❖ GDS 장비를 이용 프리차지 릴레이 ON

출처 : ㈜ 골든벨(2021), [전기자동차매뉴얼 이론&실무]

18. 고전압 프리 차지 릴레이 코일 저항 점검

1) 고전압 차단 절차를 수행한다.

2) 리프트를 이용하여 차량을 들어올린다.

3) 장착 볼트 및 너트를 푼 후 고전압 배터리 프런트 언더 커버(A)를 탈착한다.

4) BMU 익스텐션 커넥터(B)를 분리한다.

5) 파워 릴레이 어셈블리 커넥터 8번과 9번 단자 사이의 저항을 측정하여 규정 값인 104.4~127.6Ω(20℃)의 범주 내에 있는지 점검한다.

19. 배터리 전류 센서 점검

1) 점화 스위치를 OFF시킨다.

2) 고전압 회로를 차단한다.

3) 고전압 배터리 시스템 어셈블리를 탈착한다.

4) 고전압 배터리 팩 상부 케이스를 탈착한다.

5) 고전압 배터리 팩을 플로우 잭을 이용하여 차량에 가장착 한다.

6) GDS 장비를 자기진단 커넥터(DLC)에 연결한다.

7) 점화 스위치를 ON 시킨다.

8) GDS 서비스 데이터의 "배터리 팩 전류"를 확인한다.

9) 전류별 출력 전압 값을 확인한다

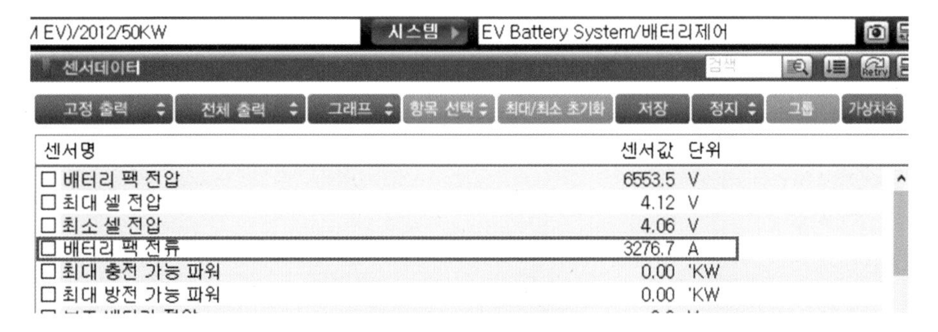

❖ 배터리 팩 전류 점검

출처 : ㈜ 골든벨(2021), [전기자동차매뉴얼 이론&실무]

186p

10) 배터리 센서 출력 전압

전 류 (A)	출력 전압 (V)
-400(충전)	0.5
-200(충전)	1.5
0	2.5
+200	3.5
+400	4.5

11) BMU 측 B01-1A 커넥터 1번 단자(센서 출력)와 18번(센서 접지) 사이의 전압 값이 정상 값의 범위인 약 2.5V ± 0.1V에 있는지 점검한다.

12) BMU 측 B01-1A 커넥터 17번 단자(센서 전원)와 18번(센서 접지) 사이의 전압 값이 정상 값의 범위인 약 5V ± 0.1V에 있는지 점검한다.

20. 안전 플러그 점검

고전압 시스템 관련 작업 안전사항 미 준수 시 감전 또는 누전 등으로 인한 심각한 사고를 초래할 수 있으므로 반드시 "안전사항 및 주의, 경고" 내용을 숙지하고 준수해야 한다.

1) 점화 스위치를 OFF시키고 보조 배터리 (-) 케이블을 분리한다.
2) 트렁크 러기지 보드를 탈착한다.
3) 안전 플러그 서비스 커버 를 탈착한다.
4) 안전 플러그를 탈착한다.
5) 육안 점검 및 통전 시험을 통하여 인터록 스위치 단자 상태 및 고전압으로 연결되는 단자의 이상 유무를 확인한다.

21. 안전 플러그 케이블 점검

1) 점화 스위치를 OFF시키고 보조 배터리(-) 터미널을 분리한다.
2) 고전압 회로를 차단한다.
3) 상부 케이스를 탈착한다.
4) 안전 플러그 케이블 커넥터를 분리한다.
5) 고정 너트를 풀고 안전 플러그 케이블 어셈블리를 탈착한다.
6) 탈착 절차의 역순으로 안전 플러그를 장착한다.

22. 고전압 과충전 스위치(VPD) 점검

1) 점화 스위치를 OFF시키고 보조 배터리 (-)터미널을 분리한다.
2) 고전압 회로를 차단한다.
3) 상부 케이스를 탈착한다.
4) VPD 단자 간의 통전 상태를 각 단품별로 저항 값이 규정 값인 0.375Ω 이하 (20℃)

인지를 점검한다.

5) 통전되지 않는다는 것은 과충전에 의해서 스위치 접점이 열려진 상태이거나 VPD 단품 자체에 이상이므로 배터리 팩 어셈블리를 모두 교환하여야 한다.

6) VPD 하니스 장착 시 오조립이 되면 프리차징 실패 또는 VPD 이상(고전압 배터리가 부푼 것으로 잘못 인식됨)으로 인식되므로 커넥터가 올바른 위치에 장착되어 있는지 꼭 확인하여야 한다.

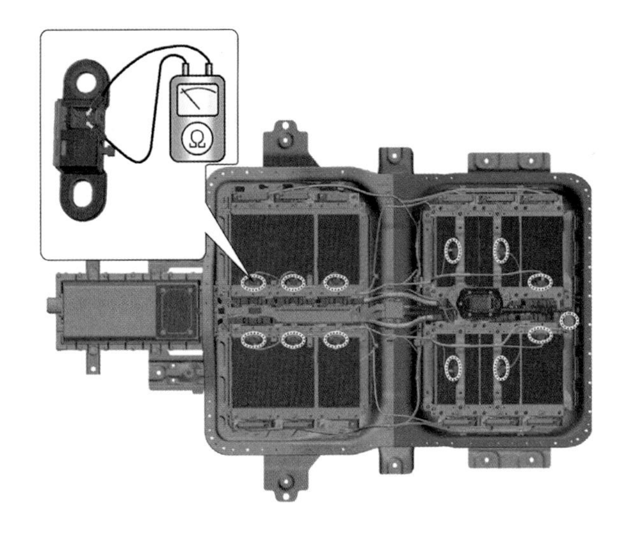

❖ 과충전 차단 스위치 점검
출처 : ㈜ 골든벨(2021), [전기자동차매뉴얼 이론&실무]

23. 고전압 배터리 히터 시스템 점검

고전압 배터리 히터, 고전압 배터리 히터 온도 센서, 인렛 온도 센서는 고전압 배터리 팩 어셈블리 통합형이므로 각 부품들은 별도 분리가 불가능하므로 각각의 부품 수리 시는 "고전압 배터리 팩 어셈블리" 탈부착 절차를 참조하여 점검한다.

가) 점화스위치를 OFF시킨다.

나) 고전압 회로를 차단한다.

다) 고전압 배터리 시스템 어셈블리를 탈착한다.

라) 고전압 배터리 팩 상부 케이스를 탈착한다.

마) 제원 값을 참조하여 저항이 제원 값과 상이한지 확인한다.

24. 고전압 배터리 히터 릴레이, 퓨즈 및 온도 센서 점검

고전압 배터리 히터, 고전압 배터리 히터 온도 센서, 인렛 온도 센서는 고전압 배터리 팩 어셈블리 통합형이므로 각 부품들은 별도 분리가 불가능하다.

1) GDS를 이용한 릴레이 ON 상태 점검

가) 고전압 회로를 차단한다.

나) 고전압 배터리 상부 케이스를 탈착한다.

다) 고전압 배터리 팩을 플로우 잭을 이용하여 차량에 가장착 한다.

라) GDS 장비를 자기진단 커넥터(DLC)에 연결한다.

마) 점화 스위치를 ON시킨다.

바) GDS 강제 구동 기능을 이용하여 고전압 배터리 히터를 제어하는 고전압 배터리 히터 릴레이를 ON 시킨다.

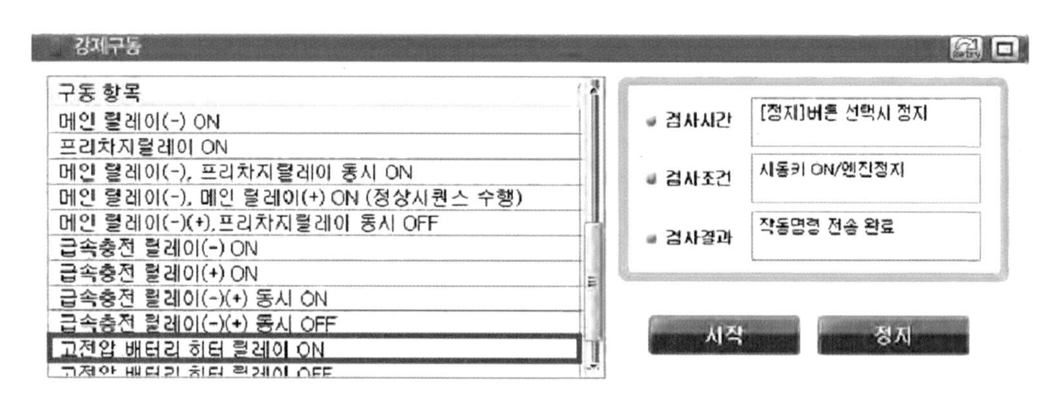

배터리 히터 릴레이 점검

출처 : ㈜ 골든벨(2021), [전기자동차매뉴얼 이론&실무]

2) 멀티 테스터기를 이용한 릴레이 OFF상태 점검

가) 고전압 회로를 차단한다.

나) 파워 릴레이 어셈블리를 탈착한다.

다) 파워 릴레이 어셈블리 커넥터 5번과 10번 단자 사이의 저항이 규정값인 54~66Ω 범위 내에 있는지 확인한다.

라) 고전압 배터리 히터 릴레이 퓨즈 A의 단선 여부를 점검 한다.

마) 탈착 절차의 역순으로 고전압 배터리 히터 릴레이를 장착한다.

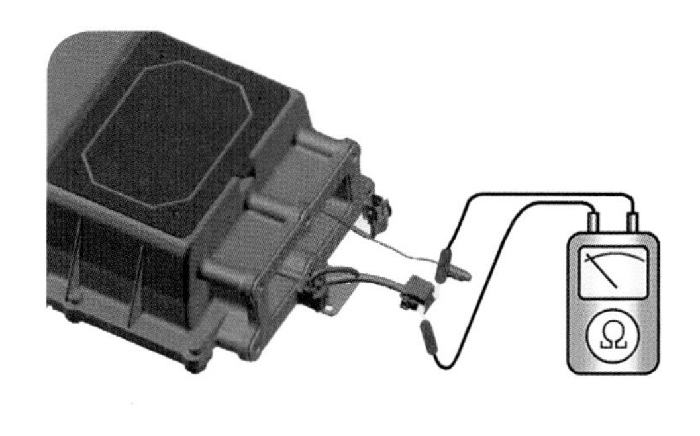

❖ **파워 릴레이 코일 저항 점검**

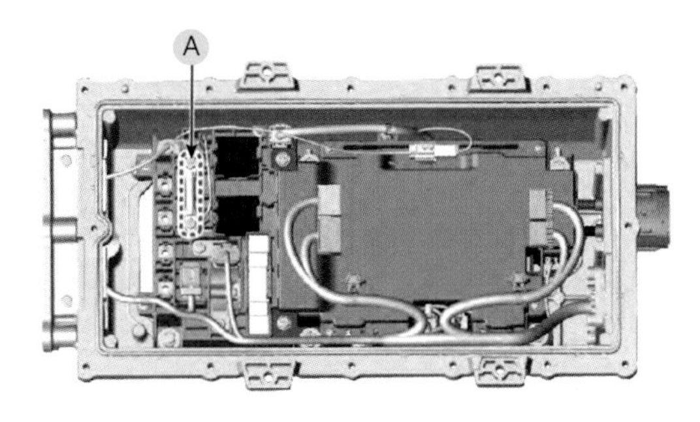

❖ **배터리 히터 릴레이 퓨즈 점검**

출처 : ㈜ 골든벨(2021), [전기자동차매뉴얼 이론&실무]

3) 히터 온도 센서 점검

센서데이터 114/145 검색

고정 출력 | 전체 출력 | 그래프 | 항목 선택 | 최대/최소 초기화 | 저장 | 정지 | 그룹 | 가상차속

센서명	센서값	단위
배터리 셀 전압 88	3.92	V
배터리 셀 전압 89	3.92	V
배터리 셀 전압 90	3.92	V
배터리 셀 전압 91	3.92	V
배터리 셀 전압 92	3.92	V
배터리 셀 전압 93	3.92	V
배터리 셀 전압 94	3.92	V
배터리 셀 전압 95	3.92	V
배터리 셀 전압 96	3.92	V
배터리 모듈 6 온도	19	'C
배터리 모듈 7 온도	19	'C
배터리 모듈 8 온도	19	'C
최대 충전 가능 파워	90.00	'KW
최대 방전 가능 파워	90.00	'KW
배터리 셀간 전압편차	0.00	V
급속충전 정상 진행 상태	OK	-
에어백 하네스 와이어 듀티	80	%
히터 1 온도	0	'C
히터 2 온도	0	'C
최소 열화	0.0	%
최대 열화 셀 번호	0	-
최소 열화	0.0	%
최소 열화 셀 번호	0	-

❖ **배터리 히터 온도 센서 점검**

출처 : ㈜ 골든벨(2021), [전기자동차매뉴얼 이론&실무]

가) 고전압 회로를 차단한다.

나) 고전압 배터리 상부 케이스를 탈착한다.

다) 고전압 배터리 팩을 플로우 잭을 이용하여 차량에 가장착 한다.

라) GDS 장비를 자기진단 커넥터(DLC)에 연결한다.

마) 점화 스위치를 ON시킨다.

바) GDS 서비스 데이터의 "히터 온도"를 확인한다.

사) 점화 스위치를 OFF시킨다.

아) 특수공구(고전압 배터리 케이블 및 BMU 점검 단자)를 분리한다.

자) 정비 지침서를 참조하여 온도별 저항 값을 확인한다.

25. 배터리 흡기 온도 센서(인렛 온도 센서) 점검

고전압 배터리 히터, 고전압 배터리 히터 온도 센서, 인렛 온도 센서는 고전압 배터리 팩 어셈블리 통합형이므로 각 부품들은 별도 분리가 불가능하다.

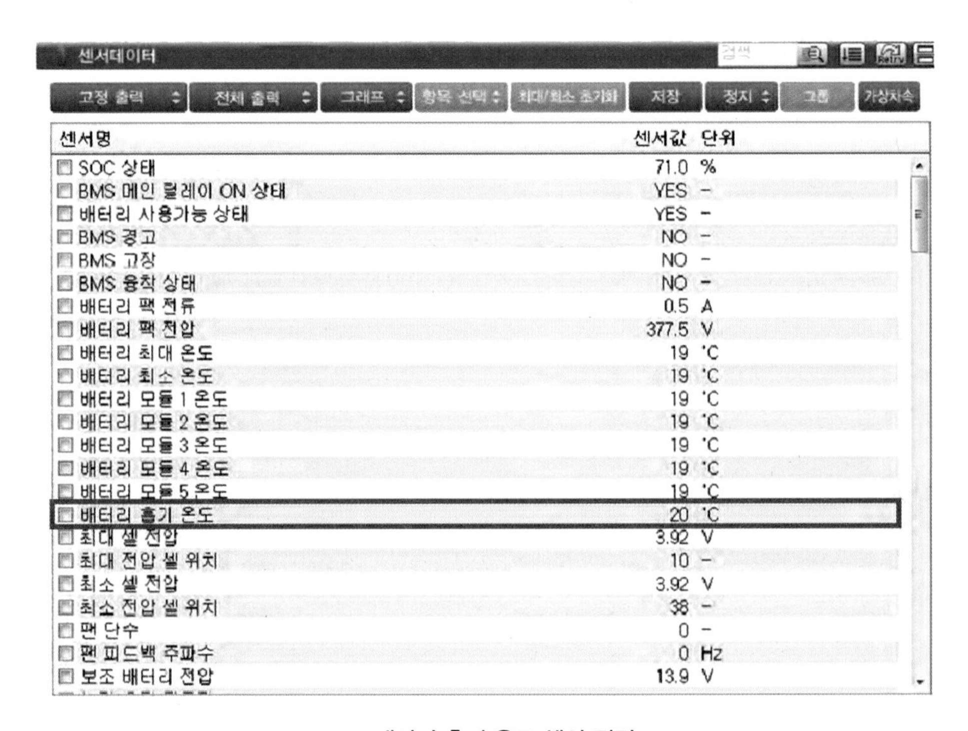

센서명	센서값	단위
SOC 상태	71.0	%
BMS 메인 릴레이 ON 상태	YES	-
배터리 사용가능 상태	YES	-
BMS 경고	NO	-
BMS 고장	NO	-
BMS 융착 상태	NO	-
배터리 팩 전류	0.5	A
배터리 팩 전압	377.5	V
배터리 최대 온도	19	˚C
배터리 최소 온도	19	˚C
배터리 모듈 1 온도	19	˚C
배터리 모듈 2 온도	19	˚C
배터리 모듈 3 온도	19	˚C
배터리 모듈 4 온도	19	˚C
배터리 모듈 5 온도	19	˚C
배터리 흡기 온도	20	˚C
최대 셀 전압	3.92	V
최대 전압 셀 위치	10	-
최소 셀 전압	3.92	V
최소 전압 셀 위치	38	-
팬 단수	0	-
팬 피드백 주파수	0	Hz
보조 배터리 전압	13.9	V

❖ **배터리 흡기 온도 센서 점검**

출처 : ㈜ 골든벨(2021), [전기자동차매뉴얼 이론&실무]

1) 점화 스위치를 OFF 시킨다.

2) 고전압 회로를 차단한다.

3) 고전압 배터리 시스템 어셈블리를 탈착한다.

4) 고전압 배터리 팩 상부 케이스를 탈착한다.

5) 고전압 배터리 팩을 플로우 잭을 이용하여 차량에 가장착 한다.

6) GDS 장비를 자기진단 커넥터(DLC)에 연결한다.

7) 점화 스위치를 ON시킨다.

8) GDS 서비스 데이터의 “배터리 흡기 온도”를 확인한다.

9) 점화 스위치를 OFF시킨다.

10) 정비지침서를 참조하여 온도별 저항 값을 확인한다.

26. 고전압 배터리 쿨링 시스템 점검

1) 점화 스위치를 OFF 시키고 보조 배터리(12V)의 (-) 케이블을 분리한다.

2) GDS를 자기진단 커넥터(DLC)에 연결한다.

3) 점화 스위치를 ON시킨다.

4) GDS 장비를 이용하여 강제 구동을 실시하여 “팬 구동 단수에 따른 듀티값 및 파형”을 점검한다.

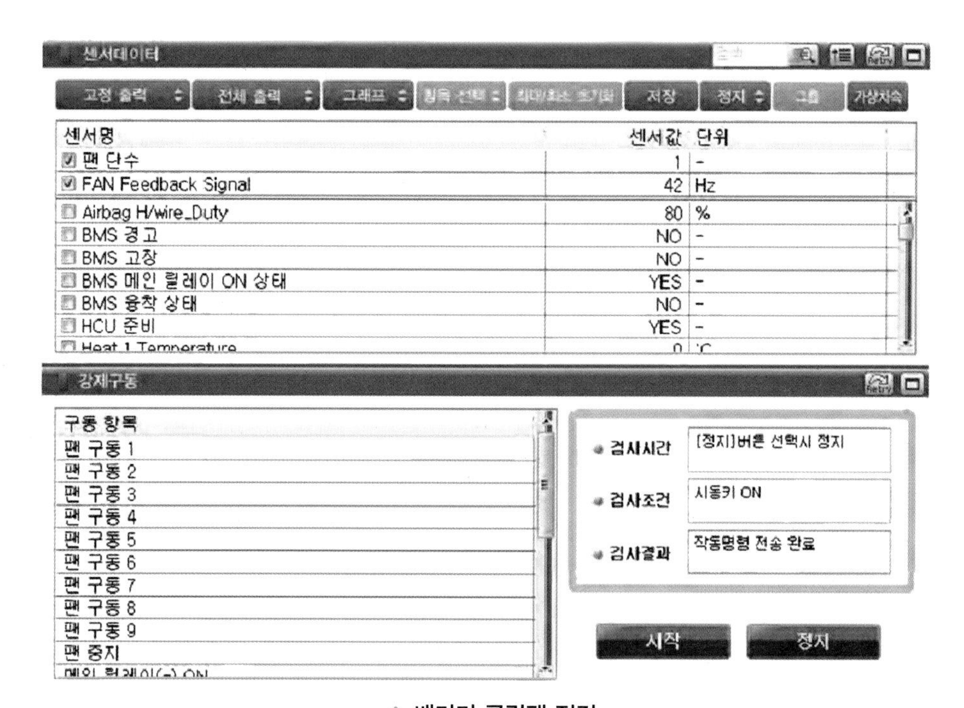

❖ **배터리 쿨링팬 점검**

출처 : ㈜ 골든벨(2021), [전기자동차매뉴얼 이론&실무]

07 배터리 검사

고전압 배터리의 탑재 장소는 차량에 따라 약간의 차이는 있으나 보편적으로 차량의 후미 트렁크 부위에 배치한다.

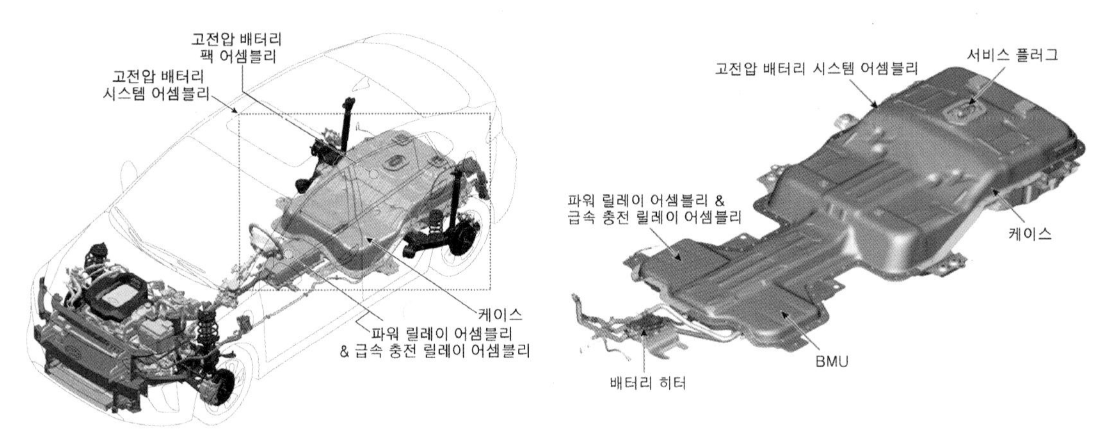

❖ **고전압 배터리 시스템 구성**
출처 : ㈜ 골든벨(2021), [전기자동차매뉴얼 이론&실무]

1. 고전압 배터리 검사 준비

고전압 배터리 관련 시스템을 점검하기 위해 고전압 배터리 팩 어셈블리를 탈착하여 점검하며, 적합한 공구를 준비한다. 또한 차종에 적합한 특수 공구를 사용하여 고전압 배터리의 이상 유무를 검사 및 판단한 후 조치가 완료되면 고전압 배터리 시스템 어셈블리를 차량에 장착한다.

❖ **고전압 배터리 검사 전 조치**
출처 : ㈜ 골든벨(2021), [전기자동차매뉴얼 이론&실무]

2. 고전압 메인 릴레이 융착 상태 검사(BMU 융착 상태 점검)

전기회로에서 접촉 부분이 용융되어 접점이 달라붙는 현상을 융착이라고 하며, 고전압 릴레이가 융착되어 정상적인 ON·OFF 제어가 불가능한 상태가 되면 충전과 방전을 제한하며, 경고등이 점등되고 고장 코드가 발생한다. 이때 센서 데이터 진단을 통하여 BMU의 융착 상태를 점검한다.

(1) 점검 시 주의 사항

1) 고전압 메인 릴레이의 융착 유무는 GDS 장비의 서비스 데이터와 직접 측정 방식으로 확인이 가능하다.
2) 점검을 위하여 배터리 팩 어셈블리를 안전하게 탈착하기 위해서는 작업 전에 고전압 메인 릴레이 융착 상태 점검을 실시한다.
3) 고전압 배터리 관련 시스템을 점검하기 위해 고전압 배터리 팩 어셈블리를 탈착한 경우는 장착하기 전에 플로우 잭을 이용하여 가장착한 후 전기 자동차 전용 점검 도구를 사용하여 고전압 배터리의 이상 유무를 검사한다.
4) 점검 검사 후 정상일 경우에 고전압 배터리팩 어셈블리를 차량에 장착한다.

(2) GDS 장비를 이용한 서비스 데이터 점검

1) GDS를 자기진단 커넥터(DLC)에 연결한다.
2) 점화 스위치를 ON 시킨다.
3) GDS 서비스 데이터의 BMU 융착 상태를 확인한다.

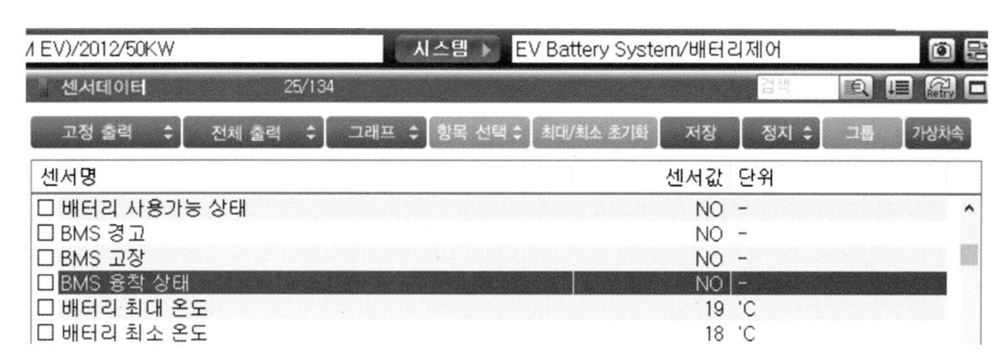

❖ BMU 융착 점검
출처 : ㈜ 골든벨(2021), [전기자동차매뉴얼 이론&실무]

(2) 멀티미터를 이용한 직접 측정

1) 고전압 차단 절차를 수행한다.

2) 리프트를 이용하여 차량을 들어올린다.

3) 장착 너트를 푼 후 고전압 배터리 하부 커버를 탈착한다.

4) 장착 볼트를 푼 후 PRA 및 BMU 고전압 정션박스 어셈블리 브래킷을 탈착한다.

5) 장착 볼트를 푼 후 PRA 및 BMS 고전압 정션박스 어셈블리 커버를 탈착한다.

6) BMU 커넥터를 분리한다.

7) 장착 스크루를 푼 후 PRA 톱 커버를 탈착한다.

8) 그림과 같이 고전압 메인 릴레이의 융착 상태는 측정 저항값이 ∞Ω(20℃) 규정범위 이내에 있는지 여부를 점검한다.

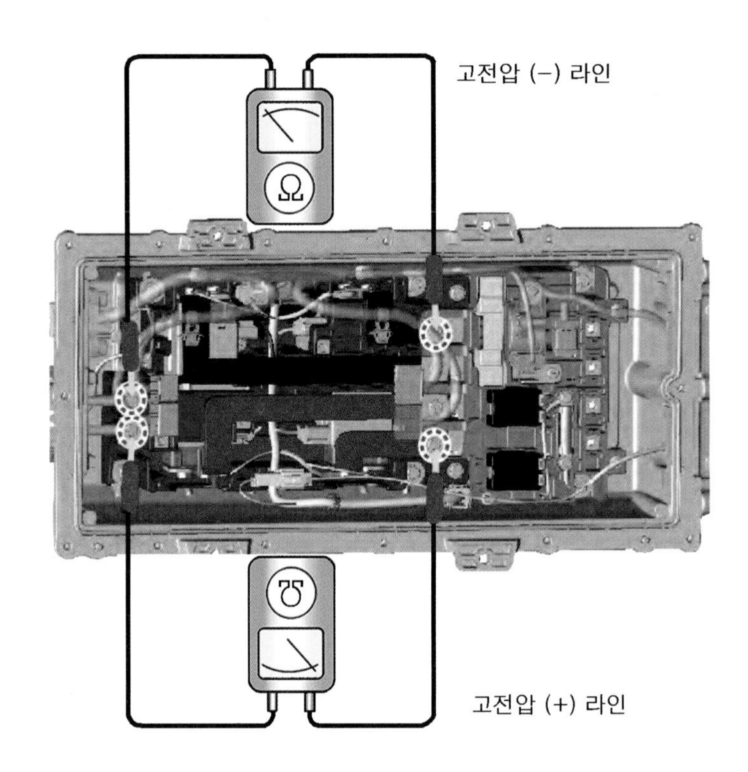

❖ **고전압 메인 릴레이 융착 점검**

출처 : ㈜ 골든벨(2021), [전기자동차매뉴얼 이론&실무]

3. 고전압 메인 릴레이 코일 저항 측정

1) BMU 익스텐션 커넥터를 분리한다.
2) 파워 릴레이 어셈블리 커넥터 7번과 8번단자[메인 릴레이 (+)], 3번과 8번 단자[메인 릴레이 (-)]사이의 저항을 측정하여 규정 값인 21.6~26.4Ω(20℃) 범위인지를 확인한다.

4. 고전압 배터리 손상 점검 방법

- 전압/온도/절연저항/단락 및 파손(육안)
- 전해액 누설 점검

5. 고전압 배터리 폐기 주의 사항

아래와 같은 징후가 감지되면 염수침전(소금물에 담금) 방식으로 즉시 방전 시킨다.

- 화재의 흔적이 있거나 연기 발생
- 전압이 비정상적으로 높은 경우
- 온도가 비정상적으로 상승 하는 경우
- 전해액 누설이 의심되는 경우

[염수침전방법]

- 배터리 전체를 완전히 침수시킬 수 있는 용기에 물을 채운다.
- 배터리를 90시간 이상 물에 완전히 담근 후 방치한다.
- 농도가 3.5%정도가 되도록 소금을 넣는다.
- 48시간 이상 추가 방치한다.
- 배터리를 꺼내어 건조한다.

* 염분은 방전 속도를 향상시키지만 발열을 촉진할 수 있음으로 일반 물에 담근 후 소금을 넣어 농도를 맞춘다.

* 방전 완료 후 각 셀의 전압은 1.2V이하 이여야 한다.

6. 고품 배터리 시스템 점검 및 방전 절차

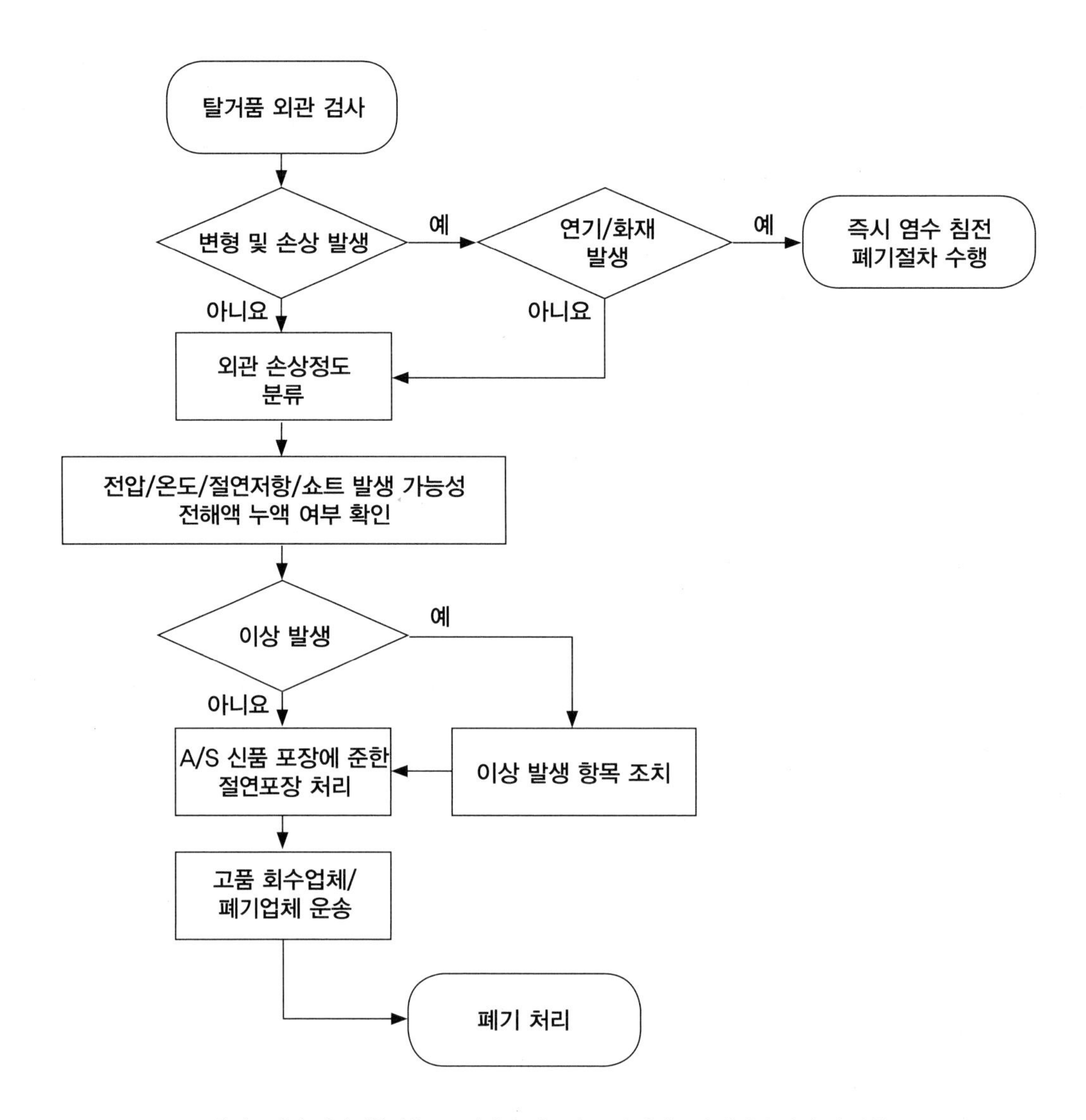

출처 : 기아 정비지침서 '고품 배터리 시스템 보관, 운송, 폐기'에서 발췌 및 변형

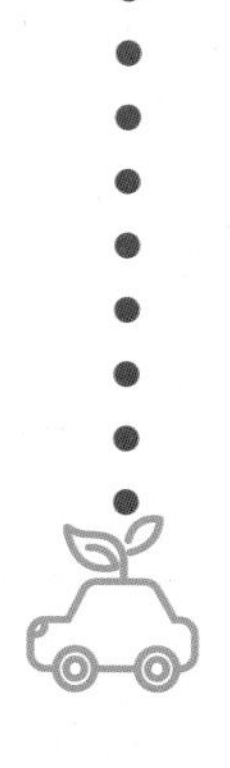

제4장

전기자동차 충전 시스템

1. 충전시스템의 개요
2. 고전압 배터리 충전기준
3. 고전압 배터리 충전기 종류
4. 고전압 배터리 무선 충전시스템

제4장

전기자동차 충전 시스템

01 충전시스템 개요

1. 개요

전기 자동차는 고전압 배터리에 저장된 전기 에너지를 모두 사용하면 더 이상 주행을 할 수 없게 되는데 이때 고전압 배터리에 전기 에너지를 다시 충전하여 사용해야 하며, 전기차의 충전방식은 급속, 완속, 회생 제동의 3가지 종류가 있다. 완속 충전기와 급속 충전기는 별도로 설치된 220V나 380V용 전원을 이용해 충전하는 방식이고, 회생 제동을 통한 충전은 감속 시에 발생하는 운동 에너지를 이용하여 구동모터를 발전기로 사용하여 배터리를 충전하는 것을 말한다. 완속 충전 시에는 차량 내에 별도로 설치된 충전기(OBC)를 거쳐서 고전압 배터리가 충전된다.

❖ **급속충전기**

출처 : ㈜ 골든벨(2021), [전기자동차매뉴얼 이론&실무]

급속 충전과 완속 충전을 동시에 행할 수는 없다. 완속 충전은 AC 100, 220V 전압의 완속 충전기(OBC)를 이용하여 교류전원을 직류전원으로 변환하여 고전압 배터리를 충전하는 방법이다. 완속 충전 시에는 표준화된 충전기를 사용하여 차량의 앞쪽에 설치된 완속 충전기 인렛을 통해 충전하여야 한다. 급속 충전보다 더 많은 시간이 필요하지만 급속 충전보다 충전 효율이 높아 배터리 용량의 90%까지 충전할 수 있으며, 이를 제어하는 것이 BMU와 IG3 릴레이 # 2, 3, 5이다.

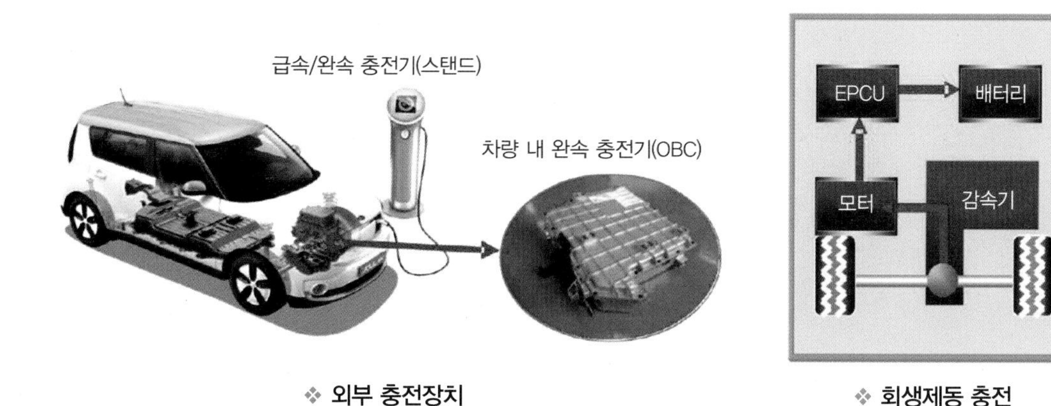

❖ 외부 충전장치 ❖ 회생제동 충전

출처 : 기아자동차, [쏘울 전기자동차] EV 신차교육교재

02 고전압 배터리 충전기준

1. 충전방식 구분

- 급속 충전

  별도로 설치된 급속 충전 스탠드를 이용하여 고전압으로 배터리를 직접 충전하는 방식

- 완속 충전기

  별도로 설치된 완속 충전 스탠드를 이용하여 차량 내 OBC를 거쳐서 충전하는 방식

- 완속 충전기 (OBC)

  완속 충전 시 차량내에서 AC 교류 입력을 DC 직류 출력으로 변환해주는 충전기

(1) 급속 충전 방식

가) 외부 충전 전원 (380V)을 이용하여 고전압 배터리를 직접 충전하는 방식
(고전압 정션 블록으로 직접 공급)

나) SOC 80%까지만 충전

다) DC 380V, 전류 200A (100kW / 50kW급)
100㎾급 충전기 충전 시간 약 20~25분
50㎾급 충전기 충전 시간 약 30~35분

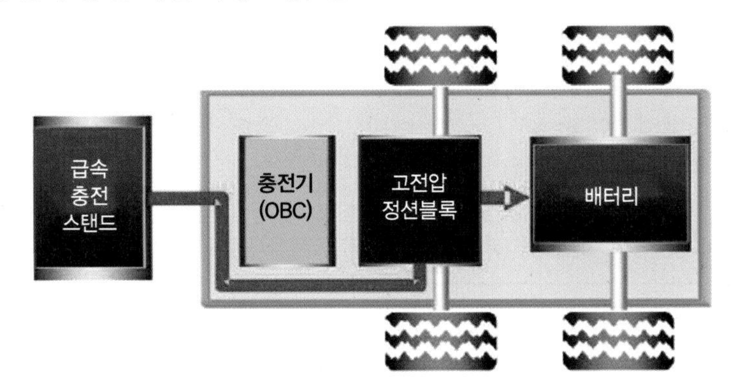

❖ **급속충전방식 블록 다이어그램**
출처 : 기아자동차, [쏘울 전기자동차] EV 신차교육교재

(2) 완속 충전 방식

가) 외부 충전 전원 (220V)을 이용하여 차량 내 OBC를 통하여 DC 360V로 변환해서 충전하는 방식.

나) SOC 95%까지 충전

다) AC 220V, 전류 35A (7.7kW급)
충전 시간 약 4~5시간

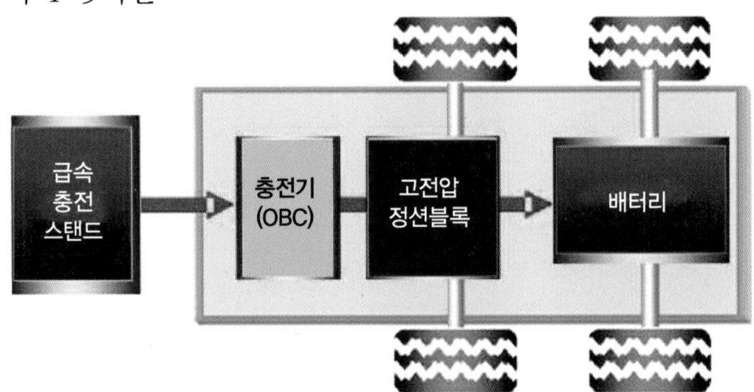

❖ **완속 충전 방식**
출처 : 기아자동차, [쏘울 전기자동차] EV 신차교육교재

2. 충전시스템 입·출력 요소

(1) PE (Power Electric) 제어기 전원 공급도

전기차의 PE 부품 제어기를 구동하기 위한 릴레이는 IG3 릴레이 라고하며 각각의 전원 공급은 회로와 같다.

가) IG S/W ON 시(일반 주행 시)

일반 전장품 전원공급 IG3 RLY#3번 ON → PE 제어기 전원공급

나) 완속 충전 시

완속 충전기에서 OBC Wake-up, OBC에서 IG3 RLY#2번 ON → PE 제어기 전원공급

다) 급속 충전 시

급속 충전기에서 BMS Wake-up, BMS에서 IG3 RLY#5번 ON → PE 제어기 전원공급

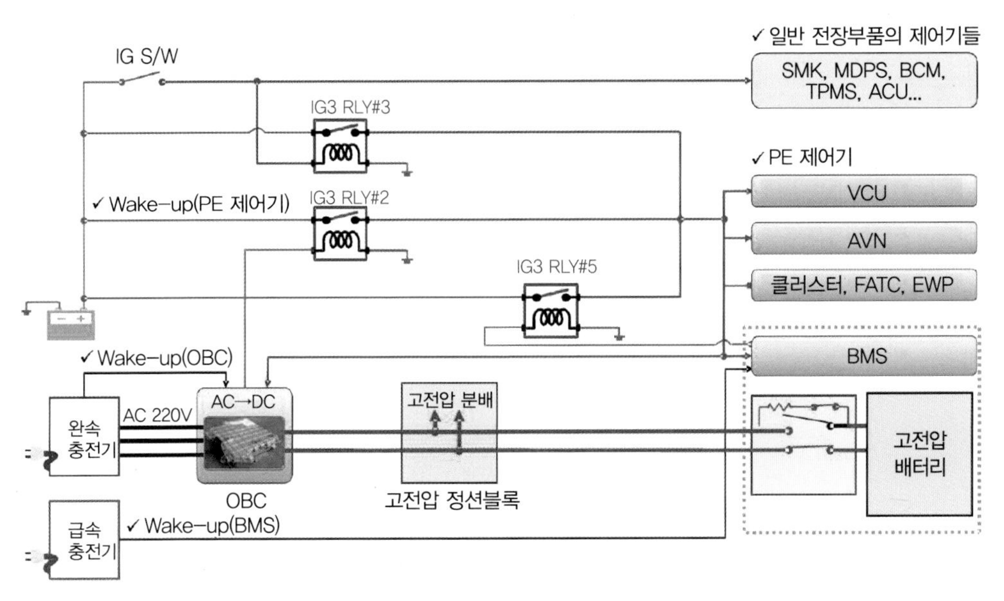

❖ **PE제어기 전원 공급 회로**
출처 : 기아자동차, [쏘울 전기자동차] EV 신차교육교재

3. 전기자동차 충전커넥터

충전커넥터는 국가별 차이가 있으나, 우리나라는 미국과 동일한 Type1(완속), Combo1 (급속) 방식을 사용하고 있다.

Type 1	Combo 1	Type 2	Combo 2	CHAdeMO	Tesla
완속	완속+급속	완속	완속+급속	급속	급속
한국 / 미국 / 일본	한국 / 미국	유럽 / 중국	유럽	일본	미국

출처 : KOTRA 자동차분야 신산업 동향 및 밸류체인 분석(2019.1.)

전기차 충전 방식은 제조사별로 충전기 전압·전류가 달라 오류가 발생하기도 하며 충전인프라-전기차의 통신 문제 등 다양한 문제로 인해 충전 오류가 발생하고 있다. 이에 따라 사용자 편의를 위해 호환성 확보는 필수적인 요소이며, 적합한 기준을 마련하는 것이 전기차 보급 확산에 기여할 수 있을 것이다. 우리나라에서는 아래와 같은 기술기준 및 산업표준을 제정하여 호환성 확보에 힘쓰고 있으며 아직 제정되지 않은 전기차 무선충전 기술에 대한 국제 표준화를 주도하기 위해 주행중 무선충전 상호운용성 및 안전성, 주행중 무선충전 통신 요구 사항 제안 등 선도적인 역할을 수행 하여 국제표준 선점을 통한 우리 기업의 세계시장 진출을 지원하고자 한다.

- 전기자동차 충전기 기술기준 [산업통상자원부 고시 제2022-164호, 2022.9.29]
- 주요 표준번호 및 표준명

표준 번호	표준명
KS C IEC61851-1	전기자동차 전도성 충전 시스템 — 제1부: 일반 요구사항
KS R IEC61851-23	제 23부: 전기자동차 직류 충전 스테이션
KS R IEC61851-24	제24부: 전기자동차 직류 충전 설비와 전기자동차 사이의 직류 충전 제어용 디지털 통신
KS R IEC61851-25	제25부: 전기적 분리 보호형 직류 전기자동차 전원공급장치
KS R IEC62196-1	플러그, 소켓 — 아웃렛, 자동차 커넥터 및 자동차 인렛 — 전기자동차의 전도성 충전 — 제 1부: 일반 요구 사항
KS R IEC62196-2	제2부: 교류 핀과 접촉 튜브 부속품에 대한 치수 적합성 및 상호 호환성 요구사항
KS R IEC62196-3	제 3부: 직류 및 교류/직류 핀과 접촉 튜브 자동차 커플러에 대한 치수 적합성 및 상호 호환성 요구 사항
KS R IECTS62196-3-1	제3-1부: 열관리시스템과 같이 사용하기 위한 직류 충전용 자동차 커넥터, 자동차 인렛 및 케이블 어셈블리
KS C IEC62893-1	정격 전압 0.6/1 kV 이하 전기자동차용 충전 케이블 — 제1부: 일반 요구사항
KS C IEC62893-2	제2부 : 시험방법
KS C IEC62893-3	제3부: 정격 전압 450/750 V 이하 KS R IEC 61851-1 모드 1, 2 및 3에 따른 AC 충전용 케이블
KS C IEC62893-4-1	제4-1부: KS R IEC 61851-1 모드 4에 따른 DC 충전 케이블 — 열 관리 시스템을 사용하지 않는 DC 충전
KS C IECTS62893-4-2	제4-2부: KS R IEC 61851-1 모드 4에 따른 DC 충전 케이블 — 열 관리 시스템과 함께 사용되는 케이블

출처 : 국가표준인증 통합정보시스템

03 고전압 배터리 충전기 종류

1. 급속 충전기

(1) 급속 충전 전원공급도

급속 충전은 차량 외부에 별도로 설치된 차량 외부 충전스탠드의 급속 충전기를 사용하여 DC 380V의 고전압으로 고전압 배터리를 빠르게 충전하는 방법이다. 급속 충전 시스템은 급속 충전 커넥터가 급속 충전 포트에 연결된 상태에서 급속 충전 릴레이와 PRA 릴레이를 통해 전류가 흐를 수 있으며, 외부 충전기에 연결하지 않았을 경우에는 급속 충전 릴레이와 PRA 릴레이를 통해 고전압이 급속 충전 포트에 흐르지 않도록 보호한다.

급속 충전 시에는 충전기 내에서 BMS로 12V 전원을 인가하고 BMS는 고전압 정션 블록의 급속 충전 전용 릴레이 (200A)를 ON 시킨다. 동시에 IG3 5번 릴레이를 ON 하면 PE 제어기에 전원이 공급되고 DC 50~500V, 200A로 충전을 시작한다. 충전 효율은 배터리 용량의 80~84%까지 충전할 수 있으며, 1차 급속 충전이 끝난 후 2차 급속 충전을 하면 배터리 용량(SOC)의 95%까지 충전할 수 있다.

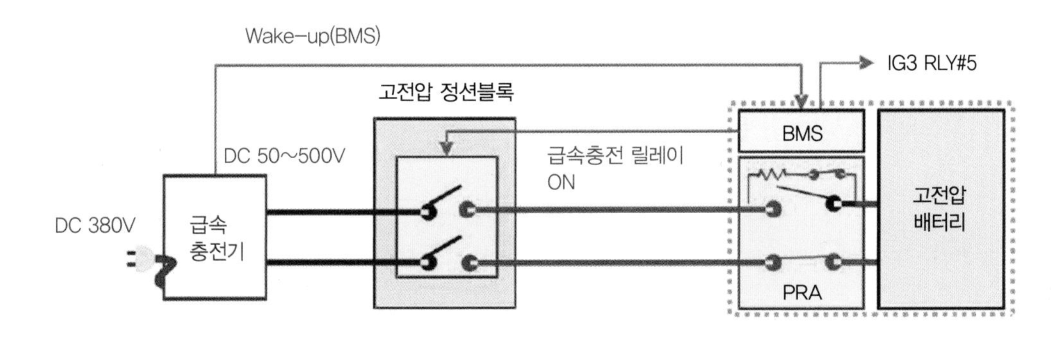

❖ **전원 공급도**
출처 : 기아자동차, [쏘울 전기자동차] EV 신차교육교재

(2) 충전 형식

가) 충전 전원

100kW 충전기는 500V 200A.

50kW 충전기는 450V 110A.

나) 충전 방식 : 직류 (DC)

다) 충전 시간 : 약 25분

라) 충전 흐름도

급속 충전스탠드 → 급속 충전 포트 → 고전압 정션 박스 → 급속 충전 릴레이(QRA) → PRA → 고전압 배터리 시스템 어셈블리

마) 충전량 : 고전압 배터리 용량(SOC)의 80~84%

(3) 충전 방법

(가) 일반 충전(80%)

1) 변속 레버 P, IG Key Off
2) 급속 충전 포트 연결(체결)
3) 급속 충전기 표시창에서 충전량 선택 후 충전 시작
4) 충전이 완료되면 충전 포트에서 고전압 커넥터 제거

(나) 추가 충전(95%)

1) 일반충전 완료 후 고전압 커넥터 일시 제거
2) 급속 충전 포트에 재체결
3) 충전량 선택(만 충전 / 최대 충전 시간) 후 충전 시작
4) 충전이 완료되면 충전 포트에서 고전압 커넥터 제거

(4) 충전 유의사항

가) 일반 충전 완료 (83.5% 또는 83%) 후 추가 충전 가능함

나) 추가 충전은 상온(배터리 온도 15℃ 이상)에서만 가능

다) 충전량 설정은 급속 충전기 제조사 사양에 따라 다름

라) 만 충전을 원할 경우 화면 표시 중 최대값 선택(충전 시간 or SOC or Full)

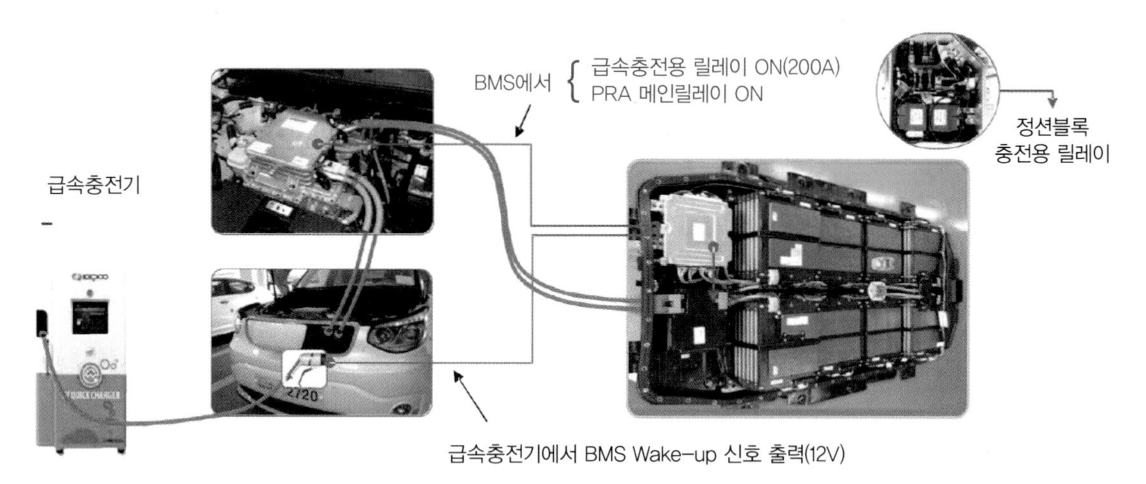

❖ **급속 충전 다이어그램**
출처 : 기아자동차, [쏘울 전기자동차] EV 신차교육교재

2. 완속 충전기

(1) 완속 충전 전원공급도

완속 충전은 AC 100, 220V 전압의 완속 충전기(OBC)를 이용하여 교류전원을 직류 전원으로 변환하여 고전압 배터리를 충전하는 방법이다. 완속 충전 시에는 표준화된 충전기를 사용하여 차량의 앞쪽에 설치된 완속 충전기 인렛을 통해 충전하여야 한다. 급속 충전보다 더 많은 시간이 필요하지만 급속 충전보다 충전 효율이 높아 배터리 용량의 90%까지 충전할 수 있다.

완속 충전 시에는 충전기 내에서 12V 전원을 OBC로 인가해 (Wake-up) OBC에서 IG3 2번 릴레이를 ON 시킨다, 동시에 PE 부품이 깨어나고 OBC를 통해서 AC 220V 전원이 DC로 변환되어 배터리를 충전한다.

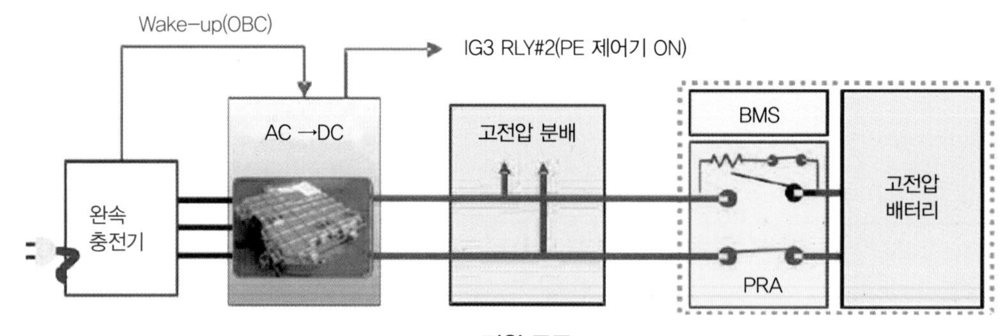

❖ **전원 공급도**
출처 : 기아자동차, [쏘울 전기자동차] EV 신차교육교재

(2) 충전 형식

가) **충전 전원** : 220V, 35A

나) **충전 방식** : 교류 (AC)

다) **충전 시간** : 약 5시간

라) **OBC의 최대출력(EVSE)** : 6.6kW

마) **충전 흐름도**

완속 충전 스탠드 → 완속 충전 포트 → 완속 충전기(OBC) → PRA → 고전압 배터리 시스템 어셈블리

바) **충전량** : 고전압 배터리 용량(SOC)의 90~95%

(3) 충전 방법

(가) 충전 스텐드를 통한 충전

1) 변속 레버 P, IG Key Off
2) 완속 충전 포트 연결(체결)
3) 완속 충전기 표시창에서 충전 시작
4) 충전이 완료되면 충전 포트에서 고전압 커넥터 제거

(나) ICCB (일반 전원)

1) 변속 레버 P, IG Key Off
2) ICCB 충전커넥터 연결(체결) 커넥터 체결 후 자동으로 충전 모드로 전환

3) 충전이 완료되면 충전 포트에서 고전압 커넥터 제거

(4) 충전 유의사항

가) 완속 충전은 충전 시작 시 만 충전(100%)을 기본으로 함.

나) 충전 시작 후 충전 예상소요시간이 클러스터에 표시됨(1분간)

다) 충전 소요 시간은 충전 전원(충전스탠드, ICCB)의 출력에 따라 상이할 수 있음

라) 충전 전원 레벨에 따른 충전 소요 시간 AVN에서 상시 표시
(Level 1 : 110V, Level 2 : 220V)

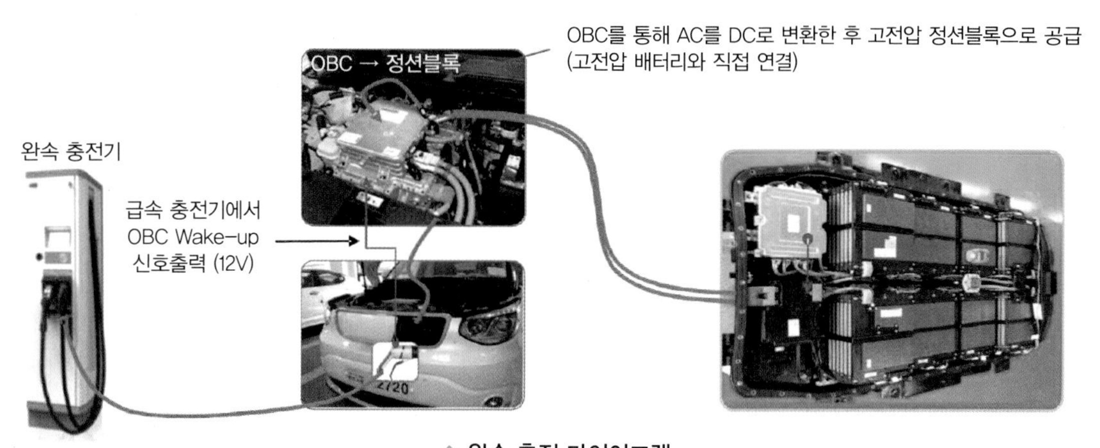

❖ **완속 충전 다이어그램**
출처 : 기아자동차, [쏘울 전기자동차] EV 신차교육교재

3. ICCB 충전기

(1) ICCB (In Cable Control Box) 충전

가) 가정용에서 충전 가능한 포터블 충전콘센트

나) 급속 / 완속 충전기 대용으로 활용 가능한 이동식 콘센트

다) AC 220V 가정용 전원과 완속 충전 포트 연결

라) 누설 전류 및 과전류 점검 기능 내장

마) AC 250V, 16A → 2.2kW (90%까지 충전 가능)

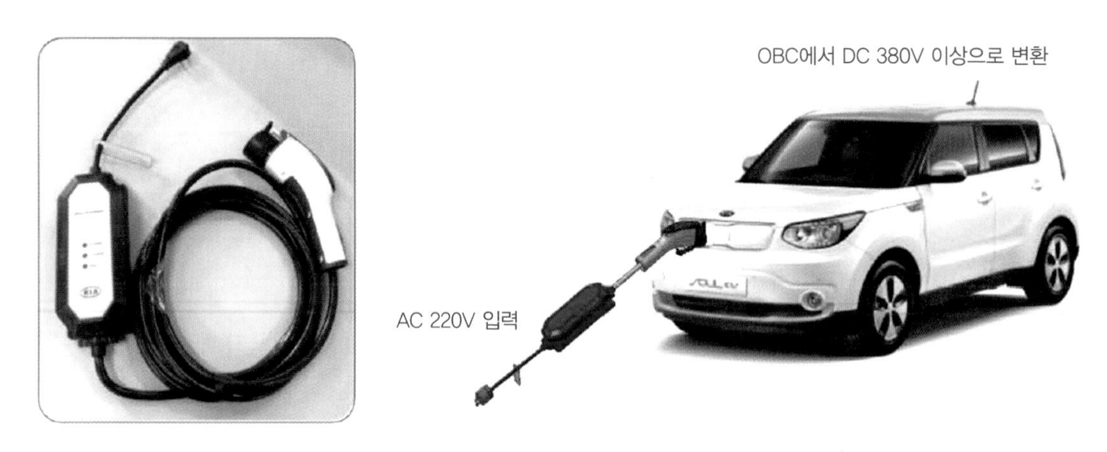

❖ ICCB(In Cable Control Box) 충전
출처 : 기아자동차, [쏘울 전기자동차] EV 신차교육교재

4. 회생 제동 충전

전기차의 회생 제동은 구동 모터를 발전기로 하여 발생하는 전력을 통해 제동력을 얻는 방식을 말한다. 또한 제동력뿐만 아니라 인버터를 적절히 제어해 고전압 배터리를 충전해 주는 충전시스템의 또 다른 방법으로도 쓰이게 된다. 구동 모터의 코일은 회전자에 있는 자석에 반발하는 자기장을 생성하는데, 코일에 전력을 공급할 때는 모터가 구동해서 차량이 주행하지만 반대로 제동 시에는 차량의 운동력이 거꾸로 진행되어 자석이 코일에서 전기를 발생시키게 되고 이렇게 발생된 전력을 통해 배터리를 충전할 수 있는 것이다.

회생 제동을 위한 B-레인지에서는 희생 제동을 통한 충전량을 최대로 하기 위해 구동 모터의 발전량을 증대시킨다.

D-레인지에서는 회생 제동을 통한 충전보다는 감속감을 좋게 하기 위한 통상적인 주행 상태와 유사하게 제동이 이루어진다. 충전량 또한 B-레인지에 비해서 적게 나타난다.

04 고전압 배터리 무선 충전시스템

1. 개요

중국의 지기 자동차(Zhiji Auto)가 무선 충전시스템을 장착한 전기차 L7을 공개했다. 상하이자동차와 장지앙 하이테크, 알리바바 그룹의 합작투자회사 지기의 첫 번째 전기차 L7은 93kWh와 115kWh의 실리콘 도핑 리튬이온 배터리를 장착하여 주행가능 거리가 615~1,000km에 이른다. 효율이 91%인 11kW 무선충전 시스템도 갖췄는데 1시간 충전으로 주행거리를 80km까지 늘릴 수 있다.

(1) 무선충전 주차장부터 도로까지

무선충전 기술을 품은 전기차는 이제 막 선을 보였지만 플러그인 하이브리드차(PHEV)의 무선충전 기술은 이미 2년 전에 양산됐다. BMW는 2019년 미국과 유럽 몇 개 도시에 PHEV 무선충전 시스템을 설치했다. 커다랗고 납작한 무선충전 패드 위에 차를 세우면 주차 면에서 발생하는 자기장이 전기를 만들어 배터리를 충전한다. 3시간 30분이면 9.2kW 배터리를 100%까지 충전할 수 있다. 충전 상황은 계기반에서 확인할 수 있는데 충전을 모두 마치면 자동으로 충전이 멈춘다. 디스플레이에 가이드라인이 표시되므로 무선충전 패드 위에 차를 세우는게 크게 어렵진 않다.

사람들이 전기차 사기를 주저하는 가장 큰 이유는 충전 때문이다. 충전만 수월해진다면 전기차 시장은 급속도로 확대될 것이다. 여러 자동차 브랜드가 무선충전 기술 개발에 열심인 것도 이런 이유에서다. 닛산은 무려 10년 전인 2011년 리프의 무선충전 테스트 영상을 공개했다. BMW처럼 납작하고 커다란 충전기 위에 차를 세우면 충전이 되는 기술이다. 당시 닛산은 2018년에 기술 개발을 마치고 2020년에 상용화하겠다고 밝혔다.

자동차 브랜드만 무선충전 기술에 열심인건 아니다. 미국 엔지니어링 기업 와이트리시티와 IT 회사 퀄컴은 송전 시스템을 주차장이나 도로 아래 매립해 주차하거나 달리는 동안 충전할 수 있는 무선충전 기술을 개발 중이다. 실제로 퀄컴은 2017년 100m 길이의 테스트 트랙에 무선충전 시스템을 깔고 최대 20kW의 급속충전을 받아 르노 전기차가 시속 100km로 달리는 데 성공했다. 이스라엘 스타트업 일렉트로 역시 자체 개발한 무선충전 시스템을 도로에 깔아 전기차에 무선으로 전기를 공급하는 시스템을 개발 중이다. 중국은 아

예 정부가 나서 무선충전 도로를 만들고 있다. 영국 노팅엄 시는 전기 택시를 위한 무선충전 시스템을 설치하기 위해 정부로부터 340만 파운드(약 52억원)를 지원받았다. 우리나라도 지난 2019년 10월 '도로 기술개발 전략안(2021~2030)'을 발표하고 2030년까지 무선충전 도로를 만들겠다는 계획을 밝혔다.

(2) 상용화까진 넘어야 할 산이 많다

그렇다면 전기차 무선충전 세상의 문은 언제 활짝 열릴까? 전기차 무선충전 기술이 상용화되기까진 넘어야 할 산이 많다. 내 스마트폰에 무선충전 기술이 있어도 무선충전 패드가 없으면 소용없는 것처럼 자동차 역시 무선충전이 가능한 인프라가 우선 갖춰져야 한다. 그런데 이 작업엔 돈이 많이 든다. 새로 짓는 주차장이나 도로는 그나마 낫지만 이미 있는 도로나 주차장은 바닥을 뜯어내고 송전 코일을 깔아야 한다.

전기차 무선충전이 규격화돼 있지 않아 제조사마다 다른 방식으로 개발하거나 이용 중인 것도 문제다. 무선충전 기술은 크게 자기유도, 자기공진, 전자기파의 세 가지 방식이 있는데 도로나 주차장의 충전 기술과 차의 충전 기술이 맞지 않으면 무선충전을 할 수 없다. 아이폰을 갤럭시 충전 케이블로 충전할 수 없는 것과 같은 이치다. 전자파나 정전기로 피해를 입을 우려도 있다. 특히 전자기파 방식은 수십 km까지 전력을 보낼 수 있다는 장점이 있지만 전기장과 자기장을 한꺼번에 발생시켜 전송 도중 에너지 손실이 크고 전자파가 인체에 해로울 수 있다는 문제가 있다.

테슬라가 무선충전 기술에 관심이 없는 것도 장애물 중 하나다. 세계 곳곳에 슈퍼차저를 세운 테슬라는 사람들이 무선충전보다 슈퍼차저에서 충전하기를 원한다. 생각해보면 당연한 일이다. 그리고 테슬라는 명실상부 세계 최고의 전기차 회사다. 이런 회사가 움직이지 않는다면 발전과 개발은 더딜 수밖에 없다. 하지만 수요가 많다면 공급도 늘 것이다. 전기차 무선충전은 충분히 매력적인 기술이다. 세계 각국의 친환경 정책과 자동차 회사의 전동화 전략을 바짝 앞당기는 열쇠가 될 수 있다. 만약 전기차 무선충전 기술이 상용화되면 나 역시 다음 차로 전기차를 살 의향이 있다.

2. 주요기능

스웨덴 고틀랜드 공공도로 1.65km에 전기자동차를 위한 무선충전 도로가 설치되었다. 이는 전기트럭과 전기버스를 위한 세계 최대 규모의 무선충전 도로다. 이 도로를 건설한 회사는 이스라엘 기반의 스타트업 '일렉트리온(ElectReon)'이다.

❖ **스웨덴 무선충전도로**
출처 : https://www.electreon.com/

현재 영국도 전기차 무선충전 고속도로의 건설을 추진 중에 있으며, 국내에서도 한국과학기술원(KAIST)이 온라인 전기 자동차(OLEV, On-Line Electric Vehicle)를 개발해 도로 위에서 무선으로 충전되는 '비접촉 충전' 기술을 개발한 바 있다.

❖ **영국의 무선충전도로**
출처 : https://www.electreon.com/

무선 충전 기술은 도로 안쪽에 묻어놓은 구리 송전 코일에서 전기자동차 바닥 부분에 장착된 전자기 유도 충전 시스템에 의해 배터리에 무선으로 충전이 되는 것을 일컫는다. 따라서 전기자동차가 이 도로를 달리면 소비하는 전력을 항상 노면에서 공급받을 수 있게 되고, 주행할 수 있는 거리도 훨씬 더 길어지게 된다.

즉, 이 무선충전 기술을 통해 장거리, 장시간 이동하는 전기트럭과 전기버스는 주행거리를 혁신적으로 연장할 수 있고, 전기충전소에서 낭비되는 시간을 최소화하게 해줄 것이다.

출처 : https://www.electreon.com/

이번에 일렉트리온은 충전도로 200미터 구간에서 40톤 전기트럭이 시속 60km로 주행한 결과 전력의 평균 전송속도가 70kW를 보였으며, 이 전기트럭에는 20kW 무선충전 모듈 5개 총 100kW가 장착되어 있다.

❖ **전기트럭 무선충전 실험**

출처 : https://www.electreon.com/

또한 눈이나 우박 등 기상 악화 상황에서도 무선충전 시스템의 성능은 일반 상황과 거의 동일하고 안정적으로 나타났다. 무엇보다 이 도로의 모든 시스템은 원격으로 작동하며 자체 클라우드 기반 소프트웨어를 통해 안정적으로 관리되고 있다.

❖ **이스라엘 텔아비브에서 실험중인 르노 조이**
출처 : https://www.electreon.com/

이미 일렉트리온은 2020년에 이스라엘 텔아비브에서 8.5kW의 르노 조이 전기차를 도로를 통해 무선으로 충전하는 자체 실험을 진행하였고 91% 효율을 달성한 기록을 갖고 있다. 현재 일렉트리온은 스웨덴 도로국(Trafikverket)이 계획하고 있는 30km 규모의 대규모 무선충전 도로 구축을 위해 대규모 파일럿 테스트를 진행하고 있으며, 이탈리아 북부에서도 무선충전 도로 구축을 진행하고 있다.

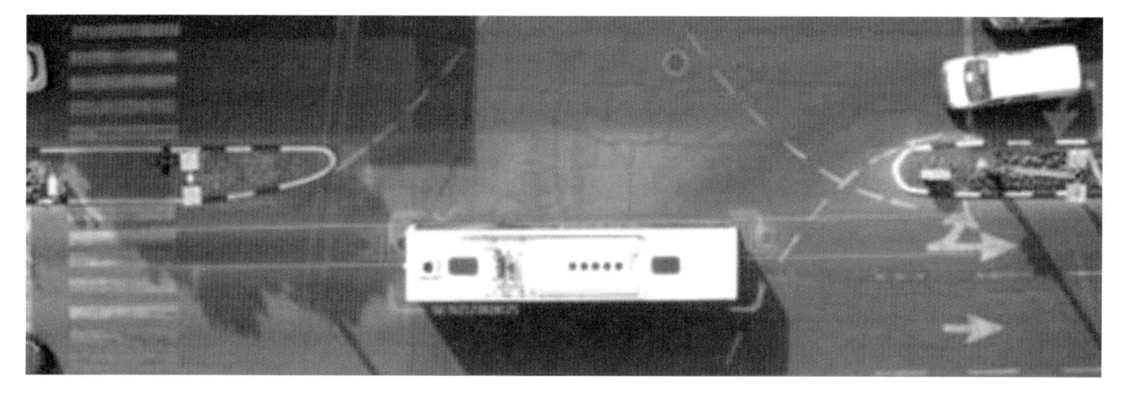

출처 : https://www.electreon.com/

출처 : https://www.electreon.com/

3. 무선 충전 도로 확충을 위한 해외 주요국의 노력

해외 주요국에서는 이미 무선 충전 도로를 확충하기 위한 노력을 이어 나가고 있습니다. 미국의 퀄컴은 퀄컴 헤일로(Qualcomm Halo)라는 이름의 전기자동차용 무선 충전 시스템(WEVC, Wireless Electric Vehicle Charging)을 개발하고 있습니다. 퀄컴 헤일로는 전력을 보내는 송전 패드를 도로에 삽입하고, 전력을 받는 수전 패드를 자동차 하부에 달아 충전하도록 하는 기술입니다. 실제 테스트도 이미 진행하였는데요. 100m 길이의 테스트 트랙에 무선 충전 수신기를 장착한 전기차를 주행시킨 결과 성공적인 무선 충전을 구현했습니다. 자동차를 100km/h 속도로 주행해도 20kW급의 무선 충전이 가능하다고 합니다.

중국은 정부 주도로 무선 충전 고속 도로를 구축해 나가고 있습니다. 중국 산둥성은 첨단 기업들이 모여 있는 교통과 산업의 중심지인 지난시 남부 순환도로의 2km 직선 구간을 태양광 패널로 교체하고 개통했습니다.

태양광 패널을 자동차가 달리는 도로 위에 직접 장착하면 파손이 우려되는데요. 산둥성은 태양광 패널의 위와 아래를 아스팔트와 비슷한 질감의 투명 콘크리트로 감싸서 보호하는 삼중 구조로 건설했습니다. 중국의 시도는 도로 면적을 발전 설비로 사용할 수 있다는 점과 상대적으로 친환경적인 방식으로 전기 에너지를 활용할 수 있다는 점에서 주목받고 있습니다.

이스라엘 스타트업인 일렉트로드(ElectRoad)는 자체 개발한 무선 충전 시스템(DWPT, Dynamic Wireless Power Transfer)을 공개했습니다. 최우선 목표는 이스라엘에 자동차의 석유 의존도를 낮추는 것인데요. 일렉트로드의 기술은 동으로 만든 코일을 땅속 274m

깊이에 매설하고 땅 위를 달리는 전기차에 무선으로 전기를 공급하는 방식입니다. 배터리 충전뿐만 아니라 자동차끼리 에너지를 공유할 수 있는 기술도 포함하고 있어 큰 관심을 받고 있습니다.

출처 : https://www.electreon.com/

4. 무선 충전 도로 확충을 위한 국내 주요 노력

한국도 무선 충전 도로에 대한 관심을 가지기 시작했습니다. 국토교통부는 2019년 10월 18일, 2021년부터 2030년까지의 미래 도로 계획을 담은 도로 기술개발 전략안을 발표했습니다. 이 계획안에는 고속으로 달리는 전기차에 자동으로 전력을 공급하는 무선 충전 도로에 대한 청사진도 포함되어 있습니다.

국토교통부의 계획대로 도로 기술개발 전략이 실행되어 무선 충전할 수 있는 기반이 마련된다면, 기존의 전기차에 불편함을 느껴 구매를 망설이던 잠재적인 소비자 유입에 큰 역할을 할 것으로 기대됩니다. 물론 무선 충전 도로는 단순히 전기차에만 국한되지는 않습니다. 차세대 운송수단으로 주목받고 있는 드론과 생활 곳곳에 활용할 수 있는 로봇 등 다양한 모빌리티에 핵심적인 전력 공급 인프라가 될 것입니다.

무인 배송을 하는 드론을 예로 들어 볼 수 있습니다. 드론이 먼 지역으로 배송을 하기 위해서는 여정 중간에 충전 거점이 필요할 텐데요. 배송 예정인 주거 단지 앞에 무선 충전 도로가 설치되어 있다면, 드론은 굳이 멈추지 않아도 상시로 전력을 충전할 수 있을 것입니다. 이렇듯 다양한 쓰임새와 활용도를 갖춘 무선 충전 도로에 정부도 적극적인 관심과 투자를 이어 나갈 예정입니다.

참고자료

- 일본자동차기술회(1996). 『자동차공학기술대사전』. 도서출판 과학기술.
- 현대자동차 IONIOQ 전장회로도
- 이진구 외1 (2019) 『전기자동차 매뉴얼 』골든벨
- 임치학외(2018). 『친환경 자동차』. 한국폴리텍
- 현대자동차(2018), 『플러그인 하이브리드 자동차 정비지침서』현대자동차(주)
- 기아자동차(2017), 『쏘울 전기차 정비지침서』
- 한국산업인력공단(2013). 『자동차전기전자장치』 한국산업인력공단
- 세나토모가즈외(2005). 『자동차 신기술 용어해설』. 골든벨
- 서비스정보기술팀.(2013). 『YF 소나타 하이브리드 정비지침서』. 현대자동차(주)
- 한국산업인력공단(2014). 『자동차전기장치정비실습』
- 한국산업인력공단(2014). 『자동차전기전자장치』
- 한국폴리텍대학(2018), [친환경자동차]
- ㈜ 골든벨(2014), [정석자동차정비교본] 자동차전기
- ㈜ 골든벨(2021), [전기자동차매뉴얼 이론&실무]
- ㈜ 골든벨(2019), [내차달인교과서] 전기자동차편
- ㈜ 골든벨(2019), [전기자동차]
- 기아자동차, [쏘울 전기자동차] EV 신차교육교재
- 현대자동차, [플러그인 하이브리드 자동차] PHEV 신차교육교재

■ 집필진

한승철 영남이공대학교 스마트 e-자동차과 교수
류경진 영남이공대학교 스마트 e-자동차과 교수

■ 심의 · 검토

윤승현 영남이공대학교 스마트 e-자동차과 교수
이태희 지능형자동차부품진흥원 본부장
김기주 지능형자동차부품진흥원 팀장
심재록 지능형자동차부품진흥원 팀장
신동덕 (주) 중앙모터스 본부장

「미래형자동차 현장인력양성」 교육교재

배터리/모듈부품 진단 및 유지보수

초 판 인 쇄 | 2023년 6월 1일
초 판 발 행 | 2023년 6월 8일

저 자 | 한승철 · 류경진
발 행 인 | 김길현
발 행 처 | (주) 골든벨
등 록 | 제 1987-000018호
I S B N | 979-11-5806-651-2
가 격 | 20,000원

편집 및 디자인 | 조경미 · 권정숙
웹매니지먼트 | 안재명 · 서수진 · 김경희
공급관리 | 오민석 · 정복순 · 김봉식
제작 진행 | 최병석
오프 마케팅 | 우병춘 · 이대권 · 이강연
회계관리 | 김경아

(우)04316 서울특별시 용산구 원효로 245(원효로 1가 53-1) 골든벨 빌딩 5~6F
• TEL: 도서 주문 및 발송 02-713-4135 / 회계 경리 02-713-4137
내용 관련 문의 02-713-7452 / 해외 오퍼 및 광고 02-713-7453
• FAX : 02-718-5510 • http : //www.gbbook.co.kr • E-mail : 7134135@naver.com